개정판

글로벌
에티켓과
매너

조영대 지음

Global Etiquette &
Manner

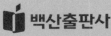
백산출판사

머리말

에티켓의 기본개념은 친절 또는 따뜻한 마음, 공명정대한 정신, 상대에게 폐를 끼치지 않는 것이다. 과거에는 각 사회마다 그 차이가 많았지만 글로벌 시대로 지칭되는 오늘날에는 서로의 문화전통과 관습이 다른 예절, 즉 그 나라의 에티켓을 이해하고 지켜주는 것이 상식이다. 예의범절이 동양적인 개념으로 주로 개인과 집안에 관한 것이라면, 에티켓은 서양적인 개념으로 다른 사람과 만났을 때, 특히 비즈니스맨들이 모였을 때의 질서에 관한 것이다.

따라서 종래 우리나라에서는 예의범절만 잘 지키면 인정받을 수 있었지만 오늘날에는 예의범절뿐만 아니라 글로벌에티켓을 제대로 알아야 지식인, 문화인으로 인정받을 수 있는 것이다. 매너는 에티켓을 외적으로 표현하는 것으로 상대를 존중하고 불편이나 폐를 끼치지 않고 편하게 해주는 것이다. 매너라고 하면 딱딱한 느낌을 주지만 사회생활을 원활하게 해 나가기 위한 상대에 대한 배려의 표현이므로, 때로는 임기응변을 발휘하는 것도 필요하다. 에티켓과 매너를 굳이 구분하자면, 에티켓은 사람들 사이의 합리적인 행동기준을 가리킬 때 사용되고, 이러한 에티켓을 바탕으로 행동하는 것을 매너라고 할 수 있다.

선진국에서는 그 나라 사람들이 모두 다 짜임새 있고 질서 있는 생활을 하지 않으면 안 되도록 사회구조가 되어 있다. 제과점에 가도 서비스를 받는 차례가 있고, 식당에 가도 웨이터가 안내하는 곳에 앉아야 하는 무언의 규칙이 있다. 흔히 우리가 하듯이 창가 자리가 비어 있다 해서 무작정 가서 앉으면 안 된다. 아무리 지체가 높다 해도 미리 예약한 사람과의 약속이 우선이다.

시대적 흐름에 따라 우리 사회 분위기가 변해야 한다는 것은 재론의 여지가 없다. 쾌적하고 여유 있게 하루하루를 생활하기 위해서라도 뭔가 달라져야 한다. 에티켓과 매너는 이제 그 개인의 교양을 증명하는 척도일 뿐 아니라 그 사람이 사는 국가의 이미지를 결정짓는 중대한 사안이다.

필자의 진정한 의도는 과거 동방예의지국으로 찬란했던 우리나라를 글로벌 시대에 교양 있고 바른 예의로 국내외에서 만나는 많은 외국인들이 부러워하고, 우리 스스로가 편안함을 느끼는 그런 국민으로 거듭남에 조금이라도 도움이 되는 한 권의 책이었으면 하는 것이다.

이 책의 주요 특징은 다음과 같다.

첫째, 일상생활의 전반적인 에티켓과 매너를 다루어 다른 저서와의 차별화를 시도하였다. 둘째, 이해를 돕기 위해 가능한 한 장문을 피하고 간략한 표기법을 사용하였다. 셋째, 책의 내용은 제1편에서는 우리가 알고 있는 예절과 에티켓, 그리고 매너의 비교와 그 개념을 이해하고자 하였다. 제2편에서는 전반적인 분야에서의 에티켓과 매너의 실천 매뉴얼을 제시하였다. 제3편에서는 글로벌 시대의 매너 사례분석을 통해 그 이해를 높였다. 제4편에서는 한국을 포함한 6개국의 글로벌에티켓과 매너를 기술하여 책을 읽는 동안 자연스럽게 글로벌에티켓과 매너가 학습되도록 하였다. 넷째, 대학에서 15주 강의를 위해서는 제1주는 예절 그리고 에티켓과 매너, 제2주는 커뮤니케이션 매너, 전화매너, 방문에티켓과 매너, 제3주는 방문에티켓과 매너, 인사에티켓 매너, 제4주는 소개·악수에티켓과 매너, 호칭·서열에티켓과 매너, 명함에티켓과 매너, 제5주와 6주에 걸쳐서는 테이블매너, 팁매너, 제7주는 음주매너, 여행에티켓과 매너, 제8주는 용모복장 매너, 제9주는 직장에티켓과 매너, 제10주는 기타 매너, 직장예절 매뉴얼, 제11주는 외국인에 대한 매너, 제12주는 글로벌 시대의 매너 사례분석, 제13주는 글로벌에티켓과 매너로서 외국인이 오해할 한국인의 습관, 한국인이 오해할 외국인의 습관, 대한민국의 전통예절, 일본의 매너, 제14주는 중국, 프랑스, 영국, 미국의 에티켓과 매너로 분류하는 것이 바람직하다.

　탈고할 때마다 느끼는 마지막 고통은 진정 이 책의 저자로서 자격이 있느냐 하는 자신으로부터의 물음에 대한 답이다. 특히 에티켓과 매너 분야의 책은 새로운 에티켓과 매너가 개발되는 것이 아니고 저자의 의도에 따라 이미 옛날부터 내려온 에티켓과 매너를 각 분야별로 정리해 놓을 수밖에 없는 것이 현실이다. 이 책 또한 그러한 한계를 인정하면서 나름대로 부단한 노력을 기울였으나 큰 변화가 없었다고 할 수 있다. 또한 어쩔 수 없이 선배학자들의 옥고를 허락도 없이 많은 부분을 옮겨 정리하였음을 부인할 수 없다. 특히 인터넷에서 많은 정보를 인용하였다. 보이지 않는 도움을 주신 분들께 감사드린다.

　부족한 부분은 여러 선배, 동학제현의 충고와 지도편달을 바탕으로 보완·수정해 나갈 것을 약속드린다. 본서 내용 가운데 "사례분석을 통해 배워보는 글로벌에티켓과 매너 실천매뉴얼(2003)"에서 저자의 집필 부분만 재인용되었다. 자료 정리 및 교정에 도움을 주신 동함자연 사무국장 동영 선생과 워드작업과 스캐너 작업 등을 위해 고생한 이정현 선생께 지면을 빌려 감사드린다. 그리고 간행에 힘써주신 백산출판사 진욱상 사장님을 비롯한 편집부 여러분께도 감사드리며 출판사의 발전을 기원하는 바이다.

죽천 연구실에서

東谷 趙瑛大 씀

차 례

PART 1

예절 그리고 에티켓과 매너

01_예 절 ·· 14
1) 예절 관련용어 • 14　　　　　　　2) 예의범절의 개념과 목적 • 15
3) 예절과 에티켓, 매너와의 차이 • 18

02_에티켓 ·· 20
1) 에티켓이란? • 20　　　　　　　　2) 에티켓의 기본개념 • 22
3) 나라마다 다른 에티켓 • 25　　　　4) 에티켓 : 여성존중사상 • 26
5) 에티켓 : 사회 이미지는 내가 만드는 것 • 27

03_매 너 ·· 28
1) 매너란? • 28　　　　　　　　　　2) 매너의 역할 • 30
3) 매너의 구성요소 • 31

PART 2

에티켓과 매너 실천 매뉴얼

01_커뮤니케이션 매너 ·· 34
1) I message 테크닉 • 34　　　　　　2) 상대를 호칭하는 언어매너 • 36
3) 대화매너 • 37　　　　　　　　　　4) 예약매너 • 38

02_전화매너 ··· 40

1) 전화예절 • 40　　　　　　2) 전화매너 • 43

3) 전화 응대요령 • 45　　　　4) 올바른 전화사용 매너 • 48

03_방문에티켓과 매너 ···································· 51

1) 방문에티켓 • 51

2) 서양에서의 방문매너 : 업무상 방문과 가정방문 • 53

3) 업무상 방문매너 • 55　　　4) 만남의 매너 • 57

04_인사에티켓과 매너 ···································· 57

1) 고품위 인사법 • 58　　　　2) 눈으로 말하는 인사 테크닉 • 58

3) 무지개 인사법 • 59　　　　4) 인사예절 • 60

5) 인사에티켓 • 61　　　　　6) 인사매너 • 62

7) 인사와 웃음 • 62　　　　　8) 한국 고유의 인사법 • 63

9) 인사매뉴얼 • 66

05_호칭·서열에티켓과 매너 ····························· 70

1) 호칭에티켓 • 70　　　　　2) 서열에티켓 • 72

06_명함에티켓과 매너 ···································· 75

1) 명함의 종류 • 76　　　　　2) 명함에티켓 • 78

3) 명함매너 • 79　　　　　　4) 명함을 주고받을 때 유의할 사항 • 82

07_소개·악수에티켓과 매너 ····························· 82

1) 소개매너 • 82　　　　　　2) 악수매너 • 87

08_테이블매너 ··· 90

1) 테이블매너의 개념 • 90　　2) 호텔 레스토랑 매너 • 92

3) 착석매너 • 93　　　　　　4) 올바른 자세와 주문매너 • 95

5) 식사 및 회식 매너 • 97　　6) 서양요리 테이블매너 포인트 • 99

7) 냅킨 사용매너 • 101　　　8) 나이프와 포크 사용매너 • 103

9) 정식 풀코스 • 105　　　　10) 뷔페순서 • 129

11) 동서양의 테이블매너 비교 • 130　　12) 식사 중 매너 • 138

13) 식사 후의 매너 • 141　　14) 트림과 재채기 • 141

15) 상황별 대처매너 • 142　　16) 테이블매너의 에센스 • 143

17) 테이블매너 매뉴얼 • 144

09_팁(Tip)매너 ·· 148

1) 팁에 통용되는 관례 • 149　　2) 호텔이나 모텔에서의 팁 • 150

10_음주매너 ··· 152

1) 음주매너 • 152　　2) 칵테일매너 • 155

3) 와인매너 • 156

11_여행에티켓과 매너 ·· 168

1) 해외여행에서의 에티켓 • 168　　2) 해외여행지에서의 주의사항 • 169

3) 호텔에서의 매너 • 169　　4) 항공기 내에서의 매너 • 172

5) 글로벌 시대의 항공여행 매너사례 • 176

6) 선물매너 • 177

12_용모복장 매너 ·· 179

1) 용모복장 • 179　　2) 남성의 용모복장 • 181

3) 남성의 비즈니스를 위한 옷차림 • 185　4) 여성의 용모복장 • 189

5) 여성의 업무별 옷차림 • 192　　6) 여성의 복장예절 • 198

7) 올바른 걸음걸이 • 199　　8) 근무자의 기본자세 • 201

13_직장에티켓과 매너 ·· 201

1) 근무시간 내 에티켓 • 202　　2) 상사에 대한 매너 • 205

3) 직장에서 전화매너 • 207　　4) 직장에서의 인사매너 • 213

5) 접객매너 • 215　　6) 외출매너 • 222

7) 출근매너 • 223　　8) 퇴근매너 • 226

9) 결근·지각·조퇴매너 • 227　　10) 회의·집회매너 • 228

11) 경조사 매너 • 229　　12) 상사와 자동차에 동승할 때 에티켓 • 234

13) 사람을 소개할 때 에티켓 • 236　　14) 타인에게 소개되었을 때 에티켓 • 236

15) 명함교환의 에티켓 • 237　　16) 화장실 에티켓 • 238

17) 휴게실 에티켓 • 238　　　18) 직장인과 인간관계 • 239

19) 비즈니스매너, 세계적인 비즈니스맨들이 말하는 '직장생활 성공비결' • 239

20) 고객이 바라는 종사원매너 • 241　　21) 음주매너 • 242

22) 수명과 보고 매너 • 243 23) 종사원이 지켜야 할 직장에티켓 • 247

24) 여사원에 대한 매너 • 247　　　25) 신입사원의 직장예절 • 248

14_기타 매너 ··· 250

1) 장애인에 대한 예절 • 250　　　2) 친구에 대한 예절 • 251

3) 차량매너 • 252　　　　　　　4) 흡연매너 • 257

5) 휴대폰매너 • 257　　　　　　6) 서신매너 • 258

7) 국제서신매너 • 261　　　　　8) 게임과 스포츠맨십 • 263

9) 공공장소에서의 매너 • 264

15_직장예절 매뉴얼 ··· 266

16_외국인에 대한 매너 ···································· 275

1) 악 수 • 275　　　　　　　　2) 명함의 교환 • 276

3) 외국인이 싫어하는 동양인의 버릇 • 276

4) 소 개 • 276　　　　　　　　5) 화제의 선택 • 276

6) 기타 일반적 유의사항 • 277

PART 3
글로벌 시대의 매너 사례분석

01_글로벌 시대의 매너 ································· 280

1) 외국인의 지하철 매너 • 280　　2) 미국인의 기차 안 쓰레기 수거 • 281

3) 일본친구의 샤워매너 • 281　　4) 일본인의 등산매너 • 283

5) 질서의 출발점은 '폐 끼치지 않는 것' • 284

6) 비 오는 날 미국시민의 매너 • 287　7) 공정함이 몸에 배어 있는 영국식 질서 • 288

8) 독일의 식당문화 • 289　　　　9) 미국인의 실수에 대한 매너 • 290

10) 볼리비아 인디오의 식탁매너 • 291　11) 캐나다 휘슬러 스키장의 고객매너 • 292

12) 헝가리 소년의 매너 • 294   13) 일본인과 영국인의 매너 • 294

14) 로마의 서비스정신 • 296   15) 은행원의 매너 • 297

16) 현대백화점의 전화매너, 3분 내 통화 후 3초 뒤 끊기 • 298

17) 화장실 문화 • 299

PART 4

글로벌에티켓과 매너

01_외국인이 오해할 한국인의 습관 ················· 302

02_한국인이 오해할 외국인의 습관 ················· 303

03_대한민국의 전통예절 ························· 304

1) 전통예절 • 304   2) 식사예절 • 306

04_일본의 에티켓과 매너 ······················ 310

1) 일본의 에티켓 • 310   2) 일본의 대화매너 • 311

3) 일본의 인사매너 • 312   4) 일본의 명함매너 • 312

5) 일본 식당에서의 매너 • 313   6) 일본의 방문매너 • 313

7) 비용계산 시 매너 • 313   8) 일본 설날의 예절 • 314

9) 일본의 욕실 사용매너 • 314   10) 일본의 식사매너 • 315

11) 일본의 음주매너 • 318

05_중국의 문화와 매너 ························ 319

1) 중국의 문화 • 319   2) 중국의 에티켓과 매너 • 320

06_프랑스의 문화와 매너 ······················ 327

1) 프랑스의 문화 • 327   2) 프랑스의 인사매너 • 327

3) 프랑스의 흡연매너 • 328   4) 프랑스의 생활매너 • 328

5) 프랑스의 결혼관습 • 330   6) 프랑스의 파티매너 • 331

7) 프랑스의 비즈니스매너 • 331

07_영국의 에티켓과 매너 ·· 332

1) 영국의 교통에티켓과 매너 • 332　　2) 영국의 생활매너 • 333
3) 영국의 테이블매너 • 338

08_미국의 에티켓과 매너 ·· 339

1) 미국의 식사에티켓과 매너 • 339　　2) 미국의 대화에티켓과 매너 • 340
3) 미국의 레스토랑매너 • 340　　　　4) 미국 여행 시 주의사항 • 344
5) 미국의 운전에티켓과 매너 • 345　　6) 미국의 화장실매너 • 346

09_세계 각국의 제스처와 그 의미 ·· 347

10_나라별 교제 에티켓 ··· 352

■ 참고문헌 ――― 354

예절 그리고 에티켓과
매너

Part_1

01 예 절

오늘날 예의범절이란 말과 에티켓과 매너라는 말에 있어 전자의 단어보다 후자의 단어가 점차 더 익숙해지고 있다. 지구촌의 글로벌화로 해마다 많은 외국인들이 우리나라를 찾고 서울올림픽 이후 대한민국의 위상이 높아만 갔다. 뒤이어 찾아온 IMF의 환란도 슬기롭게 극복하여 한국인들의 소득수준은 날로 향상되었다. 이로 인하여 많은 국민이 해외여행의 대열에 나섰다. 그뿐만 아니라 한국에도 다문화가정이 증가하고, 다국적기업의 진출과 외국인 근로자의 유입 등으로 글로벌에티켓과 매너에 대한 필요성이 대두되었다.

1) 예절 관련용어

(1) 예의범절(禮儀凡節)

① 동양적인 개념으로 개인과 집안에서 지켜야 할 기본적인 규범
② 에티켓은 서양적인 개념으로 다른 사람과 만났을 때, 특히 비즈니스맨 모임 시 질서에 관한 것

(2) 에티켓(etiquette)

① 불어로 고어(古語)인 estiquier(붙이다)에서 파생된 명사형
② 의미 : 공공을 위한 안내표·입간판
③ 영어로는 tag, label(꼬리표)

(3) 매너(manner)

① 라틴어 manuarius

② manus(hand, 사람의 행동·습관)와 arius(more at manual, more by manual, 방법, 방식)의 복합어

③ 사람마다 가지고 있는 독특한 습관·몸가짐, 매너가 '좋다', '나쁘다'

2) 예의범절의 개념과 목적

예의범절은 자기 자신을 다스리고 상대방을 편안하게 해주는 것이며, 그 본질은 자신이나 타인에게 정성을 다하는 성(誠)을 의미한다. 상대방에게 정성을 다하려면 상대방을 공경하지 않고는 불가능하므로 경(敬)이 첨가되고 정성과 공경은 넓게 사랑으로 표현되어 실행될 수 있으므로 이러한 애(愛)의 개념은 예(禮)로 나타난다.

예는 사회적 질서를 유지하기 위하여 그 사회가 요구하는 형태로 발전한 독특한 행동이고, 그 행동이 형식을 갖추면서 의례(儀禮)로 발전하고, 이 의례는 다시 사회가 발달함에 따라 관습, 도덕, 그리고 법률 등으로 분화되었다.

이러한 예절은 관습과 습관을 준수함으로써 상호 간에 편의를 도모하여 합리적인 생활을 영위하는 것이 그 첫 번째 목적이다. 또한 예절은 자발적으로 이루어져야 하고 진실성이 부합되어야 하며, 공동체 이익을 위하여 자기의 본성을 다스리고 자아를 발전시키는 자신과의 싸움이다. 그런 의미에서 예절이란 자신을 다스리는 수양으로 예절의 두 번째 목적이라 하겠다.

조상 대대로 지켜온 예의범절은 급변하는 시대의 흐름에 따라 조금씩 변화하고 있는 것은 부인할 수 없지만, 지금까지 우리의 의식 속에 뿌리 내려진 도덕정신이다. 그 기본정신은 조선시대에 전성기를 이루었던 유교를 근간으로 자리 잡게 된 삼강오륜이다.

유교(儒敎)의 도덕사상에서 기본이 되는 3가지의 강령(綱領)과 5가지의 인륜(人倫)이 있다. 삼강은 군위신강(君爲臣綱)·부위자강(父爲子綱)·부위부강(夫爲婦綱)을 말하며 이것은 글자 그대로 임금과 신하, 어버이와 자식, 남

편과 아내 사이에 마땅히 지켜야 할 도리이다.

오륜은 오상(五常) 또는 오전(五典)이라고도 한다. 이는『맹자(孟子)』에 나오는 부자유친(父子有親)·군신유의(君臣有義)·부부유별(夫婦有別)·장유유서(長幼有序)·붕우유신(朋友有信)의 5가지로, 아버지와 아들 사이의 도(道)는 친애(親愛)에 있으며, 임금과 신하의 도리는 의리에 있고, 부부 사이에는 서로 침범치 못할 인륜(人倫)의 구별이 있으며, 어른과 어린이 사이에는 차례와 질서가 있어야 하며, 벗의 도리는 믿음에 있음을 뜻한다.

이러한 삼강오륜은 원래 중국 전한(前漢) 때의 거유(巨儒) 동중서(董仲舒)가 공맹(孔孟)의 교리에 입각하여 삼강오상설(三綱五常說)을 논한 데서 유래되어 중국뿐만 아니라 한국에서도 과거 오랫동안 사회의 기본적 윤리로 존중되어 왔으며, 지금도 일상생활에 깊이 뿌리박혀 있는 윤리도덕이다. 삼강오륜에 대해 정리하면 다음과 같다.

〈표 1〉 삼강오륜

三綱(삼강)	父爲子綱(부위자강)	아버지는 자식의 근본이 되고
	君爲臣綱(군위신강)	임금은 신하의 근본이 되며
	夫爲婦綱(부위부강)	남편은 아내의 근본이 된다.
五倫(오륜)	父子有親(부자유친)	부모와 자식 사이에는 친함이 있고
	君臣有義(군신유의)	임금과 신하 사이에는 의리가 있으며
	夫婦有別(부부유별)	남편과 아내 사이에는 분별이 있고
	長幼有序(장유유서)	어른과 아이 사이에는 차례가 있으며
	朋友有信(붕우유신)	벗과 벗 사이에는 신의가 있어야 한다.

율곡(栗谷) 이이(李珥)는『격몽요결(擊蒙要訣)』에서 구용구사(九容九思)를 제시하였는데, 이는 사람이 제 구실을 하기 위하여 마땅히 지녀야 할 아홉 가지 바른 용모와 아홉 가지 바른 생각을 뜻하는 말이다. 오늘날 재해석을

하면 구용은 몸가짐을 이야기하는 것으로 매너에 해당되고, 구사는 마음가짐을 말하는 것으로 에티켓으로 구분할 수 있겠다.

구용구사를 살펴보면 다음과 같다.

구용(九容)

- 족용중(足容重) : 발은 경솔하지 않게 무겁게 놀려야 한다.
- 수용공(手容恭) : 손은 쓸데없이 움직이지 말고 단정히 놀려야 한다.
- 목용단(目容端) : 눈은 옆으로 흘겨보거나 곁눈질하지 말고 단정하게 떠야 한다.
- 구용지(口容止) : 입은 말을 하거나 음식을 먹을 때 외에는 항상 꼭 다물고 있어야 한다.
- 성용정(聲容靜) : 말소리는 항상 나직하고 조용하여 시끄럽거나 수선거리지 않는다.
- 두용직(頭容直) : 머리는 한쪽으로 기울이거나 돌리지 말고 곧게 가져야 한다.
- 기용숙(氣容肅) : 호흡을 조용히 하여 기상(氣像)을 엄숙히 한다.
- 입용덕(立容德) : 서 있을 때는 덕이 있어 보이도록 반듯한 자세로 서 있어야 한다.
- 색용장(色容莊) : 얼굴은 생기 있고 씩씩하게 가져야 한다.

구사(九思)

- 시사명(視思明) : 항상 눈에 가림이 없이 사물이나 사람을 바르게 볼 것
- 청사총(聽思聰) : 항상 남의 말과 소리를 똑똑하고 분별 있게 들을 것
- 색사온(色思溫) : 항상 온화하여 얼굴에 성난 빛이 없도록 할 것
- 모사공(貌思恭) : 항상 외모를 공손하고 단정하게 가질 것

- 언사충(言思忠) : 항상 진실하고 믿음이 있는 말만 할 것
- 사사경(事思敬) : 모든 일에 공경하고 행동을 조심히 삼갈 것
- 의사문(疑思問) : 항상 의심이 있을 때는 반드시 사리로 따져서 물을 것
- 분사난(忿思難) : 분한 일이 있을 때는 반드시 사리로 따져서 참을 것
- 견득사의(見得思義) : 항상 재물을 얻게 될 때는 의(義)와 이(利)를 구분하고, 얻어도 되는 것과 버려야 할 것을 명확히 가릴 것(李珥, 擊蒙要訣)

3) 예절과 에티켓, 매너와의 차이

예의범절은 예의(禮義)와 범절(凡節)을 합친 말이고, 줄여서 흔히 예의라고 한다. 예의는 서양식으로 보면 에티켓과 연관이 있고, 범절은 매너와 연관된다. 예의는 에티켓과 마찬가지로 타인을 배려하고 존중하는 마음에서 의미를 찾는다면, 범절은 매너와 마찬가지로 그 마음을 밖으로 표현하는 것이라고 할 수 있다. 두 가지는 따로 떼어서 생각할 수 없고, 둘 중에 어느 하나가 덜 중요하고 더 중요하다고 할 수도 없다. 마음과 행동이 일치해야 참다운 예절이라고 할 수 있다.

이러한 예의 사상은 서양보다 앞서 동양에서 발달하였다. 지금으로부터 2500년 전에 공자(BC 551~479)는 『예기(禮記)』라는 책에서 "사람을 바로 하는 법 가운데 예보다 필요한 것은 없다"고 강조하고 있다. 공자는 또한 사회 관습상의 예의는 지켜야 하지만, 그로 인해 행동이 지나치게 번거로워져서는 안 된다고 하면서 "이 의례나 예의는 지나침이 없도록 간소하게 하라"고 경고하여, 그 현명함이 오늘에까지 전해지고 있다.

동양의 예의범절과 서양의 에티켓, 매너가 다른 점이 있다면, 그것들의 근본이 다르다는 것이다. 예의범절의 근본은 예로부터 우리 선조들의 우주관에서 찾을 수 있는데, 인간보다는 하늘과 자연을 따르는 경천사상이다. 윗사람을 존중하고 받드는 우리나라의 경로사상이나 조상께 제사를 지내는 것도 이

것에 기초한다고 할 수 있다. 이에 반해 서양은 인간 중심이며 실용적인 면이 있는데, 에티켓의 근본정신은 타인에게 호감을 주고 존중하며 폐를 끼쳐서는 안 된다는 것이다. 이는 기사도 정신에서 그 시작을 찾아볼 수 있고 여성 우선주의와 상호주의가 바탕이 되어 있다.

에티켓은 원만한 대인관계를 위한 사회적 불문율이며, 매너는 그 에티켓을 얼마나 적절히 표현하느냐 하는 것이다. 예를 들어, 문을 노크하는 것은 에티켓에 해당하고 세련되게 살짝 '똑똑' 노크하는 것은 매너에 해당된다. 공공장소에서 휴대폰을 진동으로 바꾸는 것은 에티켓이고, 휴대폰이 울려 밖으로 나가 통화를 하는 것은 매너라고 할 수 있다. 따라서 아무리 에티켓에 맞는 행동이라 해도 매너가 훌륭하지 못하면 그 사람의 행동은 예의를 벗어난 것으로 인식되므로, 매너는 그 사람의 품격을 유지시켜 주는 기본 틀이라 할 수 있다.

〈표 2〉 동서양의 예절에 관한 의미

동 양	서 양
・동작이나 태도를 규제함으로써 정신면에 영향을 줌 ・상대방의 연령이나 신분에 따라 달라짐 ・도덕성, 윤리성 추구 ・수직적 사회질서 추구	・마음에 있는 상대방에 대한 배려를 행동이나 태도로 자연스럽게 표현함 ・상대방의 연령이나 신분에 관계없이 대등한 입장에서 서로 관계를 맺음 ・교양미 추구 ・수평적 사회질서 추구

매너가 가장 잘 평가되는 곳은 공공장소이다. 공공장소는 누구나 드나드는 곳이고, 또한 여러 상대를 만나게 되는 장소이므로 매너라는 무언의 의사소통이 이루어지는 곳이다. 공공장소에서의 매너는 말소리, 옷차림, 행동으로 나타난다.

현대는 지구촌 사회이며, 따라서 동서양의 예절에 관한 의미가 서로 혼재

되어 지켜지는 추세이다. 그런 의미에서 현대적 의미의 예절은 대다수의 사람들에게 용인되는 것이어야 하고, 그 시대의 가치기준에 맞아야 하며, 상대방의 문화적 정서에 맞아야 한다. 더 나아가 오랜 세월 동안 상이한 환경에서 형성된 각국 문화의 독자성과 특수성을 서로 존중하고 이해하는 마음가짐을 길러야 한다.

02 에티켓

1) 에티켓이란?

앞서 에티켓의 개략적 의미를 살펴보았다. 그러면 좀 더 에티켓에 대해 깊이 있게 알아보자.

에티켓이란 '교제상 필요한 공공의 약속 또는 공공장소에서의 유의사항'이라고 할 수 있다. 예를 들어, 길을 갈 때 사람은 우측통행을 하게 되어 있다. 그렇지 않으면 서로 충돌하거나 혼란에 빠지게 된다.

이와 같이 사람과 사람이 서로 접촉할 때나 여럿이 함께 행동할 때 또는 물건을 다룰 때 공통의 약속을 지키고, 그것에 따르지 않으면 서로 충돌하거나 잘못되어 뒤죽박죽 매우 혼란스러워진다. 따라서 그렇게 되지 않도록 누군가와 교제하거나 스스로의 행동을 부드럽게(smooth) 하고 쾌적한 기분을 갖기 위해 우리는 그런 약속이 필요한 것이고 바로 이 약속이 에티켓이다.

영어에서의 에티켓(etiquette)은 예절, 예법, 동업자 간의 불문율을 뜻하며 그 어원은 'Estipuier(나무 말뚝에 붙인 출입금지)'라는 의미인데, 프랑스의 태양왕이라 불렸던 루이 14세가 베르사유궁전을 지었을 때 아름다운 정원 곳곳에 '출입을 금함'이라고 하는 나무 팻말을 세운 것이 어원이 되었다.

그 후 단순히 '화원 출입금지'라는 의미뿐만 아니라 사람들의 가슴 한가운데 세워두어야 할 나무 팻말 같은 것으로 '다른 사람에게 피해를 주지 않는, 사회인으로서 지켜야 할 규범'으로 자리 잡으면서, 상대의 '마음의 화원'을 해치지 않는다는 의미로 넓게 해석하여 '예절'이란 의미로 자리 잡게 되었다. 이것이 오늘날 널리 사용되는 에티켓의 유래이다.

또 다른 어원으로는, 과거 궁정에서는 궁정인이나 각국 대사의 주요 순위를 정하고 그에 수반하는 예식절차를 정한 후, 그 내용을 적은 티켓을 나눠주었다고 한다. 루이 13세의 비이자 루이 14세 초기까지 섭정한 안 도트리슈의 노력으로 이 궁정에 티켓이 발달하여 루이 14세 때에는 이것이 완전히 정비되었다는데, 그것이 시초가 되어 사람들은 예

태양처럼 치장한 루이 14세

의에 맞는 행동을 "에티켓대로 행동했어"라고 말하게 되었다. 그러나 루이 16세 때부터 그 엄격성이 해이해졌고, 또한 혁명으로 인해 소멸하는 듯하였으나 나폴레옹이 다시 이를 부활시켰다고 한다.

이러한 궁정에티켓은 후에 영국 및 스페인 왕실 등 서구사회로 파급되었으며, 결국 부르주아 사교계의 관례를 준수하기 위해 지급되었던 바른 행실을 적은 티켓이 오늘날 '옳다고 생각하는 행위'나 '바른 처신'이라는 어의로 변천되어 일반인에게까지 보편화된 것이다.

시대 변화에 따라 새로운 에티켓이 생겨나기도 한다. 최근 전 세계적으로 무선통신의 홍수 속에서 휴대폰 사용자가 늘자 휴대폰 에티켓(커피숍이나 실내공간에서는 사용을 자제하여 주시기 바랍니다 등)이 생겨났으며, 인터넷의 전자메일을 통해 국경 없는 통신이 보편화되자 넷티켓(netiquette)이 생겨났다.

상대방을 기쁘게 하고 타인과 원만하게 지낼 수 있는 인간관계 기술은 매우 유용한 것임에는 틀림없지만, 바란다고 해서 얻어지는 것은 아니다. 다른 사람의 행동을 주의 깊게 관찰하고, 모든 상황에 대해서 한 번 더 생각하는 습관, 생각과 행동을 일치시키고자 하는 노력, 독서를 통해 지식을 얻는 일 등 여러 가지 방법으로 몸에 체득되는 것이다.

에티켓은 어려운 것이 아니라 상식이다. 에티켓은 상대의 인격을 존중하고 형편을 이해하면서 마음을 다치지 않게 하려는 자세이다. 즉 그 사회, 문화가 요구하는 기본적인 예절을 인간 사이에 지키는 것이다. 과거에는 각 사회마다 그 차이가 많았지만, 세계가 통합되는 오늘날에는 서로의 문화전통과 관습이 다른 예절, 즉 에티켓을 이해하고 지켜주는 것이 상식이다.

예의범절이 동양적인 개념으로 주로 개인과 집안에 관한 것이라면, 에티켓은 서양적인 개념으로 다른 사람과 만났을 때, 특히 비즈니스맨들이 모였을 때의 질서에 관한 것이다. (1)

따라서 종래에 우리나라에서는 예의범절만 잘 지키면 인정받을 수 있었지만, 오늘날 세계화 시대에 대한민국 사람은 예의범절뿐만 아니라 글로벌에티켓을 제대로 알아야 문화인인 것이다.

2) 에티켓의 기본개념

에티켓의 기본개념은 친절 또는 따뜻한 마음, 공명정대한 정신, 상대에게 폐를 끼치지 않는 것이다.

(1) 친절 또는 따뜻한 마음

필립 시드니 경(Sir. Philip Sidney)은 '이 세상에서 가장 훌륭한 기사'로 일컬어지고 있다. 1586년 주트펜 전쟁터에서 빈사상태에 있었을 때 그에게 물을 건네준 사람이 있었다. 그러나 그는 자신이 목을 축이는 대신 상처 입은 무명의 병사에게 "네가 나보다 더 물이 필요할 것이다"라고 하면서 물을 마시게 했다고 한다.

에티켓의 기본은 상대를 먼저 생각하는 친절한 마음에서 비롯된다. 친절한 감정이 솟아오르면 상대의 기분을 편안하게 해주려는 생각이 들고, 그렇게 되면 상대에게 불쾌한 감정을 주지 않으려 노력하게 된다. 상대에게 편안한 자리를 권하거나 대화에 참여하지 못하는 사람에게 말을 건네는 것은 친절에서 나오는 자연스런 호의의 표시라 하겠다.

(2) 공명정대한 정신과 자존심

에티켓에는 늘 상대의 입장에서 상황을 바라보는 공명정대한 마음가짐이 필요하다. 이러한 정신이 있다면 "그런 말을 하는 사람은 절대로 이해할 수 없어"라는 예의 없는 말은 하지 않게 될 것이다. 또 타인의 말을 가로막지 않고 주의 깊게 경청하는 등 타인의 의견에 대한 관대함도 필요하다. 그러기 위해서는 자제심도 필요하고, 성실한 마음과 적당한 유머도 필요하다. 올바른 에티켓을 알고 있으면 차분한 기분을 유지할 수 있으며 나아가 다른 사람들을 편안하게 해줄 수 있다.

매력적이고 차분하게 예의를 지키기 위해서는 자존심도 있어야 한다. 자존심은 자신에 대한 자신감과도 일맥상통한다. 자존심이란 체면을 세울 때와 장소를 분간하는 것으로, 자신감이 없는 사람일수록 타인에게 양보할 줄도 모르고 자신만을 내세우는 경우가 많다.

(3) 상대에게 폐를 끼치지 않음

타인에게 폐를 끼치지 않겠다는 생각은 바꿔 말하면 '상대를 배려하는 행위'이다. 이러한 사고방식은 사교모임에서의 예의, 만찬회나 리셉션 시의 매너 등 이른바 실내에서의 에티켓(indoor etiquette)에 있어서 매우 중요하다. 그러나 이러한 사고방식을 더욱 중요시하는 경우는 공공장소에서의 에티켓으로, 서양에서는 이를 아웃도어 에티켓(outdoor etiquette)이라 하는데, 실내에서의 에티켓과 함께 에티켓의 양대 산맥을 이룰 정도로 중요하다.

공공장소에서 에티켓을 잘 지키는 것이 바로 공중질서라던가 공중도덕으로 표현되는 것인데, 우리들에 비해 서양인들의 격이 높다는 것은 바로 이 에티켓이 잘 지켜지고 있다는 것을 의미한다. 즉 서양인들은 어릴 때부터 에티켓에 대한 교육을 아주 엄격하게 받아 에티켓이 매우 자연스럽게 몸에 배어 있다. 따라서 에티켓에 어긋나는 행동을 무심코 하는 동양인은 서양인에게는 매우 이상하게 비쳐질 것이고, 상황에 따라서는 문화국민으로서의 품성을 의심받을 수도 있는 야만적 행동이라고 비판받을 수도 있다.

(4) 에티켓은 곧 상식을 따르는 일

위에서 언급된 것 모두가 에티켓에서는 중요한 것들이다. 그러나 여기에 또 필요한 것이 하나 있다. 바로 상식이다. 여기서 말하는 상식이란 남다른 지성이나 전문적인 지식이 아니라 일반 생활개념에서 벗어나지 않는 올바른 판단과 센스이다. 예를 들면, 여성과 자동차를 같이 탄 남성은 차가 멈추면 여성을 위해 문을 열어주도록 되어 있다. 그러나 여성의 쇼핑을 위해 번화한 거리에 차를 세운 경우라면 교통에 방해가 되지 않도록 행동하는 것이 상식이므로, 남성은 차에서 기다리는 것이 에티켓이 될 것이다.

간혹 상식에 따르다 보면 에티켓의 규칙에 어긋나는 경우가 생기기 마련인데 상황에 따라 올바르게 판단하고 처신하는 자세야말로 바로 진짜 에티켓이 되는 것이다. 남에게 폐를 끼치지 않고 호감을 주려고 노력하는 일, 남을 존중하는 마음 등은 에티켓의 기본정신에서 빠질 수 없는 것들이다. 이러한 것들을 염두에 두고 교제한다면 상대방을 기쁘게 할 수 있고, 역시 상대방으로부터 존중받을 수 있다. 올바른 에티켓은 인생의 즐거움을 얻는 데 분명 도움이 된다.

3) 나라마다 다른 에티켓

기초적인 단위의 공동사회든 문명이 발달된 국가든 인간이 집단생활을 하는 곳이라면 어디에서나 저마다 다른 풍습이 있다. 그중에는 서로 다른 문화권의 사람들이 보기에는 대단히 우스워 보이는 것도 있다.

예를 들면, 폴리네시아인은 손님에게 환영의 뜻을 나타내기 위해 자기의 코를 상대에게 비빈다. 우리에게는 그 관습이 이상하겠지만 그들에게는 서양 사람들의 악수하는 관습이 이상하게 보일 것이다. 또 뉴기니의 파푸아 족은 코에 뼈로 만든 장식을 박아놓고 그것을 대단히 아름답게 생각하지만 우리에게는 이상하고 징그럽게 보인다. 하지만 그들은 서양 사람들의 양복에 달려 있는 불필요한 소매단추가 더 이상하게 보일지도 모른다.

모든 나라에는 풍습에 의해 금지되는 터부도 있다. 회교도나 회교국에서는 여성이 베일을 쓰지 않았다고 해서 강산(强酸) 테러를 당해 실명한 경우가 있었다. 어느 나라에서나 그 공동사회의 관습을 지키지 않고 터부를 가볍게 생각하는 사람은 처벌받는 것이 일반적인데, 원시적인 사회일수록 더 심한 경향을 보인다.

최근 피지 섬의 생태를 조사한 한 사회학자의 보고에 의하면, 선반 위 물건을 손을 올려서 가져갔다고 해서 한 남자가 자신의 동료를 죽였다. 이것은 남의 머리 위로 손을 올릴 경우 상대편에게 허가를 받지 않으면 안 된다는, 그곳 원주민의 법도를 어겼기 때문이었다. 그들 사회에서는 상대편 머리 위로 손을 올린다는 것은 적의를 품고 무기를 잡으려는 동작으로 간주되기 때문이다.

에티켓이란 그 사회, 문화가 요구하는 기본적인 예절을 인간 사이에 지키는 것이다. 과거에는 각 사회마다 그 차이가 심했지만, 세계가 통합되는 오늘날에는 서로의 문화전통과 예절을 이해하고 지키는 것이 상식이다.

4) 에티켓 : 여성존중사상(Women's Respect Concept)

'난자 돌격대'로 지칭되는 미국의 맹렬 여성들이 맨 처음 분노를 터뜨린 것은 남성들은 기혼·미혼을 막론하고 미스터(Mr.)로 통칭하면서 여성은 미혼(Miss), 기혼(Mrs.)을 구분해 부른 것이었다. 곧 이들은 기혼·미혼을 통칭한 미즈(Ms.)라는 새 칭호를 만들어 공표했다. 『미즈』란 잡지를 발행하고 여성 문필가들에게 이 말을 쓰도록 했으며, 많은 신문과 잡지들도 이에 호응해 왔다.

이처럼, 여성들이 여권신장을 위해 능동적으로 활동할 수 있는 것은 여성존중사상, 즉 '레이디 퍼스트(Lady First)'의 개념을 예절의 도의(道義)로 여기는 서양인들의 사고방식 때문이 아닐까 한다. 남편이 죽으면 화장하고 아내도 불 속에 뛰어 들어가 순사하는 '사티'를 전통 미덕으로 여기는 인도나, '남편은 하늘', '남존여비(男尊女卑)' 사상이 지배적인 가부장적 가정과 사회관습을 가진 한국과는 엄연히 차이가 있는 인권사상이다.

서양식 개념의 여성존중사상은 '여존(女尊)'이라든가 '공처가'라는 개념과는 전혀 다르다. 그 발생 배경은 기독교 정신이나 중세의 기사도 정신에서 나온 것으로 남성에 비해 상대적으로 약한 여성을 돌보거나 감싸는 것이야말로 남성의 품위나 힘을 제대로 나타내는 것이라고 생각한 데서 비롯된 것이다. 그렇다고 이 사상에만 집착해 남성은 마음에도 없는데 존대하는 척 행동한다거나, 여성은 존대받아야 된다는 이유로 마음대로 행동해도 된다는 것은 아니다. 당연히 여성 자신도 그에 준하는 매너를 가지고 기품 있게 행동해야 하는 것이다.

한국인들은 서양식 여성존중 개념과는 전혀 다른 관습 속에서 성장했기 때문에 이에 대해 적잖은 오해를 가지고 있다. 여성 자신이 남편 혹은 상대의 뜻에 반의무적으로 따르는 '겸손의 미덕'이 바로 그것이다. 그러나 국제화 시대를 맞아 그에 따른 이면의 문화를 공감하려면 우선적으로 사고방식을 이해해야 하므로, 남성이 먼저 여성존중사상의 참 의미를 이해하고 존중하며, 여

성 스스로도 겸허하고 사려 깊은 한국여성 특유의 부덕을 적당히 나타내야
할 것이다. 그로 인해 외국인과의 사교 시나 외국생활 시 적어도 한국인에
대한 비판이나 빈축을 사지 않도록 주의해야 한다.

5) 에티켓 : 사회 이미지는 내가 만드는 것

우리는 예의바른 사람을 '영국신사 같다'고 한다. 방송인 이한우 씨의 친구
인 브라이언은 정말 영국신사의 표본이다.

이 씨는 그를 20년 동안 알고 지냈는데 한 번도 예의에 어긋나게 행동하는
것을 보지 못했다. 그는 언제나 친절하고 공손하며 교양 있는 말과 품위 있는
행동으로 예의를 지킨다. 그래서 이 씨는 글로벌에티켓(global etiquette)을 생
각하면 꼭 브라이언을 떠올리게 된다. 그런데 그 사람을 완벽한 신사(gentle-
man)라고 칭찬하면 본인은 별 것 아니라고 말한다.

"나는 자랑스러운 가문의 자손이고, 영국의 최고대학 출신이며, 현재는 훌
륭한 영국회사의 대표인데 어떻게 예의를 지키지 않을 수 있겠는가?" 그는
항상 자기 자신의 이미지뿐만 아니라 자기가 속하는 사회의 이미지를 본인이
만든다고 생각하고 있다.

나는 브라이언의 말이 100% 옳다고 생각한다. 독일말로 Etikette라는 단어
는 두 가지 뜻을 지닌다. 하나는 불어처럼 '예절, 범절'이고 또 하나는 '상표,
라벨'이다. 와인 병에 붙어 있는 라벨을 독일 말로 Etikette라고 부른다. 그 라
벨에서 그 와인의 모든 것을 읽을 수 있다. 병에 들어 있는 와인이 어느 해에
생산됐는지, 어떤 포도 품종으로 만들어졌는지, 생산지역, 생산자, 그리고 알
코올 농도가 얼마인지를 Etikette에서 볼 수 있다. 영어나 불어에서는 에티켓
이라는 단어에 독일처럼 두 가지 의미가 없지만, 내용으로 생각하면 그 뜻이
담겨 있다. 즉 한 사람의 예절을 보면 라벨을 읽듯이 그 사람의 모든 것을,
그리고 그 사람이 속해 있는 집단에 대해서 많은 것을 읽을 수 있다.

이렇게 보면 '글로벌에티켓'은 '글로벌 상표'로 생각할 수도 있다. 위에서 말한 브라이언이란 친구의 에티켓을 '영국신사표'라고 하면 우리 한국 사람들의 상표는 무엇이라고 부를까? '한국선비표?' 아니면 '한국양반표?' (2)

남에게 폐 끼치지 않고 호감을 주려 노력하는 일, 남을 존중하는 마음 등을 염두에 두고 생활한다면, 상대를 기쁘게 할 수 있고 역시 상대로부터 존중받을 수 있다. 올바른 에티켓은 인생의 즐거움을 얻는 데 분명 도움이 된다.

03 매 너

1) 매너란?

매너는 원래 마누아리우스(manuarius)라는 라틴어에서 생겨났다. 이는 manus(행동, 습관)와 arius(방식, 방법)의 복합어로, 마누스(manus)는 hand의 의미로 손이라는 뜻이고, 이외에도 사람의 행동, 습관 등을 내포하는 말이다. 아리우스(arius)는 more at manual, more by manual로 방법, 방식의 의미이다. 따라서 매너스(manners)란 사람마다 가지고 있는 독특한 습관, 몸가짐으로 해석할 수 있다.

매너란 어떤 일을 할 때 '바람직하고 좀 더 쾌적하고 우아하다'는 감각에서 생겨난 습관이다. 그것은 상대에 대한 마음 씀씀이나 물건 다루는 방법, 사람과 교제하는 방법, 몸짓 등에 관한 것으로, 이것도 오랜 기간 사람과의 교제 속에서 정착되어 온 것이다. 예를 들면, 결혼식에 초대받은 사람이 신랑 신부를 돋보이게 하기 위해 같은 색깔의 옷은 입지 않는다든지, 회식 자리에서는 주위 사람과 보조를 맞추어 음식을 먹는다든지, 엘리베이터를 이용할 때 여성에게 먼저 양보한다든지 등의 마음 씀씀이가 바로 매너이다.

행동으로 말하자면, 차를 마실 때는 요란스럽게 소리를 내지 않는다든지, 식사 후 숟가락과 젓가락은 나란히 놓는다든지, 신발을 가지런히 정리하여 놓는 등의 매우 상식적이고 일상적인 행동이다. 그러므로 이러한 몸짓이나 마음 씀씀이는 사람과의 교류를 매끄럽게 하는 기본이 된다.

매너는 에티켓을 외적으로 표현하는 것으로, 기본 개념은 상대를 존중하고 불편이나 폐를 끼치지 않고 편하게 해주는 것이다. 매너라고 하면 딱딱한 느낌을 주지만 사회생활을 원활하게 해 나가기 위한 상대에 대한 배려의 표현이므로, 때로는 임기응변을 발휘하는 것도 필요하다.

매너에 관하여 이런 일화가 있다. 영국의 윈저공이 인도의 왕족들을 초청하여 만찬회를 열었을 때, 어떤 왕이 핑거볼 물을 마셔버렸다. 그것을 본 다른 왕들도 마시기 시작했는데, 윈저공의 측근들은 놀라서 어찌할 줄 몰라 했다. 그런데 윈저공도 아무렇지 않게 웃으면서 이 물을 마신 것이다. 측근들이 안도의 숨을 내쉰 것은 말할 것도 없었다.

이 일화에서 알 수 있는 바와 같이 매너는 절차 및 의식이 아니라 '상대방에 대한 배려를 언어 및 동작으로 표시하는 것'이라고 말할 수 있다. 바꾸어 말하면 매너란 '사람에게 불쾌감을 주지 않는 것과 물건을 소중하게 취급한다'는 두 마음에서 성립되는 습관이다.

사람은 혼자서는 살 수 없는 사회적 존재이므로 많은 사람들과 좋은 관계를 유지하고 바람직한 자극을 주고받는 것이 중요하다. 에티켓이나 매너는 그러한 인간관계를 맺기 위한 기술이고 교제의 키워드(key word)라 할 수 있다.

지금 내가 이렇게 행동하면 상대는 어떻게 받아들일지 항상 상대의 입장에서 생각하는 마음가짐이 중요하다. 바로 이것이 에티켓이나 매너의 기본이므로 항상 염두에 두고 실천하려는 노력이 필요하다.

에티켓과 매너를 굳이 구분하자면, 에티켓은 사람들 사이의 합리적인 행동 기준을 가리킬 때 사용되고, 이러한 에티켓을 바탕으로 행동으로 나타내는 것을 매너라고 할 수 있다. (3)

2) 매너의 역할

최근 들어 대기업이나 대형서비스 업소에서 '친절매너 교육'에 관심을 가지면서 지금은 많이 달라지고 있지만, 아직도 우리나라에서는 물건을 고르다 사지 않으면 가게 주인이 화를 내는 것은 예사이고, 상품에 관해 물어도 달갑게 대답하지 않는 것이 보통이다.

몇 해 전에 우리나라에서 유치한 대형 운동경기 등으로 문화인으로서의 우리 위치를 점검하기 위하여 모 신문사에서 '글로벌에티켓'이란 칼럼을 연재했다. 그러자 엄청난 인기를 끌었고, 일부 대학에서는 '에티켓' 과목 수강생이 너무 많아 미처 수강신청을 하지 못한 학생들이 복도에서 청강까지 했다.

그럼에도 실생활에서는 백화점이나 대형빌딩에서 뒷사람을 위해 닫히려는 문을 잡아주는 배려를 해도 누구 한 사람 고맙다는 눈길이나 말을 건네는 사람이 없다. 사람 많은 엘리베이터 안에서 큰 소리로 대화하는 것도 예사다. 문제는 우리가 이런 것들을 별일 아니라고 생각하는 데 있다.

선진국에서는 그 나라 사람들이 모두 다 짜임새 있고 질서 있는 생활을 하지 않으면 안 되도록 사회구조가 되어 있다. 제과점에 가도 서비스를 받는 차례가 있고, 식당에 가도 웨이터가 안내하는 곳에 앉아야 하는 무언의 규칙이 있다. 흔히 우리가 하듯이 창가 자리가 비어 있다 하여 무작정 가서 앉으면 안 된다. 아무리 지체가 높다 해도 미리 예약한 사람과의 약속이 우선이다.

우리 사회의 분위기가 변해야 한다는 것은 재론의 여지가 없다. 우리가 OECD 회원이기 때문에 외국인 보기에 창피해서 서양인들처럼 잘 살아야겠다는 생각 때문이 아니라, 쾌적하고 여유 있게 하루하루를 생활하기 위해서라도 뭔가 달라져야 한다.

대통령부터 유치원 어린이까지 온 국민을 하루아침에 문화인으로 바꿀 수는 없는 노릇이다. 이것은 누가 바꾸라고 해서 되는 것이 아니라, 우리 국민 한 사람 한 사람이 스스로 자연스럽게 자기를 변화시켜 나가야 한다. 일본의 어린이는 손님들이 벗어놓은 신발을 나갈 때 쉽게 신을 수 있도록 가지런히 돌려놓는 모습을 흔히 볼 수 있다고 한다. 이러한 예절을 행동으로 실천하게끔 교육시키는 데 100년이 걸렸다는 말이 있다. 타인에게 폐가 되는 일을 삼가고 배려하는 마음가짐은 어릴 때부터 생활화해야 한다. 또한 하루아침에 이루어지는 게 아니므로 인내심을 갖고 조금씩 개선해 나가야 한다.

매너는 이제 그 개인의 교양을 증명하는 척도이자 그 사람이 사는 국가의 이미지를 결정짓는 중대한 사안이다. 자기 변화의 노력이 결실을 맺을 때, 우리를 교양 있고 예의바른 국민이라며 부러워하게 될 것이고, 무엇보다도 우리 스스로가 편안함을 느끼게 될 것이다. (4)

3) 매너의 구성요소

매너의 구성요소로 세 가지를 꼽는다. 1/3의 상식, 1/3의 친절, 그리고 나머지 3분의 1의 '이유'이다. 매너가 상식이고 친절이라는 것은 누구나 말이 필요 없을 정도로 잘 알고 있는 사실이다. 하지만 매너가 '이유'라고 하면 논술 문제가 떠오르고 복잡해지기 시작한다. 길거리에서 침을 뱉지 않는 것은 상식이요, 뒷사람을 위해 문을 잡아주는 것은 친절이다. 지하철에서 노약자 좌석에 앉지 않는 것은 상식이요, 장애인에게 길을 안내해 주는 것은 친절이다. 그렇다면 '이유'란 의미는 무엇일까?

문화는 아무리 사소하고 보잘것없이 보여도 이유가 있다. 원인이 있는 것이다. 매너도 마찬가지다. 어느 것 하나 단순한 행동의 반복으로 인해 취득된 것이 아니라는 뜻이다. 일본 사람들이 음식 그릇을 손에 들고 먹는 것은 땅바닥에 놓인 음식을 핥아먹는 짐승과 인간을 구분하려는 데서부터 시작된 것이며, 양복 상의 깃에 있는 구멍은 영국에서 비가 오거나 추운 날 단추를 여미기 위한 실용적인 목적으로 만들어졌다. 유럽에서 계단이나 에스컬레이터를 오를 때 동행 중인 남성이 여성 뒤에서 올라가는 것은 여성의 안전을 도모(넘어질 때 뒤에서 받치기 위함)하기 위한 배려에서 시작된 것이다. 이렇듯 매너는 어느 것 하나 이유 없는 것이 없다는 말이다.

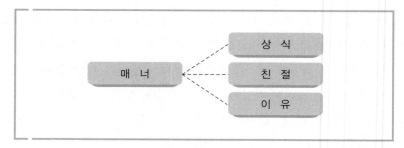

[그림 1] 매너의 구성요소

우리는 너무 보이는 것만으로 판단하고 행동하는 데 익숙해져 있다. '왜'라고 묻기보다는 '어떻게' 또는 '누가'에 치우쳐 있다. 미국 사람은 파티 초대장을 받으면 무슨 파티냐고, 왜 하느냐고 먼저 묻지만, 한국 사람들은 누가 오느냐고 먼저 묻는다. 명함을 받으면 한국 사람들은 무슨 회사에 다니는지에 무게를 실으며, 미국 사람들은 무슨 일을 하는지에 무게를 둔다.

매너는 균형이다. 머리만 차가운 것이 아니라 마음도 뜨거워야 하고 행동도 올바르게 해야 한다.

대한민국의 전통 인사법을 정확하게 행동으로 연출할 수 있는 태도도 필요하지만, 그에 앞서 선조들이 왜 이렇게 해왔는지를 문화적으로 이해하며 더 나아가 한국문화 자체를 사랑하는 마음이 있어야 하는 것처럼 말이다. (5)

에티켓과 매너 실천
매뉴얼

Part_2

01 커뮤니케이션 매너

1) I message 테크닉

I message란 무엇일까? 대화를 할 때 I message의 방법을 사용하면 상대의 기분을 상하지 않고 나의 마음을 전할 수 있다. 이것은 대화의 주체가 '너'가 아닌 '내'가 되어 전달하고자 하는 내용을 하는 표현하는 방법을 뜻한다. 우리가 말하는 대부분의 대화를 생각해 보면, '너'가 주체가 되는 경우가 대부분일 것이다.

"넌 왜 그렇게 하니?"라는 표현보다 "네가 그렇게 하니까 내 마음이 상해!"라고 말하면, 상대의 마음을 다치지 않고 나의 마음을 전달할 수 있다. 평소 주위 사람들에게 불만을 전할 때 어떤 말을 쓰는지 생각해 보면, 대부분이 2인칭으로 시작되는 표현을 습관처럼 쓰고 있음을 알 수 있을 것이다.

이제부터 일인칭으로 시작되는 언어습관을 살펴보자.

자주 지각을 하는 사원에게 "왜 (You) 매일 지각인가!"라는 말보다 "자네가 지각할 때마다 (I) 신경이 곤두선다네. 직장인의 성공은 정시 출근이거든. 난 자네가 성공적인 직장인이 되리라 믿고 싶네. 내일 아침엔 우리 즐겁게 아침 근무를 시작하지 않겠나?"라고 말하는 것은 계속적인 I message만으로 상대에게 충분히 나의 의사를 전달하면서 상대가 기분 나쁘지 않게 자신의 행동을 반성하고 개선할 마음을 가지게 한다.

또 자녀가 아무 데나 가방을 던져두고 다닐 경우 "가방을 아무 데나 놔두면 (You) 어떻게 해?"라고 하면 You message가 되고 "가방을 거기에 두어서 발에 걸려 (I) 넘어질 뻔했네!"라

고 말하면 I message가 된다.

특히 지속적인 You message는 아동기의 아이에게 자신에 대한 부정적인 생각을 갖게 만든다. "넌 왜 그러니?", "넌 이런 짓 하지 마!", "하는 짓마다 넌 그 모양이야." 등의 말들은 커뮤니케이션 매너 이전에 아이의 마음에 상처를 주게 되고 그 결과 자아형성에 나쁜 영향을 미치게 된다. 왜 그런 행동을 하면 안 되는지, 그런 행동을 하면 상대가 어떤 불편과 느낌을 갖게 되는지를 끊임없이 말해주는 것이 바로 I message이고, 이것이 바로 매너의 출발점이 되는 것이다.

이렇게 I message는 상대의 시각에서 대화를 하는 것이 아니라 나의 시각에서 대화를 하게 되는 기법이며, 이것이 습관화되었을 때 대화는 한결 부드러워지고 내 의사 역시 제대로 전달되는 대화매너의 기본이다.

〈표 3〉 I message 테크닉

You message	I message
· 부정적인 생각 · 관공서 위주의 사고 · 명령형 캠페인 · 상대에게 책임과 잘못 전가 　예 산에서 내려올 때는 쓰레기를 들고 내려오십시오.	· 보다 순화되고 상대를 배려 · 상대의 기분 상하지 않게 마음 전달 · 매너의 출발점 · 나의 시각에서 대화 　예 산에 쓰레기를 버리면 산이 아파요.

I message는 일상적인 인간관계뿐 아니라 국가의 외교문제, 기업과 기업, 기업과 고객, 정부와 국민, 선생님과 학생 사이에서 끊임없이 이루어지는 대화의 매너이다.

얼마 전까지만 해도 공공기관에서는 관공서 위주의 사고인 명령형의 캠페인을 주로 사용하였다.

"산에서 내려올 때는 쓰레기를 들고 오십시오(You message)"에서 "산에 쓰레기를 버리면 산이 아파요(I message)"로 바뀌고 있다. 이와 같은 예는 우리 생활 곳곳에서 볼 수 있는데, 고속도로의 톨게이트에서는 '표 파는 곳'에서 '표 사는 곳'으로 사용자 위주의 표현으로 바뀌고 있다.

우리는 매사 상대에게 책임과 잘못을 전가하는 데 익숙해져 있다. 그것이 나의 생각을 전달하는 데 가장 빠르고 강력한 수단이기 때문이다. 그러나 요즘은 국가나 회사, 학교 어디에서도 더 이상 You message는 통하지 않는다. 이젠 I message시대이고, I message만이 상대의 마음을 움직일 수 있기 때문이다.

존경받고 싶은가? 가족 간, 동료 간 대화에 오해가 많고 불화가 잦은가? I message를 사용해 보라! 같은 의미를 전달하는 데 보다 순화되고 상대를 배려하는 I message를 사용하는 습관을 기른다면, 말하기 곤란한 상대에게도 자연스럽게 자신의 뜻을 전달할 수 있다.

2) 상대를 호칭하는 언어매너

국립국어연구원에서 직장인들을 대상으로 '어떻게 불리기를 원합니까?' 하는 설문조사를 하였다. 그런데 절대 다수가 이름 불러주기를 원하는 것으로 나타났다. 여성이 남성을 부를 때, 남성이 여성을 부를 때, 여성이 여성을 부를 때, 남성이 남성을 부를 때 모두 동일하게 '○○○씨'라는 호칭이 가장 듣기 좋다는 것이었다. "왜 그렇습니까?" 하는 질문에는 '이름을 정확하게 불러주는 것이 자신에 대한 존중의 뜻을 담고 있는 것 같아 기분 좋다'는 응답이 대다수였다.

① 자신보다 낮은 직급의 사람을 호칭할 때 '김 과장', '박 부장', '오 차장', '최 선생' 등으로 부르면 된다.
② '과장님', '실장님'이라고 부르기보다는 '김 과장님', '최 실장님'이라고

성과 직급을 함께 붙여서 호칭하는 것이 올바르다. 그러나 문서에 직급을 나타낼 때에는 상관의 호칭에서 '님'은 빼는 것이 올바른 쓰임이다.

예 사장님의 특별 지시사항→사장의 특별 지시사항

③ 경어는 사람에게 사용하는 것이다. 따라서 "사장님! 부장님 가방에 서류가 있다고 합니다"는 바른 표현이 아니다. '차장님 책상'은 '차장 책상', '부장님 가방'은 '부장 가방'이 바른 표현법이다.

④ 직위가 다른 세 명이 대화하는 경우, 대리가 부장에게 과장에 대한 말을 할 때는 과장은 부장에겐 하급자이므로 호칭을 생략하는 것이 바른 표현이다.

예 "부장님, 그것은 김○○ 과장님이 지시하신 사항입니다."

　→"김 부장님, 그것은 김○○ 과장이 지시한 사항입니다."

⑤ 부부 간은 서로 동격이므로 '저'가 아닌 '나'를 사용하는 것이 바르다.

⑥ 외국인을 호칭할 때에는 직위가 아닌 이름을 부른다. 기혼여성의 경우에는 남편의 이름 앞에 Mrs.를 붙여 부르면 된다.

⑦ 부하직원은 상사에게 "수고하셨습니다.", "수고하세요." 등의 표현은 쓰지 않는 것이 바람직하다.

〈표 4〉 일반적인 호칭

구　　분	기본형	허용되는 변형
직함이 없는 동료	○○○씨	○○씨, ○○형, 언니, ○○언니
직함이 없으나 나이가 많은 경우	○선배님	
직함이 있을 때	직함+님	총무부장님, ○부장님

3) 대화매너

① 대화 시 자기 이야기는 40%, 들어주는 것은 60% 정도가 바람직하다.

② 대화는 분명한 발음으로 너무 빠르지 않게 한다.

③ 시선은 상대에게 주어 산만하지 않게 배려한다.

④ 침을 튀기거나 같은 말을 반복하거나 속삭이지 않는다.

⑤ 다른 사람 앞에서 귓속말을 주고받지 않는다.

⑥ 껌이나 음식을 씹으면서 이야기하지 않는다.

⑦ 50~60cm 정도의 거리를 두고 마주보며 대화한다.

⑧ 윗사람과 대화 시 뚫어지게 쳐다보는 것은 매너에 어긋난다.

⑨ 적당한 유머와 공통의 화제로 대화한다.

⑩ 혼자 아는 척하지 않는다.

⑪ 남의 비밀 이야기나 사적인 질문은 화제로 삼지 않는다.

⑫ 남의 말을 끊고 자기 이야기를 하지 않는다.

⑬ 외국말이나 어려운 전문용어는 대화에서 가급적 사용하지 않는다.

⑭ 지나친 농담 특히, 상대의 신체적인 불쾌감을 주는 대화는 삼간다.

⑮ 상대의 이야기에 호응하며 맞장구친다. (6)

4) 예약매너

예약은 커뮤니케이션의 중요한 한 구성요소이다. 예약제도는 미국의 정치가이며 사상가이자 과학자인 벤저민 프랭클린(Benjamin Franklin)이 창안한 것이라 한다. 그가 젊은 시절 책방을 경영할 때 먼저 책을 사러 왔던 사람이 없어서 못 사간 사이에, 나중에 왔던 사람이 책을 사간 것을 계기로 하여 먼저 온 사람에게 불이익이 돌아가지 않게 하고자 시작한 것이 그 시초이다.

이 제도는 서로가 바쁘게 움직이는 현대에 시간을 낭비하지 않고 효율적으로 이용할 수 있게 하며 자신의 계획대로 일을 처리할 수 있게 하기 때문에, 선진국에서는 이제 하나의 문화로 정착되다시피 할 정도로 이용되고 있다.

예약문화는 철저한 세 가지 원칙에 바탕을 두고 이루어지는데, 첫째가 평등성과 공평성의 원칙이요, 둘째가 선착순 우선순위요, 셋째가 예약조건의 절대존중 원칙이다.

간혹 우리나라에서는 예약이 되었다고 해도 업주들에게 실제로 더 이익이 되는 상황이 벌어지면 예약을 대수롭지 않게 여기고 취소해 버리는 경우가 있다. 그러나 선진국에서는 도저히 이해될 수 없는 몰상식한 행위로 간주된다. 그만큼 상호 간의 신뢰성도 높다.

이러한 예약은 타인과의 관계뿐만 아니라 가족 사이에서도 철저히 지켜진다. 아무리 친한 친구나 가족을 만나려고 해도 사전에 시간 예약을 하는 것이 원칙이다. 따라서 사생활이 철저히 지켜질 정도로 모든 것이 예약에 의해서 이루어지고 예약으로 끝난다.

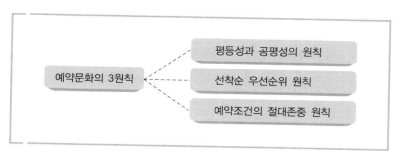

[그림 2] 예약문화의 3원칙

결국 국제사회에서 활동하려면 어떤 서비스를 받든 어떤 일을 추진하든 간에 늘 예약하고, 예약한 것을 확인하고, 재확인하는 습관이 필요하다.

예약이 필요 없게 되었을 때는 즉시 취소하여 다른 사람에게 피해가 돌아가지 않도록 해야 하며, 더 나아가 자신의 신용이 떨어지지 않도록 관리해야 한다. (7)

❝**글로벌 시대의 에티켓 : 기혼여성의 성명**❞

서양에서 기혼여성의 이름은 'Mrs. Peter Smith'처럼 남편의 이름 앞에 Mrs.란 존칭만을 붙여 쓰는 것이 오랜 관습으로 되어 있다. 'Mrs. Mary Smith'와 같이 자신의 퍼스트 네임을 쓰면 영국에서는 이혼한 여성으로 간주된다. 그러나 직업여성들이 많은 미국에서는 이혼하지 않았어도 'Mrs. Mary Smith' 식으로 부르며, 이혼한 경우에는 아예 옛날의 성으로 돌아가서 당당하게 'Miss Mary Nixon' 식으로 부르는 사람들도 많다.

최근에는 Mrs.와 Miss를 합친 Ms.(미즈)란 존칭이 여권을 주장하는 현대여성들 사이에 상당한 인기를 얻고 있다. 이것은 "남성은 기혼, 미혼을 가리지 않고 모두 Mr.인데, 왜 여성들만이 굳이 미혼과 기혼을 가려 Miss와 Mrs.를 써야 하는가?" 라면서 남녀평등을 주장하는 여권주의자들이 고안해 낸 새로운 칭호이므로 싫어하는 사람들도 있으나, 새로운 존칭으로 자리 잡아 가고 있으므로 이것이 무엇을 뜻하는지 정도는 알아두는 것이 좋겠다.

– 비즈니스맨을 위한 국제에티켓, 삼성인력개발원 국제경영연구소

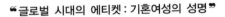

02 전화매너

1) 전화예절

전화는 얼굴을 마주보지 않고 음성으로만 상대방을 대하는 중요한 업무이다. 왜냐하면 회사의 자질구레한 일이나 기본적인 거래는 거의 대부분이 전화로 이루어지기 때문이다. 회사란 전화가 많이 울리는 곳이고, 신입사원의 전화예절은 그 직장의 좋고 나쁨, 그 사람의 성격, 일의 처리법을 한꺼번에 알려준다.

전화벨은 약 1초간 울리고 약 2초간 쉬게 되어 있다. 그러므로 네 번까지

울리는 전화벨은 시간으로 따지면 12초 정도라 할 수 있겠다. 전화벨이 울리면 빨리 받아야 된다고 강조했지만 어쩔 수 없는 사정이 있어 한참 후에 전화를 받는 경우도 생긴다. 이때는 보통 때의 대응만으로는 부족하고, 늦게 전화받은 것에 대해서 사과할 필요가 있다. "오래 기다리셨습니다." 하면 좋을 것이다.

전화는 벨이 3번 울리기 전에 받아야 하며, 전화벨이 4번 울리도록 받지 않으면 일반적으로 상대방은 그 직장을 무질서한 곳으로 생각하게 된다. 따라서 전화벨이 4번 이상 울렸다는 것은 상대방이 꽤 짜증나 있다고 가정해야 한다. 그러므로 "기다리게 해서 죄송합니다", "오래 기다리셨습니다"라는 인사가 꼭 필요한 것이다.

전화를 걸 때에는 상대방의 전화벨이 7번 울릴 때까지 기다리는 것이 좋다. 7번이라면 좀 먼 위치에서도 전화를 받으러 올 수 있는 시간이기 때문이다.

전화 응대의 3원칙

① 신속 : 벨이 울리면 신속히 전화를 받는다.
② 정확 : 정확한 어조와 음성으로 통화자의 신원을 알리고 상대를 파악, 용무를 정확히 전달하고 정확히 전달받는다.
③ 정중 : 상대의 신원에 관계없이 정중히 전화를 하고 받으며, 잘못 걸려온 전화라도 같은 어조와 음성으로 받는다.

전화 응대시의 3:3:3 기법

① 벨이 3번 울리기 전에 받는다.
② 용무는 3분 안에 마친다.
③ 고객이 전화를 끊고 3초 후에 수화기를 내린다.

전화기는 송화기에 입을 바르게 그리고 가까이 대고 "○○회사 ○○부의 ○○○입니다"라고 경어로 답해야 한다.

전화로 대화할 때 보이지 않는다고 해서 이상한 자세를 해서는 안 된다. 전화는 면담할 때의 마음가짐으로 정중하게 통화하도록 습관을 들여야 한다.

일반적으로 통화는 간단히 하는 것이 상식이며, '말이 많고 쓸데없이 통화가 길어진다'라는 느낌을 주어서는 안 된다. 또한 잘못 걸려온 전화도 정중하게 받는다.

수화기는 항상 왼손으로 잡고 오른손으로는 메모할 수 있도록 메모지와 필기구를 준비한다. 메모는 날짜와 시간, 어디서, 누가, 무슨 일로, 왜, 어떻게 했나를 요점만 기록하고 받는 사람의 이름도 반드시 기재한다.

애매한 내용이나 숫자는 반드시 반복하여 상대방에게 확인하고, 전화를 상사에게 건넬 때에는 전화 건 사람의 이름을 정확히 알려준 뒤 상사가 전화받을 의사가 있는지를 살펴본 다음 건네도록 한다. 송·수화기 사용 시 목디스크의 위험이 있으므로 고개를 옆으로 젖혀 등에 끼워 받지 않는다.

전화를 끊을 때에는 상대방이 끊는 것을 확인한 후에 끊는다.

위의 사항 모두 중요하지만, 가장 중요한 것은 밝은 음성이다.

"통화 시 특별한 행동"

• 여자는 애인과 통화할 때 거울을 본다. 남자는 애인과 통화할 때 넥타이를 바로 하기도 하고, 옷매무새를 가다듬기도 하고, 머리를 만지기도 한다.
• 통화내용에 권태를 느끼면 자리에서 일어선다. 결정을 내리고 놀라거나 충격을 받았을 때에도 일어선다.

– 서비스매너연구소, 예절문화교육원

2) 전화매너

① 전화매너는 회사나 업장의 이미지를 대변할 뿐만 아니라 나를 알리는 수단이므로, 상대가 앞에 있다고 가정하고 밝고 똑똑한 말씨로 응대한다.

② 전화 특성상 상대가 이쪽을 볼 수 없기 때문에 행동을 마음대로 할 수도 있겠지만, 오히려 그럴수록 더 공손하고 정중한 태도로 통화해야 한다. 행동이 자연스러우면 말 또한 자연스럽게 나와 실수할 가능성이 높아진다.

③ 상대의 말이 이해되지 않을 때는 다시 한 번 물어서 확실히 확인한다(금액, 일시, 숫자, 고유명사 등).

④ 말씨는 분명하고 정중하게 하며, 음성의 높고 낮음과 속도에 주의한다(사람은 음계의 '솔' 음으로 발음할 때 가장 친근감을 느낀다고 한다).

⑤ 통화 중 제3자와 대화해야 할 경우에는 통화 중인 상대에게 들리지 않도록 수화기를 손으로 막고 조용히 대화한다.

⑥ 전언(傳言)을 부탁받았을 때에는 상대의 성함과 용건을 정확하게 메모한다.

⑦ 밝고 명랑한 목소리로 끝인사를 하고, 수화기는 상대가 먼저 놓는 것을 확인한 뒤에 내려놓는다.

⑧ 근무 중에는 사적인 전화를 삼간다.

(1) 전화 걸 때의 매너

① 전화는 꼭 필요할 때만 건다.

② 전화를 걸 때는 메모지와 펜을 준비하여 이야기할 내용이나 요점을 정리하여 한 번의 통화로 의사소통이 모두 이루어지게 한다.

③ 전화에서는 웃음이나 감탄 등의 느낌이 상대에게 민감하게 전달되고, 이로 인해 오해를 살 수 있으므로 세심한 주의가 필요하다.

④ 먼저 수신지가 맞는지 확인한다.

⑤ 발신자의 신원을 밝힌다.

⑥ 용건을 정확하고 간략하게 설명한다.

⑦ 수신자의 이름이나 직함 등을 메모한다.

⑧ 통화 중 전화가 끊어졌을 경우 전화를 건 쪽에서 다시 건다.

⑨ 상대가 웃어른인 경우에는 상황에 관계없이 아랫사람이 다시 걸거나 기다린다.

⑩ 통화를 마친 후에는 상황에 맞는 인사말로 종료한다.

⑪ 전화는 상대가 전화를 끊고 난 후 한 호흡 정도 기다렸다가 수화기를 내려놓는다.

⑫ 비즈니스 전화일 경우에는 먼저 건 쪽에서 먼저 끊는다.

(2) 전화받을 때의 매너

전화 매너

① 전화는 두 번째 울릴 때 받는 것이 좋다. 첫 번째 울릴 때 받으면 너무 성급한 느낌을 주고, 세 번 이상 울리면 상대를 너무 기다리게 하는 느낌을 준다.

② 전화를 받으면 인사말과 함께 먼저 자신을 밝히고 용건을 묻는다.

③ 용건을 듣고 교환이 필요한 경우 정중하게 안내한다.

④ 금전, 숫자, 시간, 고유명사는 필히 메모하고 다시 복창하여 확인한다.

⑤ 통화 내용이 길어지거나 복잡한 경우 단락을 지어가며 확인한다.

⑥ 전화에서 애매한 답변은 하지 않는다.

⑦ 전화를 받을 때에는 평소보다 더욱 명랑한 목소리로 응대한다.

⑧ 잘못 걸린 전화도 친절하게 받아 안내하며, 자기 담당이 아닐 경우라도 용건을 충분히 확인한 다음 담당자에게 정확히 인계한다.

⑨ 전달해 줄 내용은 메모한 후 즉시 전달하여 실수하는 일이 없도록 한다.

⑩ 용무와 어울리는 내용의 끝인사로 통화를 마친다.

⑪ 반드시 고객이 먼저 전화를 끊은 후에 끊도록 한다.

(3) 공중전화와 휴대폰매너

① 공중전화는 짧게 사용한다.

② 부득이 길어질 경우 일단 끊고 뒷사람에게 양보한 후 다시 건다.

③ 공중전화를 두드리거나 주변에 낙서를 하지 않는다.

④ 공공장소에서는 휴대폰을 무음으로 한다. 특히 병원, 법원, 비행기, 강의실, 공연장에서는 미리 휴대폰을 끄고 들어간다. (8)

⑤ 버스나 전철에서 휴대폰 사용 시 작은 목소리로 손으로 입을 가리고 짧게 통화한다. 특히 기차 안에서 전화통화 시에는 객실에서 나와 타인에게 방해가 되지 않는 출입통로에서 통화한다.

3) 전화 응대요령

① 전화받을 사람이 부재 중이거나 통화 중인 경우, 상황을 설명하고 메모를 요청하여 불쾌감이나 지루함을 갖지 않도록 한다.

② 업무상 자주 통화를 하게 되어 상대방의 목소리를 완전히 인식한 경우에는 이쪽에서 먼저 반가운 인사를 건네도록 한다.

(1) 찾는 사람이 부재 중일 때

❶ 걸려온 경우

• "잠시 자리를 비우셨습니다. 약 10분 정도 후에 다시 걸어주시겠습니까?"

- "방금 ○○부로 가셨습니다. 그쪽으로 돌려드리겠으니 끊지 마시고 잠시 기다려주시겠습니까?"
- "잘 알았습니다. 저는 ○○○라고 합니다. ○○○씨께 꼭 전해 드리겠습니다."
- "저는 ○○○라고 합니다만, 제가 대신 전해드려도 되겠습니까?"

❷ 걸 때
- "실례지만 언제쯤 돌아오십니까?"
- "실례지만 언제쯤 통화할 수 있을까요?"
- "그럼 5시쯤 이쪽에서(제가) 다시 전화 드리겠습니다."
- "○○○씨께 그렇게 전해주시면 고맙겠습니다."

❸ 회사 임원진(회장, 사장, 부사장, 전무 등)으로부터 걸려온 경우
- "지금 외출 중입니다. 업무 대행자 ○○○씨를 연결해 드리겠습니다."

(2) 부득이 기다리게 할 경우

- "지금 다른 전화를 받고 계신데 잠시 기다려주시겠습니까?"
- (30초 이내) "정말, 죄송합니다. 금방 끝나신다고 하시니 잠시 더 기다려 주시겠습니까?"

(3) 혼선이거나 잘 안 들릴 경우

- 큰 소리로 말하지 말고, 다시 걸거나 걸 것을 유도한다.
- "전화가 감이 먼 것 같습니다. 죄송하지만, 다시 한 번 부탁드립니다."

(4) 상대의 말을 이해할 수 없거나 잘못 들은 것 같은 경우

- 상대의 탓이 아니라 자신의 잘못임을 나타내고 말한다.
- "죄송합니다. 제가 잘못 들었습니다. 다시 한 번 말씀해 주시겠습니까?"

(5) 금방 답변할 수 없을 때

- "정말 죄송합니다. 조금 시간이 걸릴 것 같으니 제가(저희 쪽에서) 알아보고 곧 전화 드리겠습니다."

(6) 잘못 걸려온 경우, 잘못 건 경우

- 음성을 바꾸지 말고 성실히 대답하거나 연결한다.
- "죄송합니다만, 저희는 ○○부입니다만, ○○부로 곧 돌려드리겠습니다. 끊지 마시고 잠시 기다려주십시오."
- "이 전화를 ○○부로 연결해 주십시오. 부탁드립니다."

(7) 통화 중에 상대방이 감정적으로 표현할 때

- "대단히 죄송합니다. 제가 업무 담당자가 돌아오면 곧 전화 드리도록 조치하겠습니다. 저는 ○○○입니다."

(8) 도중에 끊어졌을 때

- 전화 건 사람이 다시 거는 것이 원칙이나 전화번호를 알면, 받은 사람이라도 자신이 건다.
- "전화가 끊어졌습니다만, 하시던 말씀이……"

(9) 갑자기 기침이나 재채기가 나올 때

- 송화구를 막고 고개를 옆으로 돌리고 처리한다.

• "죄송합니다. 실례했습니다"라고 반드시 말한다.

(10) 위치를 물을 때

• 출발지, 교통편을 물어서 전화 건 분의 위치에서 좌우전후로 방향을 말한다. 되도록 간단히, 중심이 되는 길이나 건물을 말한다.

(11) 벨이 여러 번(3번 이상) 울린 뒤에 받았을 경우

• "늦게 받아 죄송합니다"를 먼저 말하며, 상대의 '−' 심리를 '+' 심리로 바꾸도록 한다. 그 다음에 "○○부 ○○○입니다"라고 응답한다. 죄송함을 표현할 때는 상대가 앞에 계실 때 사죄인사를 하는 것과 같이해야 미안함과 죄송함이 전해진다. (9)

(12) 기 타

• 전화 교환 시에는 반드시 잠시 기다려주시라는 부탁의 말과 함께 수화기를 가볍게 내려놓는다.
• 동료의 전화를 교환해 줄 때 "○○야!" 하는 등의 이름을 부르거나 "○○ 언니!" 등의 호칭을 삼가고 업무, 직책과 관련된 호칭을 사용한다.
• 상대의 신원을 파악하기 전에 미리 상대를 짐작하여 응대하는 일이 없도록 주의한다.
• 사적인 통화가 길어지는 경우 점심시간이나 퇴근 후에 다시 하기로 하고 짧게 통화를 마친다.

4) 올바른 전화사용 매너

전화 응대의 중요성은 목소리만으로 '나'의 모든 것을 상대가 짐작하고 평가하게 되며 나의 가치를 상대가 자리매김하게 된다는 데 있다.

목소리만으로 친절 이미지를 전달해야 함에 있어 고객이나 거래처와의 응대 시 목소리가 차지하는 비중은 전화예절, 매너와 더불어 거래의 성사 여부를 좌우할 정도로 큰 역할을 하는 것이다.

앞에서 배운 전화 응대요령과 매너를 숙지하고 벨이 울림과 동시에 준비된 자세로 전화 응대를 해야 한다.

(1) 목소리 훈련

- '솔' 정도의 톤으로 통화한다.
- 인사말을 할 때 뒤를 약간 올려 경쾌한 느낌이 들게 한다.
- 정확한 발음을 사용하고 표준어를 사용한다(아, 이, 우, 에, 오, 기린, 개나리, 두루미, 훈련, 효과 등).
- 안면 근육운동으로 말이 꼬이지 않도록 한다(갑자기 말이 꼬이거나 기침이 나면 즉시 사과하고 다시 이야기를 계속한다).
- 나의 목소리를 자주 들어보는 습관을 갖는다(휴대폰 녹음, 녹음기의 사용, 동료나 친구에게 묻는다).

(2) 전화 사용 시의 언어

고객과의 통화 시 잘못된 언어 사용으로 실례를 범하는 경우가 자주 있다. 지시어의 사용이 그 대표적인 예로 고객은 정중하다는 느낌을 전혀 가질 수 없고 응대자의 매너와 소양을 낮게 평가하게 되며 더 나아가 직장의 가치조차 낮게 여겨지게 하는 파급효과를 갖는다.

의뢰형 언어, 부탁형 언어를 사용하는 습관을 길러 전화 응대 시의 오해나 고객의 불편, 불쾌함을 방지하여 밝고 건강한 직장 이미지를 심는 것이 중요하며 곧 고객이 신뢰할 수 있도록 만드는 길이다.

(3) 전화 응대 시의 바람직한 인사말

- 안녕하십니까?
- 안녕히 계십시오.
- 좋은 하루 되십시오.
- 실례합니다만
- 감사합니다.
- ○○○부서의 ○○○입니다.
- 잠시만 기다려주시겠습니까?
- 자리에 안 계십니까? 제가 전해드리겠습니다.
- 건강하신지요.
- 축하드립니다.
- 죄송합니다.
- 많이 불편하셨는지요.
- 담당자를 연결해 드리겠습니다.
- 제가 도와드리겠습니다.
- 제가 알아보고 연락드리겠습니다.
- 이쪽에서 다시 걸겠습니다.
- 바로 조치를 취하겠습니다.
- 제가 대신 용서를 빕니다.
- 한 번 더 확인하겠습니다.
- 메모하고 있습니다.
- 저는 ○○○였습니다.
- 번창하십시오.
- 감기 조심하시고요.

03 방문에티켓과 매너

방문은 상대방과의 경계를 조금 누그러뜨리고, 서로의 교제를 깊게 하는 데 큰 역할을 한다. 상대에게 친밀감을 느낄 수 있는 경우는 많겠지만, 방문도 그중 하나로 친밀감을 느낄 수 있는 가장 자연스러운 계기가 될 수 있다.

1) 방문에티켓

(1) 방문시간

방문 시 특히 신경 써야 할 것은 시간에 대한 에티켓이다. 어떤 경우이든 시간을 지킨다는 것은 중요한 일이겠지만, 특히 방문에 있어서는 약속을 한 시간에 필히 도착하고자 하는 마음 자세가 중요하다. 먼저 상대방의 형편에 따라 미리 약속을 정한다. 시간 약속을 하지 않고 방문하는 것은 매우 특별한 경우에 한하며, 사전에 시간 약속을 해놓는 것이 에티켓이다. 서양에서의 사교방문 시간은 대개 점심식사 후부터 저녁식사 전까지로 되어 있는데, 방문에 가장 적당한 시간은 오후 4~6시 사이이다. 그러나 반드시 상대방의 편리한 시간을 미리 알아보고 방문시간을 약속하는 것이 예의이다.

아무리 친한 친구라 하더라도 오전 방문은 실례가 된다. 오전 중에는 여주인 자신이나 집안정리가 손님을 맞을 상태가 아닌 것이 보통이므로, 병문안이나 조문 외에는 오전 중에 사교방문을 하지 않는 것이 상식이다.

(2) 외투와 장갑

현관에서 인사를 하고 일단 집으로 들어서면 모자나 레인코트 등은 벗어야 하며, 장갑이나 외투는 꼭 벗지 않아도 되나 시간이 걸리는 방문 시에는 벗는 것이 예의이다. 한국 사람들은 현관에 들어서기 전에 미리 외투를 벗는 습관이 있으나, 서양에서는 그럴 필요가 없다. 시간이 걸리는 방문일 경우라도 여성은 외투를 입어도 무방하다. 벗은 외투나 장갑은 현관에 놓고 실내에 들어가는 것이 좋다. 여성의 경우 장갑은 벗지 않으나, 보통 차나 커피를 마시게 되므로 그때 급히 벗는 것보다는 객실에 들어서면서 장갑을 벗는 것이 좋다.

(3) 착 석

실내에 들어서면 이곳저곳 기웃거리는 일은 삼가고 주인이 권하는 자리에 앉도록 한다. 만일 먼저 온 여자 손님이 있으면 남자 손님은 여주인이 앉기를 권할 때까지 서 있는 것이 에티켓이다.

서양에서는 출입구 쪽이 하석이고 그 반대가 상석이다. 그리고 응접실에는 긴 소파와 1인용 의자가 있는데 소파가 손님용으로 상석이다. 상석은 손윗사람이 앉는 자리이므로 권하지 않는 한 먼저 앉지 않는다.

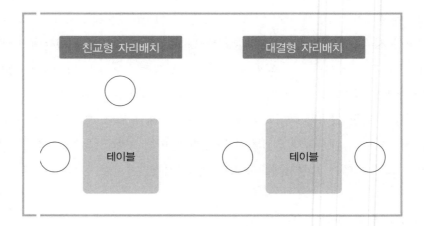

2) 서양에서의 방문매너 : 업무상 방문과 가정방문

요즘 교통수단이 발달하고 생활에 여유가 생기면서 해외여행에 나서는 사람이 많아지고 있다. 어떤 식의 여행이든 해외에서 누군가를 방문해서 인사를 해야 할 때 에티켓이 필요하다.

방문에는 업무상 방문과 가정방문의 두 종류가 있다.

먼저 업무상 방문의 경우에는 반드시 사전에 약속을 해야 한다. 방문 당일에는 확인전화를 한 뒤 방문해야 하고, 또 반드시 명함을 준비해야 한다. 상담용건을 사전에 전화로 통보하면 좋은 인상을 남길 수 있다.

복장은 원칙적으로 정장이며, 양말·구두도 가능한 양복과 같은 톤으로 맞춰 입는 것이 좋다. 리셉션 데스크가 있으면 이름과 소속을 밝히고 만날 사람을 얘기한 후 안내에 따르면 된다.

거래선과의 약속시간을 철저하게 지키는 건 비즈니스 파트너로서 당연한 일이지만, 교통혼잡 등의 피치 못할 사정으로 늦어질 경우에는 반드시 사전에 연락을 해야 한다. 막상 약속시간이 지나고 나서 뒤늦게 연락해 봐야 신뢰관계에 금만 갈 뿐이다.

동행자가 있을 경우 상대를 앞에 두고 우리말로 대화하는 건 매너에 어긋나는 일이다. 우리말 사용은 가능한 한 억제하는 것이 좋고 필요할 때에는 반드시 양해를 구하도록 한다. 한 가지 더 명심해야 할 일은 주말이나 휴가철은 물론 금요일 오후에는 거래선과 약속하지 않는 것이 좋다. 주 5일 근무가 보편화된 나라에서는 일이 우선인 우리나라의 방식이 통하지 않는다.

가정방문의 경우, 대부분 입식 생활을 하므로 우리나라처럼 신발을 벗을 필요는 없지만 신발을 깨끗이 하고 들어가야 한다. 가정방문은 대개 저녁식사나 파티에 초대되는 경우가 대부분이므로 복장에 신경을 쓰는 것이 좋다.

우리나라 사람들은 방문 시 현관에 들어서기 전에 미리 외투를 벗는 좋은 습관이 있다. 그러나 서양 사람들은 현관에서 인사를 하고 집안에 들어가면

핼러윈 테마의상

서 남성의 경우 모자는 벗지만, 잠시 방문할 때에는 외투를 벗지 않는다. 물론 시간이 좀 걸리는 방문일 때에는 남성도 외투를 벗어 현관에 놓고 들어가는 것이 좋다(그러나 여성은 안 벗어도 된다). 실내에 들어가서 방안을 이리저리 둘러보지 말고 조용하게 의자에 앉는다.

처음 방문의 경우 대개 15~20분을 넘지 않도록 하고, 작별인사는 되도록 짧게 하는 것이 에티켓이다. 한국여성들 중에는 앉았다 하면 일어날 줄 모르고, 또 작별하려고 자리에서 일어난 후에도 다시 길게 이야기를 하는 사람들이 꽤 있는데, 이것은 예절에 어긋나는 행동이다.

선진국의 경우 방문받은 사람은 되도록 빠른 시일 내로 답방하는 것이 원칙으로 되어 있고, 부부방문에 대해서는 부부가 답방하는 것이 예의이다.

테마가 있는 파티일 경우 그 테마에 맞는 복장으로 준비하는 것이 성의 있는 자세이며, 방문 시 부담가지 않는 작은 선물을 가지고 간 경우 우리 관습으로는 일어설 때쯤 슬그머니 내놓으면서 인사하는데, 이것은 선물을 하는 본래의 취지에도 어긋나고, 또 주인 쪽에서 인사할 수 있는 기회를 주지 않는 결과가 되므로, 선물은 집에 들어가면서 인사를 한 후 곧바로 "This is a Korean doll. I hope you'll like it.(한국인형입니다. 마음에 드실 것 같아서요)" 정도의 말과 함께 내놓는 것이 좋다. 이때 서양 사람들은 반드시 "May I open it?(열어도 될까요)"이라고 한 다음 선물상자를 풀어보고, 성의에 대한 감사표시와 함께 "Oh, it's beautiful. I like it very much.(아름답군요. 정말 마음에 듭니다)"라고 자기의 마음을 표시한다. 선물은 방문의 분위기를 부드럽게 하므로 간단한 것을 준비해 가는 것도 좋다.

차를 주차시켜야 할 경우 아무 데나 임의로 주차시키지 말고 반드시 주인에게 물어봐야 한다.

가정방문의 경우도 업무상 방문과 마찬가지로 주말에 방문하는 것이나 식사초대 이외의 식사시간 방문은 피하는 것이 좋다. 또한 주인의 안내 없이 집안 내부를 둘러보는 건 실례이다. 우리나라에서는 가까운 사이라고 하여 그냥 한 번 들렀다는 식으로 사전약속 없이 불쑥 나타나는 경우가 많은데, 서양에서는 아무리 가까운 사이라도 사전약속 없는 방문은 용납되지 않는다.

방문은 반드시 미리 약속을 하고 가야 하지만, 미리 약속을 하지 않고 방문한 경우 "Is Mr. Nelson at home?(넬슨 선생님께서 댁에 계십니까)"라고 물어 상대편이 "No at home.(안 계신데요)"이라고 대답하면, 이는 '집에 없다'는 뜻이 아니라 약속한 손님이 아니면 만날 생각이 없다는 뜻이므로 더 이상 묻지 말고 명함만 놓고 오는 것이 좋다. 이때 직접 방문했다는 것을 표시하기 위해서는 명함 좌측 위쪽 모퉁이를 접어놓고 온다. 이 관습은 국제적으로 교양 있는 사람들 사이에서 널리 행해지고 있으므로 알아두는 것이 좋다. (10)

3) 업무상 방문매너

일상생활에서 자칫 소홀하기 쉬운 방문은 조금만 신경 쓰면 자신의 편의는 물론 상대에게도 좋은 기분을 줄 수 있다.

① 사무실을 방문할 때는 바쁜 시간은 피해서 미리 시간약속을 한다.
② 방문시간은 오후 3~5시가 적당하며, 미리 초대되지 않은 사람과 동행하는 것은 매너에 어긋난다.
③ 방문시간보다 다소 여유 있게 도착하여 미리 화장실에서 용모와 복장을 점검한다.
④ 사무실에 들어가기 전에 코트와 장갑은 미리 벗고 들어간다.
⑤ 사무실에 들어가서는 방문처, 방문자의 이름을 알리고 본인의 명함을

내놓는다.

⑥ 응접실로 안내를 받으면 출입구에서 가까운 말석에 앉아 기다린다.

⑦ 가방이나 코트는 책상 위에 두지 않고 가방은 의자 측면이나 발 옆에, 코트는 무릎에 놓고 기다린다.

⑧ 상대가 들어오면 빨리 일어서며, 상대가 상석을 권하면 "감사합니다." 하고 옮겨 앉는다.

⑨ 차나 음료를 가지고 오면 감사 표시를 하고 상대가 권하면 마신다.

⑩ 면담 중 방문자나 손님을 맞이하는 사람 모두 시계를 보지 않는 것이 매너이다.

⑪ 만나자마자 바로 본론으로 들어가지 말고, 정중하고 기분 좋게 인사말과 안부 등을 묻는다. 그러나 시간 여유가 없는 경우에는 미리 양해를 구하여 결례가 되지 않도록 한다.

⑫ 사무실은 업무 공간이므로 너무 오래 머무르지 않도록 하며, 최근 대부분의 사무실이 금연이므로 담배를 피우지 않는 것이 바람직하다.

⑬ 사무실에서 사적인 대화나 사생활과 관련된 질문은 하지 않는 것이 매너이다. 용건은 간결·명확하게 전달하고 상대의 말을 적극 경청한다.

⑭ 방문 목적이 달성되지 않더라도 표정을 바꾸지 말고 정중히 인사한다. 결과에 집착하지 않는 기분 좋은 마무리는 다음을 기약할 수 있게 한다. (11)

〈표 5〉 업무상 방문과 가정방문

업무상 방문	가정방문
· 사전약속	· 사전약속
· 방문 당일 확인전화	· 간단한 선물 준비(인사 후 전달)
· 명함 준비	· 식사시간 방문 금지
· 복장은 정장이 원칙	· 테마에 맞는 복장
· 금요일 오후 이후 약속 금지	· 주차 시 주인에게 문의
· 늦을 경우 반드시 사전에 연락	· 주인 안내 없이 집안구경은 실례

4) 만남의 매너

첫 만남에서 긍정적인 느낌을 줄 수 있는 요령은 다음과 같다.

① 복장을 단정히 한다.
② 진실한 말을 한다.
③ 호감받는 복장(화장)을 한다.
④ 마음의 문을 연다.
⑤ 밝고 명랑한 표정과 마음을 가진다.
⑥ 될 수 있는 한 상대의 말을 많이 듣는다.
⑦ 이름을 기억해서 불러준다.
⑧ 너무 가까이 접근하지 않는다.
⑨ 칭찬하고 경어를 사용한다.
⑩ 적절한 언어를 구사한다.
⑪ 처음의 10초에 미소를 짓는다.
⑫ 상대에 대한 믿음을 가지고, 상대를 존경한다는 것을 보여준다.
⑬ 분위기에 집중한다.
⑭ 상대와 시선을 맞춰 경청함을 확인시킨다.
⑮ 상대의 몸짓언어를 잘 살펴 적절히 대처한다. (12)

04 인사에티켓과 매너

인사는 국적과 세대를 막론하고 통용되는 인간관계의 가장 기본적인 절차
이자 관습이지만 나라마다 또 지위에 따라 그 방식과 절차에 조금씩 차이가

있다. 생활 속에 습관처럼 배어 있기 때문에 자칫 잊고 지나치기 쉬운 격식과 방법 등을 좀 더 세밀히 알아둔다면 어디서건 기본부터 세련된 사람으로 가치 있게 인정받을 수 있을 것이다.

1) 고품위 인사법

인사는 사람인(人)자와 일사(事)자, 즉 사람이 하는 일이다. 동물은 인사를 할 줄 모른다. 인사는 동물과 특별히 구분되는 인간의 고유행위이며 모든 예절의 기본이다.

사전적인 의미의 인사는 안부를 묻거나 공경의 뜻을 표하기 위해 예를 표하는 일(greeting), 알지 못하던 사람끼리 통성명하면서 서로를 소개하는 일(introduction), 인간관계에서 지켜야 할 예의 있는 언행 또는 그 일(manner)이다.

이렇듯 인사란 상대에게 마음을 열어주는 구체적인 행동의 표현이며, 환영·감사·반가움·기원·배려·염려의 의미가 내포되어 있다.

인사란 고객에 대한 서비스정신의 표현이며, 상사에 대한 존경심과 부하에 대한 자애심의 발로이자 자신의 인격을 표현하는 행동이다. 인사하는 모습 하나만으로도 그 사람의 자신감, 능력 등을 평가할 수 있는, 인간관계가 시작되는 첫 신호이다. 따라서 인사는 상대를 위하기보다는 나 자신을 위한 것이다. (13)

2) 눈으로 말하는 인사 테크닉

엘리베이터나 횡단보도 등 복잡하고 바쁜 상황에서 만났을 때는 표정과 눈으로 반가움을 표시하며 지나쳐도 무방한 경우가 있다. 그럴 때 하는 인사가 바로 눈으로 하는 인사이다. 이때는 말이나 행동이 함께하지 않기 때문에 표정이나 눈빛이 매우 중요하다. 눈동자를 크게 하고 활짝 웃거나 미소를 지어 반가움을 표시하고 고개를 약간만 끄덕여도 충분한 인사가 된다.

한 건물에서 자주 만나게 되는 사람일 땐 매번 크게 인사하기 곤란한 경우가 있다. 아침에 만나 인사했는데 10분 후 복도에서 또 마주쳤다든지, 중요한 분과 동행하는 도중 누군가를 만났을 때도 눈으로 인사한다.

하지만 이런 인사조차 하지 않아야 될 경우도 있다. 목욕탕이나 화장실 등 프라이버시가 중요시되는 장소에서 윗분을 만났을 경우, 서로 잠시 모른 척해도 예의에 어긋나지 않는다. 잠시 후 서로 준비가 된 다음 자연스럽게 인사를 나눌 수 있기 때문이다. 의외의 장소에서 공식

눈으로 말하는 인사

적으로 아는 분을 만났을 경우에도 상황 판단을 하여 인사를 하거나 혹은 하지 않는 기지가 발휘되어야 한다.

인사의 매너에서 인사하는 방법을 알고 있고, 인사하는 상대를 배려하는 마음을 가지고만 있다면, 어떤 경우든 매너에 크게 어긋나지 않는 인사를 할 수 있을 것이다. (14)

3) 무지개 인사법

매일 똑같은 모습으로 똑같은 인사를 하게 되면, 하는 사람도 듣는 사람도 타성에 젖게 되고 더 이상 인사로서의 가치를 지니지 못하게 된다. 뻐꾸기 시계소리와 별 다를 바가 없기 때문이다.

귀하는 몇 가지 인사말을 사용하고 있습니까? "안녕하십니까?", "식사는 하셨습니까?" 정도의 한두 가지 정도일 것이다. 그렇다면 "안녕하십니까?"의 인사말과 함께할 수 있는 무지개 인사말을 한 번 생각해 보자.

- "좋은 아침입니다."
- "헤어스타일을 바꾸셨네요? 멋지세요."
- "옷차림을 뵈니 봄이 분명하군요."
- "오늘 자주 뵙네요."
- "가을 날씨가 참 좋죠?"
- "휴일 잘 보내셨어요?"
- "오랜만에 뵙습니다. 어디 다녀오셨나요?"

"안녕히 가세요"라는 인사말을 대신할 수 있는 말은 다음과 같다.

- "내일 뵙겠습니다."
- "좋은 주말 되세요."
- "살펴 가십시오."
- "애쓰셨습니다."
- "오늘 반가웠습니다."

이와 같이 같은 상황의 서로 다른 인사말을 개발해 놓고 바꿔가며 쓴다면, 인사하는 자신도 지루하지 않고 인사를 듣는 상대에게도 인상 깊은 인사가 될 것이다. 자신만의 독특하고 개성 있는 7가지 색깔의 인사말을 개발해 보라. 늘 새로운 인사로 대화의 폭이 넓어질 것이다. (15)

4) 인사예절

흔히들 "그 친구 참 사람 됐어!", "그 친구하고 얘기는 안 해봤지만, 참 예절도 바르고 깍듯한 게 맘에 들었어!"라고 말할 때, 사람들은 그 사람의 어떤 면을 보고 그렇게 얘기하는 것일까? 아마도 겉으로 드러나는 부분을 두고 하는 말일 것이다. 그 겉으로 드러나는 부분에 사람들에게 호감을 주는 무언가가 있는데, 그 숨어 있는 비결은 바로 '인사'이다.

이렇게 하루에도 수없이 하는 인사에는 우리가 느끼지 못하는 커다란 힘이 있다. 우리가 사회생활을 하는 데 있어 가장 중요한 힘은 바로 원만한 대인관계이고 대인관계에서 인사는 매우 중요한 몫을 차지한다. 인사는 쉽게 말하자면 상대에 대한 경의의 표시이다. 상대에 대한 경의를 표함으로써 상대를 존중하는 마음을 보여준다면 인사 받는 상대의 기분이 좋아지는 것은 당연하다.

이러한 인사는 받는 것보다 먼저 하는 데 더욱 중요한 의의가 있다. 상대가 인사를 할 때까지 기다리는 것보다 먼저 다가가서 인사를 해보라. 아마 그 순간부터 여러분의 이미지가 달라지기 시작할 것이다.

인사는 많이 할수록 좋다. 상대가 받아주지 않는다고 서운해 하며 그만둘 일도 아니고, 그렇다고 상대가 할 때까지 기다릴 일도 아니며, 더욱이 오늘 한 번 인사했으니 오늘 상대에게 할 인사를 다했다고 생각한다면 큰 오판이다. 인사는 횟수에 상관없이 많이 할수록 좋은 것이다. 먼저 하는 밝은 인사가 상대를 기분 좋게 하고, 무엇보다도 나의 이미지를 밝고 적극적인 이미지로 바꾸어줄 것이다.

혹시 인사를 했는데도 상대가 받아주지 않아 무안하기도 하고 불쾌했던 경험은 없는가? 이는 상대가 나를 무시해서가 아니라 상대가 인사를 했는지 안 했는지 모를 정도로 나 혼자서만 인사를 했기 때문에, 즉 인사를 제대로 하지 않았기 때문에 일어나는 오해이다.

따라서 인사는 밝은 목소리로 분명하게 해야 하고, 내가 먼저 하며, 상대와 눈을 마주치면서 한다. (16)

5) 인사에티켓

① 처음 만날 때에는 대개 악수를 한다. 그러나 문화에 따라 인사법이 다를

수 있으므로 상대의 인사방법을 익혀두는 것이 좋다.

② 구체적인 상담은 영어로 하더라도 인사만큼은 현지어로 하는 것이 예의이다. 상대를 호칭할 때는 Mr.나 Mrs.를 사용한다. 성과 이름의 구별이 쉽지 않으므로 미리 물어서 실수를 방지하는 것이 좋다.

③ 남성은 자기가 소개된다는 것을 알면 바로 일어서야 한다.

④ 권해주는 자리에 앉든지, 좌석 배치(서열)에 따라 착석한다.

6) 인사매너

① 인사는 형식적이 아니라 마음을 담아서 한다.

② 인사는 많이 해야 좋은 이미지를 남기고 상대가 기억해 준다.

③ 인사는 상대가 나를 못 알아본다 해도 먼저 인사하는 것이 좋은 인상을 심어준다.

④ 여성은 양손을 가볍게 앞으로 모으고 허리를 구부리면서 인사한다.

⑤ 남성은 양손을 바지 옆선에 가볍게 붙이고 허리를 구부리면서 인사한다.

⑥ 인사말은 허리를 굽히면서 하고 인사말이 끝났을 때 몸을 일으킨다.

⑦ 인사의 시작은 상대의 눈을 바라보는 것이다.

7) 인사와 웃음

항공사의 예비 스튜어디스 교육생은 어디서 누굴 만나든 예절바른 깍듯한 인사와 웃음을 짓도록 교육받는다. 하루에도 수십 번을 반복하며 인사하고 누구와 마주쳐도 밝게 웃는 것을 두어 달 반복하다 보면 자연스럽게 몸에 익혀진다고 한다. 즉 내면에서 우러나오는 웃음이 된다.

웃으며 인사를 나누다 보면 마음도 밝아진다. 자기는 볼 수 없는 자신의 모습을 바꾸는 길은 반복된 연습에 있다는 것을 그때 알게 된다. 일단 자신의 몸에 인사와 미소가 익혀지면 이젠 다른 사람들의 경직되고 무표정한 얼굴들이 부담스럽게 다가온다. 자신이 변하면 세상이 변하는 것이다. 우리는 무표정과 무뚝뚝함에 익숙해지지는 않았는가? 귀하는 배웠지만 실천에 옮기는 것이 힘든 스타일인가?

부족한 부분을 알지만 혹은 책을 보고 알긴 하지만 변화하긴 힘들 경우 전문가의 도움을 받아 교정하고 훈련하여 변화된 자신을 가꾸고 부족한 부분을 바꿔 나가는 적극적인 삶의 자세도 필요하다.

8) 한국 고유의 인사법

(1) 절의 종류

□ 큰 절

① 정초에 할아버지, 할머니, 부모님께 세배 드릴 때

② 부모님이나 웃어른들 오랜만에 뵐 때

③ 제사나 성묘 때

④ 문상 때 조객과 상주와의 인사 때

⑤ 혼례식 후 폐백드릴 때

⑥ 할아버지, 할머니, 부모님의 환갑, 수연 때

⑦ 단배(한 번 하는 절)는 부모나 부모의 친구 등 어른에게 하는 절이고, 재배(두 번 하는 절)는 문상 가서 하는 절로 차례나 제사지낼 때 하는 절이다. 그리고 첩재배(네 번 하는 절)는 신부가 시집가서 시부모를 처음 대할 때 한다. 옛날에 왕에게 한 절이다.

□ 평 절

같은 또래끼리 서로 공경하며 맞절을 하는 경우. 또는 윗사람에게 문안이나 세배를 할 때 절을 받는 사람이 평절을 하라고 할 때 시행한다.

③ 반 절

평절을 받는 사람이 절하는 사람을 존중해서 답배하는 절이다. 친족이 아닌 성인에게 절을 받을 때는 반절로 답배한다.

(2) 절하는 법

① 손은 공손하게 맞잡는 공수자세를 하며 손끝이 상대를 향하게 하지 않는다.

② 누워 있는 어른에게는 절대 절하지 않는다.

③ 절을 받을 어른이 절하지 말라고 하면 안 해도 된다.

④ 웃어른에게 절을 할 때에는 어른이 자리에 앉은 후 평절을 한다.

⑤ 어른에게 "앉으세요. 절 받으세요"라고 말하는 것은 실례이다.

⑥ "인사드리겠습니다"라고 말씀드린 후 절을 한다.

⑦ 절은 웃어른이 아랫사람에게 답배하기도 한다. 이는 상대를 존중하는 대접의 표시로서 제자나 친구의 자녀, 자녀의 친구가 연하자일지라도 상대가 성인이면 반드시 답배해야 한다.

① 남자의 큰절

① 공수한 자세로 절할 대상을 향해 선다.

② 엎드리며 공수한 손으로 바닥을 짚는다.

③ 남녀 모두 왼 무릎을 먼저 꿇고 오른 무릎을 가지런히 꿇는다.

④ 남자는 왼발을 아래로 오른발을 위로 하여 발등을 포개고 앉는다.

⑤ 엉덩이가 발뒤꿈치에 닿을 만큼 내려 깊이 앉는다.

⑥ 발뒤꿈치를 바닥에 붙이며 이마가 손등에 닿도록 머리를 숙인다.

⑦ 숙인 상태에서 1~2초간 머물렀다가 일어선다.

⑧ 고개를 들며 팔꿈치를 바닥에서 뗀다.

⑨ 오른 무릎을 먼저 세운다.

⑩ 공수한 손을 바닥에서 떼어 오른 무릎 위에 놓는다.

⑪ 오른 무릎에 힘을 주며 일어나 양발을 가지런히 모은다.

⑫ 바른 자세로 섰다가 인사말을 하고 잠시 후 앉는다.

② 여자의 큰절

① 공수한 손을 어깨높이에서 수평이 되게 올린다.

② 고개를 숙여 이마를 손등에 댄다.

③ 왼 무릎을 먼저 꿇고 오른 무릎을 가지런히 꿇어앉는다.

④ 무릎을 세우지 않으며 오른발을 아래로 왼발을 위로 하여 발등을 포개고 발뒤꿈치를 벌리며 깊이 앉는다.

⑤ 상체를 앞으로 45°쯤 굽힌다.

⑥ 잠시 머물러 있다가 상체를 일으킨다.

⑦ 오른 무릎을 먼저 세운다.

⑧ 일어나서 두 발을 모은다.

⑨ 수평으로 올렸던 공수한 손을 내린다.

⑩ 바른 자세로 서서 인사말을 하고 잠시 후 앉는다.

9) 인사매뉴얼

인사는 상대방에게 반가움과 존경심을 표현하는 수단이다. 바른 인사는 즐겁고 원만한 사회생활을 하게 하여 원만한 대인관계를 유지시켜 주는 매개체이다.

(1) 상황별 인사를 하는 시기

① 보행을 하고 있을 때, 인사를 나누어야 하는 대상과 서로 다른 방향으로의 보행을 하고 있다면 30보 이내 정도에서 인사를 하는 것이 바람직하다.

② 인사를 나눌 대상과 서로 마주쳐 지날 때에는 걸음 6~7보 정도에서 인사한다. 먼저 인사말을 하고 그 소리를 듣고, 상대가 바라볼 때 고개를 숙인다.

③ 갑자기 마주치게 되거나 측면에서 만나게 되는 경우에는 상대를 확인하는 즉시 인사해야 한다. 따라서 상대방의 인사에 응답하기보다는 내가 먼저 인사 건네는 것을 습관화해야 한다. 타인이 자기를 알아보지 못하더라도 내가 아는 사람이면 반가운 인사를 건네는 것이 바람직하다.

④ 상대가 식사 중이거나 운전 또는 근무 중인 경우, 그리고 화장실에서는 눈을 마주치는 정도의 가벼운 목례로 인사한다. 이런 경우 너무 많이 친한 척하거나 정중하게 인사하여 시간을 지체하는 경우는 도리어 상대에게 실례가 되는 행동이다.

　인사하는 모습 하나만으로도 상대의 됨됨이를 가늠할 수 있다. 예로부터 인사를 통한 마음 자세를 예절의 기본척도라고 하였다. 단정한 태도와 부드러운 표정이 조화를 이룬 정중한 인사가 필요하다. 자칫 인사를 하고도 오해를 불러일으키거나 예의가 없다는 등의 핀잔을 듣는 경우가 간혹 있다.

(2) 인사할 때의 바른 표정

① 상대에 대한 존경의 뜻이 충분히 전달되어야 한다.

② 웃어른께 인사를 드릴 때에는 너무 활짝 웃는 웃음보다는 입을 다문 상태에서 미소를 머금고 인사하는 것이 좋다.

③ 인사를 마친 후 어른과의 대화가 이어진다면 치아를 드러내는 밝은 웃음을 보여도 무방하다.

④ 동료나 친구와의 인사는 일정한 형식보다는 표정이 더 큰 역할을 한다.

⑤ 반가움의 표시이므로 밝은 웃음을 먼저 보내는 것이 좋다.

⑥ 반드시 고개를 숙이는 인사가 아니라도 악수나 웃음만으로도 동료나 친구는 반가움을 충분히 읽어낼 수 있다.

⑦ 직원과의 인사에서 인사를 받는 상사가 무표정한 상태로 고개만 끄덕인다면 인사를 한 직원은 다음부터 그 상사와의 부딪힘을 가능한 피하려 할 것이다.

⑧ 직원이나 아랫사람의 인사에 대해 상사나 손윗사람은 미소를 머금은 표정으로 격려의 눈길을 보내는 것이 좋다.

⑨ 직원의 인사를 호탕하게 받아주고, 부드러운 미소로 인사에 답한다면 직원은 상사와의 마주침이 늘 기대되고 업무에도 그만큼 효율이 오를 것이다.

　인사는 그 형식을 잘 갖추어야 함도 중요하지만 표정이 실리지 않은 인사는 그저 한 형식일 뿐 당신을 밝게 드러낼 수도, 상대방이 당신을 밝은 이미지의 사람으로 기억하게 할 수도 없다. 따라서 인사는 존경과 반가움의 표시이며, 담긴 마음까지 표현해야 비로소 인사가 완성되는 것이다.

(3) 올바른 인사방법

인사의 종류는 목례, 가벼운 인사, 보통 인사, 정중한 인사로 나눌 수 있다. 목례는 말 그대로 눈으로 예를 갖추는 것이다. 5° 정도 숙인다. 양손에 무거운 짐을 들었을 때나 엘리베이터 안, 화장실 등에서의 인사이다. 이때는 인사말이 꼭 필요하다. 경례는 입식생활에서 절 대신 하는 공경의 표시이다. 개화기 이후에 양복을 입으면서 서양의 절인 경례를 하게 되었다. (17)

① 가벼운 인사(반경례)
① 목례 다음으로 가장 가벼운 인사이다.
② 복도나 실내 등에서 자주 만나게 되는 사람에게 아랫사람, 친구, 동료 지간에 할 수 있는 인사로 상체를 15° 정도 숙이는 인사이다.
③ 인사동작을 쉽게 구분하면, 하나에 상체를 구부리고 둘에 잠시 정지, 셋에 상체를 펴면 된다. 짧은 시간에 이루어지는 인사이므로, 반드시 미소를 보내는 것을 잊지 말아야 한다.

② 보통 인사(평경례)
① 어른이나 내방객을 맞을 때 하는 인사로서, 상체를 30° 정도로 숙이면서 하는 인사이다.
② 인사동작을 세부적으로 구분하면 다음과 같다. 하나, 둘에 허리를 구부리고 셋에서 잠시 정지한 다음 넷, 다섯에 허리를 천천히 펴는 인사방법이다. 하나라는 동작에 15°씩 숙인다. 둘의 경우 30°가량 숙여져 있어야 한다.
③ 인사말을 반드시 같이해야 하며, 허리를 너무 빨리 일으켜 세우면 가벼

운 인사의 느낌이 들기 때문에 주의해야 한다.

3 정중한 인사(큰 경례)

① 감사의 마음, 사죄하는 마음을 전하는 경우나 집안의 어른이나 직장의 CEO를 뵐 때, 그리고 정중하게 고객을 맞이할 때 하게 되는 인사이다.

② 상체를 45° 혹은 그 이상 완전히 굽혀서 전달하고자 하는 인사의 의미를 상대가 충분히 느끼도록 한다.

③ 세부적으로 구분동작은 다음과 같다. 하나, 둘, 셋에 허리를 구부리고, 넷에서 동작을 정지한 다음 다섯, 여섯, 일곱에 허리를 15°씩 천천히 들어준다.

가장 정중한 표현이므로 가벼운 표정이나 입을 벌리고 웃는 행동은 삼가는 것이 좋다.

> **❝피해야 할 인사법❞**
> ① 상대의 눈을 보지 않고 땅만 보고 인사한다.
> ② 인사하면서 아무 말도 하지 않는다.
> ③ 인사하면서 말을 중간에 끊는다.
> ④ 상사에게 "수고하셨어요"라고 인사한다.
> ⑤ 고개만 까딱 하면서 인사한다.

 토론의 장

각자 상사가 되었다고 가정하고, 부하직원이 어떤 모습으로 인사하는 것이 가장 바람직할지 토론해 보자. 상사로서 여러분이 원하는 인사모습과 현재 여러분이 무심히 행하는 인사모습을 비교해 보고 교정하도록 노력하자.

좋은 인사의 6가지 point

① 내가 먼저 한다.
② 눈맞춤(eye contact)을 한다.
③ 밝게 한다.
④ 허리를 굽힌다(상체를 일직선으로 곧게).
⑤ 플러스 알파의 말을 곁들인다.
⑥ 상대방에게 적합한 인사를 한다.

05 호칭·서열에티켓과 매너

1) 호칭에티켓

에티켓에서 호칭만큼 까다롭고 어려운 것은 없는 듯하다. 우리말만큼 호칭이 다양한 말은 없을 것이고, 우리나라 사람만큼 호칭에 대해 신경 쓰고 예를 갖추는 국민도 드물 것이다. 앞서 에티켓의 본질은 상대를 존중함으로써 편안한 인간관계를 유지하는 데 있다고 했다. 따라서 호칭에도 이런 에티켓의 본질을 염두에 두고 상대에 따라, 상황에 따라 올바르게 가려 쓸 필요가 있다.

(1) 호칭에 관한 에티켓

친구나 동료처럼 대등한 위치에 있는 사람이라면 자연스럽게 이름을 부른다. 그러나 회사 내에서는 이름 뒤에 '씨'자를 붙여 부름으로써 상대를 존중함은 물론 사무실 내의 공적인 질서를 유지하도록 한다. 나이와 지위가 다르더라도 상급자로부터 어떻게 불러달라는 말이 있으면 그에 따라 호칭하도록 한다. 사회적 지위가 높은 사람이나 전문 직업인, 손윗사람에 대해서는 그에 맞는 경칭을 사용하도록 한다.

(2) 호칭의 표기방법

성명을 모두 적는 것이 올바른 예의이다. 그러나 서양의 경우 우리와는 달리 이름의 순서가 다르고 다소 길기 때문에 중간이름(middle name)이나 개인이름(personal name)을 생략하는 경우가 있다.

여러 가지 경칭에 대하여 보통 일반인에게 사용되는 경칭으로 남자는 미스터(Mister : Mr.), 여자는 미스트리스(Mistress : 단축형 미스 : Miss, 미혼여자의 성, 성명 앞에 붙이는 경칭/ Lady : 귀부인, 숙녀, 여성, Woman/ Mrs. : 기혼부인을 지칭하며 남편의 성에 붙여 부인, 여사, ○○씨 미망인/ Madam : 프랑스에서 기혼여성에 대한 호칭으로 성, 칭호 앞에 붙이는 경칭, 영어의 Mrs.와 거의 같음), 마스터(Master : 주인, 선생, 석사) 등이 있다. 영국의 경우 'ESQ(Esquire : 영국에서 씨, 님, 귀하, 편지에서 수취인 성명 뒤에 붙이는 경칭. 미국에서는 변호사 외엔 보통 Mr. : 원래 준남작에 속하는 Gentry, 즉 신사라 할 수 있는 신분에 대한 경칭, 상류사회)'라 하여, Mr.(남자의 성, 성명 앞에 붙여 씨, 님, 귀하의 뜻, 영국에서는 직위 없는 남자에게, 미국에서는 일반 남자에게 쓴다)보다 더 심오한 존경의 뜻을 담은 경칭을 사용하기도 한다. 이외에도 Dr.(Doctor)와 Sir.를 사용하기도 하는데, 이는 말하는 사람이 스스로 지위를 낮춤으로써 상대방에게 경의를 표하는 것이다. 단, Sir.의 경우 사용상에 제한이 따른다. 즉 나이나 지위가 비슷한 사람끼리는 사용하지 않으며, 여성에게는 호칭하지 않는다. 여성은 상대방의 지위가 아무리 높아도 동년배의 남성에게는 사용하지 않는다.

이외에도 일반인이 아닌 왕족이나 주요 공직자, 고위 관리직에게 쓰는 경칭으로 매저스티(Majesty : 폐하, 국왕왕비의 존칭), The Hono(u)rable(약자로 The Hon. : 각하) 등이 있다. 나라에 따른 표기방법은 다음과 같다.

① 영국 : 자신의 성(姓) 외에는 모두 생략해도 무방하다.

② 미국 : 중간 이름(middle name)이나 개인 이름(personal name) 중 하나만 생략한다.

③ 프랑스 : 본명과 성(姓) 순으로 쓰며, 부인은 남편의 성 앞에 마담(madame)의 호칭을 붙인다.

④ 스페인과 중남미 : 서면상의 이름표기는 남자의 경우 모친의 성을 붙인다. 기혼 여성은 본인의 이름 뒤에 반드시 'de'와 함께 남편의 성을 붙이는 것이 예의이다.

2) 서열에티켓

서열이란 모임에 참석한 사람들의 순위를 말하는 것이다. 통상적으로 공식적인 서열과 관례상의 서열 두 가지로 나눌 수 있다.

공식적인 서열은 신분별 지위나 관직에 따라 공식적으로 인정된 서열을 말하며, 관례상 서열은 사회적 예의로 정해놓은 서열을 말한다. 사실 공식 서열은 나라에 따라 성문으로 규정하고 있어 별 문제가 없는 편이지만, 관례상 서열은 공적인 것보다 사적인 의미의 비중이 큰 편이므로 그 관계가 복잡하고 애매하여 이를 적용하는 데는 다소 어려움이 있다. 왕족은 그 나라에서 공식서열 1순위이다.

(1) 서열을 정하는 순서

공식 서열과는 달리 관례상 서열은 사람과 장소에 따라 정해야 하므로 그리 간단하지 않다. 따라서 서열을 정하는 것은 그 모임의 성격과 상황에 따라 다르겠지만 기본적인 기준은 아래와 같다.

① 부부 동반인 경우 부인의 서열은 남편과 같다.

② 연령을 중시한다.

③ 미혼 여성은 기혼 여성보다 서열이 낮다.

④ 외국인을 상위로 한다.

⑤ 높은 직위 쪽의 서열을 따른다.

⑥ 남성보다 여성을 우대한다. 단, 남성이 한 나라의 대표 자격으로 참석한 경우에는 예외가 된다.

⑦ 주빈을 존중한다.

(2) 서열관행

서열을 결정할 때에는 그 사람의 현 직위 외에도 연령, 행사와의 관련성 정도, 관계인사 상호 간의 관계 등을 검토하여 결정해야 한다.

① 한국의 서열관행

우리나라에는 정해진 공식 서열은 없지만 외교부를 비롯하여 기타 의전당국에서 실무상 일반적 기준으로 삼고 있는 비공식 서열을 소개하면 대략 다음과 같다.

① 대통령

② 국회의장

③ 대법원장

④ 국무총리

⑤ 국회부의장

⑥ 감사원장

⑦ 부총리

⑧ 외교부장관

⑨ 외국특명전권대사, 국무위원, 국회상임위원장, 대법원판사

⑩ 3부 장관급, 국회의원, 검찰총장, 합참의장, 3군참모총장

⑪ 차관, 차관급

② 미국의 경우

① 대통령

② 부통령

③ 하원의장

④ 대법원장

⑤ 전직 대통령

⑥ 국무장관

⑦ 유엔사무총장

⑧ 외국대사

⑨ 전직 대통령 미망인

⑩ 공사급 외국 공관장

⑪ 대법관

⑫ 각료

⑬ 연방예산국장

⑭ 주 유엔(UN) 미국 대표

⑮ 상원의원

③ 영국의 경우

① 여왕

② 귀족

③ 캔터베리 대주교

④ 대법관

⑤ 요크 대주교

⑥ 수상

⑦ 하원의장

⑧ 옥새상서

⑨ 각국 대사

⑩ 시종장관

④ 프랑스의 경우

수상이 주최(Host)하는 경우

① 외교단장(교황청대사)

② 대사

③ 상원의장

④ 하원의장

⑤ 각료

외국대사가 주최(Host)하는 경우

① 총리

② 상원의장

③ 하원의장

④ 외무장관

⑤ 각료

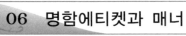

06 명함에티켓과 매너

명함은 한 장의 종이에 불과하지만, 단순한 종이가 아니라 그 사람의 얼굴이며 인격이다. 특히 업무용으로 쓰이는 회사의 이름을 밝힌 명함은 바로 그 회사를 대표하는 얼굴이 된다. 사회생활을 하면서 모르는 사람을 처음 대면할 때 이러한 명함을 서로 교환하고 인사를 나누게 되는데, 이때에도 예절이 필요하다.

1) 명함의 종류

명함은 프랑스의 루이 14세 때 생겼다고 전해지며, 루이 15세 때에는 현재와 같은 동판인쇄의 명함을 사교에 사용했다고 한다. 또 중국에서는 옛날부터 친구집을 찾아갔는데 친구가 없으면 자기 이름 쓴 것을 놓고 오는 관습이 있었다고 한다. 이렇듯 동서양에서 오랜 역사를 갖고 있는 명함은 예전부터 사교 및 사회생활에 있어 자신을 대신해 주는 역할을 해왔다.

우리나라에서는 명함이라 하면 이름, 직장, 주소 및 전화번호를 쓴 것만 생각하지만, 선진국에서는 명함의 종류가 다양하다. 그 하나가 사교용이고 다른 하나는 업무용이다.

우리나라에서는 명함이 한 종류뿐이어서 사교용이든 업무용이든 구별 없이 쓰는데, 특히 외국 사람들과 교류가 많은 사람들은 사교용 명함을 따로 만들어 경우에 맞게 사용하는 것이 국제화시대에 맞는다고 하겠다. 또 우리도 직업의 귀천이나 지위고하를 떠나 교제에 있어서는 다 같이 대등한 관계를 내세우는 구미 선진국의 사교원칙을 받아들여 앞으로 사교용 명함을 도입하여 널리 사용하는 것이 좋을 것 같다.

명함은 사교용이든 업무용이든 일정한 크기의 네모진 흰색 고급용지를 쓴다. 그런데 멋으로 네 귀퉁이를 원형으로 하거나 가장자리에 금색 칠을 하거나, 또는 색깔 있는 용지를 쓰는 사람들이 더러 있는데 이것은 절대로 좋지 않다. 명함이란 한 장의 조그마한 종이에 지나지 않지만 사교에 있어서 자신을 나타내는 극히 중요한 역할을 하므로 무엇보다 품위가 있어야 한다.

(1) 사교용 명함(visiting card)

사교용 명함은 본래 Mr.나 Mrs. 또는 Mr. and Mrs.의 존칭을 붙여서 이름만 흑색잉크로 동판인쇄를 하고 서체는 필기체를 쓴다. 사교용 명함은 보통 꽃이나 선물을 보낼 때, 파티의 날짜와 시간을 적어서 약식 초청장 대신으로 쓸 경우에 사용한다. 최근에는 실용적으로 주소나 전화번호 등을 넣기도 하는데, 이것은 정식이 아니므로 우측 하단에 작은 글씨로 넣는 것이 좋다.

또 서양에서는 교제가 많은 부부들이 폴드오버카드(fold-over-card)라는 것을 즐겨 사용한다. 이것은 가로 10cm, 세로 8cm 정도의 반으로 접은 카드로, Mr. and Mrs. 존칭을 이름에 붙인다. 이 카드는 교제가 많은 부부들이 친구들을 비공식으로 초청할 때나 친구의 초청을 수락할 때, 또는 감사표시로 카드 안쪽 공간에 몇 자 적어 보낼 때 쓴다. 이 카드는 글을 써넣기 위해 만들어진 것이므로 선물이나 꽃 같은 것을 보낼 때도 쓰는데, 이때는 카드 안쪽 여백에 반드시 '축하한다', '감사하다'라는 짧은 글을 써넣어야 한다. 하지만 이 카드는 사교용 명함 대용이나 방문용으로 사용해서는 절대 안 된다.

(2) 업무용 명함(business card)

업무용 명함(business card)은 성명과 회사의 주소 그리고 회사 내에서의 지위 등을 적는데, 미국에서는 보통 사교용 명함보다 약간 크고 서체는 로마자체나 사선이 있는 로마자 또는 블록체를 쓴다. 업무용 명함은 회사의 사원이 다른 회사의 사원이나 고객을 사업상 만났을 때와 같이 업무용으로만 쓰는 것으로, 이것을 방문용 명함과 혼동하여 사교용으로 사용해서는 절대 안 된다.

우리의 경우 직급에 상관없이 각자의 이름만 다른 명함을 쓰는 것이 보통이지만, 미국에서는 사장이나 중역용과 일반사원용이 다르다고 한다. 예를 들면, 사장이나 중역용은 명함 중앙에 이름을 넣고 하단에 직위와 회사명을 쓰는 데 비해(미국에서는 보통 전화번호를 기입하지 않는다), 사원용은 명함의 중앙에 회사명을 쓰고, 성명과 소속부서 그리고 회사주소 등은 좌측 하단에 넣고, 남자의 경우는 Mr. 존칭을 붙인다고 한다.

2) 명함에티켓

① 인사가 끝난 후 느닷없이 명함을 주는 것은 예의에 어긋나므로, 자신을 소개하면서 준다.

② 명함을 줄 때에는 반드시 일어서서 오른손으로 준다. 오른쪽이나 오른손은 서양에서 경의를 표하는 것으로 인식되고 있다. 이때 상반신을 약간 구부려 예를 갖춘 다음 겸손하게 "○○○라고 합니다. 잘 부탁드립니다." 정도의 인사말을 곁들이는 것도 좋겠다.

③ 회사일로 명함을 건넬 때는 자기 소속을 분명히 밝힌다. 이때 상대에게 주는 인상이 추진하고자 하는 업무의 성공 여부를 결정한다고 해도 과언이 아니다.

④ 상대는 명함을 내미는데 "저는 명함이 없는데……"라고 말하는 것만큼 큰 실례도 없으므로 항상 명함을 소지하도록 하고, 넉넉히 준비하여 자유로이 교환할 수 있도록 한다.

⑤ 명함을 받을 때에도 일어서서 두 손으로 받아야 한다. 한 손으로 받는 것은 상대에게 거만한 인상을 줄 수 있고 예의에도 어긋난다.

⑥ 주고받는 자세만큼 중요한 것은 상대의 명함을 그 자리에서 확인하는 것이다. 혹 읽을 수 없는 어려운 한자가 있다면 물어보는 것이 좋다. 읽지 못하는 것보다 모르는 것을 그냥 넘어가는 것이 더 큰 실례이다. 또 명함을 받자마자 보지도 않고 바로 집어넣지 않도록 해야 하며, 상대가 명함을 내밀 때 딴전을 피우지도 말아야 한다.

⑦ 상대 명함을 손에 쥔 채 만지작거리거나 탁자에 툭툭 치는 등 명함을

가볍게 취급한다는 인상을 주지 않도록 한다.

⑧ 마지막으로 명함은 상대를 아는 가장 기본적인 자료이므로 활용하는 데 따라 효과적인 성과를 이룰 수도 있다는 점을 염두에 두자. (22)

3) 명함매너

소개할 때 빠뜨릴 수 없는 것이 명함이다. 명함은 그 사람의 얼굴이고 인격을 가진 소개 카드이다. 그러므로 명함은 사람을 접하는 태도와 같이 취급해야 한다. 명함의 교환이나 취급법이 어려운 것도 이런 까닭이다.

(1) 명함의 준비

명함은 원칙적으로 명함집에 넣는다. 명함집은 다른 증명(주민등록증, 운전면허증) 등을 같이 넣어 사용하지만, 많은 사람을 만나는 사람은 독립된 명함집을 준비한다. 명함집 안에는 명함을 거꾸로 넣어 한 번의 동작으로 상대에게 전해질 수 있도록 한다.

(2) 명함의 교환

① 명함은 사전에 여유 있게 준비하며, 명함집은 남성은 가슴포켓 또는 양복 상의의 명함주머니에, 여성은 핸드백에 넣어둔다.

② 직장과 자신의 이름을 밝히면서 명함을 꺼내며(상대보다 먼저 꺼낸다) 꺼내는 위치는 상대의 가슴 높이이다.

③ 남성의 경우, 소개 후 바지 뒷주머니를 뒤져서 끝이 접히고 낡은 명함을 꺼내주는 것은 미관상 좋지 않다.

④ 상대방과 명함을 주고받을 때에는 두 손으로 주고받으며 왼손으로 오른손을 가볍게 받친다.

⑤ 자신보다 상대방이 먼저 명함을 건넬 경우 꺼낸 자기의 명함은 일단 왼

명함 주기

손 명함집의 밑에 놓고 우선 상대의 명함을 받은 후에 건넨다. 그러나 명함은 아랫사람부터 먼저 내미는 것이 순서이기 때문에 언제나 상대보다 먼저 내도록 유의한다.

⑥ 명함은 상황에 따라 써야 하며 아무에게나 명함을 내미는 것은 자신의 신용과 권위를 의심하게 만들 수 있다. 명함은 자신의 얼굴이므로 광고지를 뿌리듯 함부로 사용하면 안 된다.

⑦ 명함은 상대가 자신을 잘 기억할 수 있는 적절한 상황에서 자신의 소개를 짤막하게 하고 난 다음에 건네는 것이 좋다. 명함은 서서 주고받는 것이 매너이다. 서양에서는 대화가 시작되는 시점에서 명함을 건네는 것이 아니라 대화가 어느 정도 진전되고 난 후 명함을 교환하고 싶다는 판단이 섰을 때 서로 교환한다.

⑧ 동시에 명함을 주고받을 때에는 오른손으로 건네고 왼손으로 받는다. 그러나 중동, 동남아시아, 아프리카 등 회교문화권에서는 종교적인 관습상 왼손을 사용하면 불쾌하게 생각하므로 주의한다.

⑨ 받은 명함은 바로 넣지 말고 두 손으로 잡고 잠시 동안 본 후에 넣는다.

(3) 읽기 어려운 이름의 경우

상대의 이름이 읽기 어려운 경우는 "대단히 실례입니다만, 어떻게 읽습니까?"라고 물어서 확인하는 것이 중요하다. 때로는 이름의 유래 등 생각지 않은 이야기 실마리가 생겨 이후의 대화가 부드러워지게 하는 효과도 있다.

(4) 한번에 기억할 수 없는 경우

응접실 등에서 한번에 많은 사람과 명함을 교환할 때에는 상대의 좌석 위치에 맞추어 명함을 테이블의 앞에 나란히 놓아도 괜찮다. 이름을 기억한다면 명함집에 넣도록 한다.

(5) 친근감을 갖는 대화법

명함을 받은 후 이름을 확인하여 대화 중에는 될 수 있으면 상대의 이름을 부르는 것이 친근감을 높여준다. 즉 "○○○씨", "○○○부장님"이라고 부르는 것이 좋다.

(6) 받은 명함을 놓고 가는 것은 금기이다

대화에 열중하여, 받은 명함을 상대방의 응접실에 놓고 잊고 가는 경우가 있다. 이것은 상대방편에서 본다면 대단히 불쾌한 일이다. 명함의 중요성을 생각하며 받은 명함은 정중하게 다룬다.

(7) 명함의 정리에도 신경을 쓴다

많은 사람을 만나는 판촉부나 영업부 사원은 회사에 돌아온 후 하루의 명함을 정리하고, 만난 일자, 용건, 소개자, 특징 등 상대방 명함의 옆이나 뒤에 메모해 두는 것도 편리하다. 단 손님의 면전에서 명함에 날짜와 시간장소 등을 기록하는 것은 실례이다.

(8) 명함을 달라고 해도 매너에 어긋나는 것이 아니다

손님에 따라 명함 주는 것을 잊을 수도 있다. 이런 때에는 용건이 끝나고 돌아갈 때 "죄송합니다만, 명함 한 장 주실 수 있겠습니까?"라고 요구해도 예의에 어긋나지는 않는다.

매너에 어긋나는 명함 교환

- 명함을 이곳저곳 뒤져서 찾는 행위
- 명함을 거꾸로 건네는 행위
- 명함을 받아서 책상 위에 툭! 던지는 행위
- 남의 명함으로 손톱을 파거나 면전에서 명함에 기록하는 등 다른 목적에 사용하는 행위
- 명함을 아무 데나 놓아두거나 테이블 위에 그냥 두는 행위
- 뒷주머니에서 접히고 낡은 명함을 꺼내어 내미는 행위 등

4) 명함을 주고받을 때 유의할 사항

① 상대가 보는 앞에서 방금 받은 명함에 글씨를 쓰는 것은 매너에 어긋난다. 반드시 메모지를 이용하도록 한다. 상대에게 양해를 얻고 명함에 토(어려운 한자 등)를 달아두는 것은 매너에 어긋나지 않는다.
② 상대에게 이름이나 소개를 하지 않고 명함만 건네는 것은 자칫 거만한 인상을 줄 수 있다. (23)

07 소개 · 악수에티켓과 매너

1) 소개매너

서로를 소개한다는 것은 언뜻 생각하기에 아주 간단하고 쉬운 일이지만, 실제로 뜻하지 않게 소개를 하거나 받게 되었을 때 당황하게 되는 경우가 있다. 소개를 하는 데 있어 기본적인 예의를 알아두면 당황하지 않고 세련되게 그 순간을 이끌어갈 수 있다.

소개에도 원칙이 있다. 요즘은 소개의 절차와 형식이 예전만큼 엄격하지는 않다. 우선 다음의 3가지 원칙을 알아두면, 언제 어디서 누구를 소개하더라도 에티켓에 어긋나는 일은 없을 것이다.

① 반드시 남성을 여성에게 소개한다.
② 반드시 손아랫사람을 손윗사람에게 소개한다.
③ 반드시 덜 중요한 사람을 더 중요한 사람에게 소개한다.

그러나 ①의 경우, 상대가 성직자나 고관이라면 예외적으로 그들에게 여성을 소개하는 것이 올바른 예의라는 것을 알아두는 게 좋다.

(1) 소개의 방식

사람을 소개할 때에는 "A씨입니다(This is Mr. A)" 하는 방식과 "A씨를 소개합니다(May I resent Mr. A?)" 하는 방식의 두 가지가 있다. 이때에는 소개말 속에 소개되는 사람의 인상을 간략하게 알려주는 것이 좋다.

소개된 두 사람은 우리나라의 경우 "처음 뵙겠습니다!"라고만 하는 경우가 많은데, 외국 사람과 인사할 때는 "How do you do?"라고만 하지 말고 반드시 상대방의 성에 Mr.나 Miss, Mrs.의 존칭을 붙여서 부르는 것이 정식이다. 그러므로 소개받을 때나 소개할 때에는 상대방의 이름을 주의해서 들어두어야 한다.

① 남성은 여성에게 소개된다. 여성의 경우 앉은 상태에서 소개받아도 실례가 되지 않으나 상대 남성이 연장자이거나 상사일 경우에는 일어서는 것이 좋다.
② 소개는 일어서서 한다. 사람을 소개할 때 남자의 경우 소개하는 사람이나 받는 사람은 모두 일어서는 것이 예의이다. 그러나 극장좌석에 앉아

있다든지, 복잡한 연회자리에 앉아 있을 때 일어난다면 오히려 바보스
럽게 느껴질 수 있다.

③ 의자에 앉아 있는 여성의 경우는 같은 여성을 소개받을 때, 또 학교선
생, 성직자, 아버지의 옛 친구, 연장자, 고용주 등 자기보다 연상인 사람
및 상사인 경우, 그리고 집으로 찾아온 손님을 맞이할 때를 제외하고는
앉은 채로 가볍게 인사해도 무방하다.

(2) 소개매너

① 자신을 소개할 때는 이름을 다 밝힌다.

② "저는 김○○인데 아는 것이 아무것도 없습니다." 등 너무 낮추는 것도
상대를 당황하게 한다. 자사의 부장님을 업무차 방문한 손님에게 소개
할 때는 "기획실의 김○○ 부장님입니다"가 바른 표현이다.

③ 자신을 소개하면서 간단한 인사말을 건넨다.

④ 소개는 가장 낮은 지위나 나이가 어린 사람부터 한다.

⑤ 남성과 여성이 같이 있는 경우에는 여성부터 먼저 소개한다.

⑥ 지위나 나이가 비슷한 사람을 소개할 경우에는 소개하는 사람과 가까이
있는 사람부터 소개한다.

⑦ 10명 이상 직위·성별이 혼합되어 있을 경우, 각자 자신에 대해 소개할
수 있도록 분위기를 만든다.

⑧ 소개할 때는 직위·이름과 함께 간단한 긍정적인 특징도 함께 소개하면
좋다. "이쪽은 같은 과 김○○ 대리인데 볼링을 잘합니다."

⑨ 한 사람을 여러 사람에게 소개해야 할 경우에는, 한 사람을 여럿에게
먼저 소개한 후 여러 사람을 한 사람에게 소개한다.

⑩ 같은 날 입사한 사원을 소개할 경우 생년월일을 기준으로 연장자부터
소개한다. (18)

(3) 상대의 이름이 잘 생각나지 않을 때의 매너

다른 사람의 이름을 잘 기억한다는 것은 사교에 있어 매우 중요한 에티켓의 하나이나 그리 쉬운 일도 아니다. 또 워낙 많은 사람들과 사귀다 보면 안면은 있는데 이름이 알쏭달쏭할 때도 있고, 또 '누구였더라?' 하고 얼굴이 잘 생각나지 않을 때도 있다. 더욱이 상대 쪽에서 공손히 인사를 해오는데 "이름이 잘 기억나지 않는데요"라고 말할 수 없어 정말 난처한 때가 있을 것이다.

이런 경우에는 우선 "안녕하십니까?" 하고 일반적인 인사를 하고 나서, "요즘 재미는 어떠세요?"라는 식으로 상대가 먼저 말을 하도록 유도한 다음 대화 속에서 뭔가 기억의 실마리를 찾아내는 것이 좋다. 물론 이름이 생각나지 않는다는 것을 상대가 눈치 채지 못하도록 해야 한다.

이번에는 반대의 처지에 놓였을 때를 생각해 보자.

한참 동안 만나지 못했던 사람이나 자기를 잘 기억하지 못할 것 같은 사람을 만났을 때, 내 쪽에서 먼저 "○○○씨죠, 저는 ××사의 ○○○입니다"라고 자연스럽게 이름과 직장을 말해주는 것이 세련된 매너이다. 상대가 곤란하지 않도록 미리 배려하는 세련된 매너를 싫어할 사람이 어디 있겠는가!

어쨌든 좋은 인상을 주는 데 있어 이름과 얼굴을 기억한다는 것은 정말 중요하므로 사람들의 이름과 얼굴을 잘 기억하도록 평소에 노력해야 한다. 이렇게 하는 것이 모든 사람으로부터 호감을 사는 비결 중 하나이다. (19)

(4) 각종 파티에서의 소개매너

① 만찬이나 오찬 시 소개매너

주빈에게는 모든 손님을 소개한다. 안주인은 손님과 인사를 주고받은 후 주빈이나 지위가 높은 사람에게 소개한다. 지위가 높은 사람이 다른 곳에 있을 경우 안주인은 손님을 동반하고 그곳까지 가서 소개한다. 외국인이 참석한 경우 안주인은 대화가 가능한 사람을 소개한다. 손님이 많을 때는 전부

소개할 필요가 없으며, 단 외국인은 가능하면 참석자 전원에게 소개한다. 정식 만찬 시에는 남자 손님을 필히 파트너에게 소개한다. 안주인이 소개할 상황이 아니라면 남성이 스스로 여성에게 가서 자기소개를 해도 상관없다.

2 영국식 소개매너

영국에서는 파티나 모임의 주최자가 참석자를 반드시 소개해야 한다. 반면, 프랑스 등 유럽에서는 주최자에 의한 소개 없이도 평소 안면이 있는 사람 또는 이전에 정식으로 소개받은 사람을 통해서 소개받기도 한다.

3 대륙식 소개매너

유럽이나 남미에서는 소개에 매우 높은 비중을 둔다. 자기 스스로 하는 소개를 대단히 나쁜 방식으로 여기므로 주최자나 다른 사람을 통해 소개받는다. 소개를 부탁하는 대상은 주최자나 정식으로 소개받은 사람 누구라도 상관없고, 남성은 필히 참석한 모든 여성, 연장자 및 손윗사람에게 소개를 해야 한다. 여성의 경우도 나이가 어린 사람은 연장자 전원에게 소개하도록 되어 있다.

영국, 미국과 마찬가지로 많은 사람이 참석하는 파티에서는 일일이 소개받지 않는다. 대륙식의 소개 관습 중 가장 잘 행해지고 있는 것은 여성이 자기보다 연장자인 여성을 혹은 남편보다 지위가 높은 사람의 부인을 소개받았을 때에는 적어도 일주일 이내에 상대방에게 명함을 보낸다는 것이다. 이때 그 부인의 남편과 안면이 없더라도 남편 앞으로 자기 남편의 명함을 함께 보내야 한다.

모임에 처음 참석한 사람은 소개받은 사람들에게 2~3일 내에 명함을 보낸다. 수신 측이 회신용 명함 위에 '시간과 집주소'를 적어 보내면 방문을 기다리는 뜻으로, 아무것도 적혀 있지 않다면 계속적인 교제의 의사가 없다는 뜻으로 해석하면 된다.

2) 악수매너

악수는 비즈니스 사회의 격식과 사람 간의 친근한 정을 함께 담고 있는 인사법으로서 사회활동과 사교활동의 문을 여는 데 매우 중요한 행위이다. 서양에서는 악수를 사양하는 것은 실례로 여기므로 외국인과 만났을 때는 친분의 정도를 떠나 형식으로라도 그에 응해야 한다. 악수를 할 때에는 정중하고 경건한 마음으로 해야 하며, 자연스러운 표정과 바른 자세를 취하는 것이 중요하다.

(1) 악수하는 순서

악수는 상호 대등한 의미이지만, 먼저 청하는 데에는 나름대로의 순서가 있다. 그 기준은 다음과 같다.

① 여성이 남성에게
② 윗사람이 아랫사람에게
③ 선배가 후배에게
④ 기혼자가 미혼자에게
⑤ 상급자가 하급자에게

그러나 국가원수, 왕족, 성직자 등은 이러한 기준에서 예외가 될 수 있다. 왕족의 경우에는 악수의 일반적인 순서와 상관없이 먼저 청할 수 있다.

(2) 악수하는 방법

악수를 할 때는 반드시 일어서서 상대방의 눈을 보면서 해야 한다. 상대방의 눈을 보지 않고 하는 악수는 큰 실례가 된다. 그리고 부드럽게 미소를 지은 채, 손을 팔꿈치 높이만큼 올려서 잠시 상대방의 손을 꼭 잡았다 놓는다. 이때에도 형식적으로 손끝만 잡는다거나 또 자기 손끝만을 내미는 것은 실례가 되고, 너무 세게 잡아서도, 또 잡은 손을 지나치게 흔들어서도 안 된다. 아는 사람을 만났을 때는 악수에 대비해서 오른손에 들었던 물건을 왼손에 미리 고쳐 들고, 왼손잡이도 악수는 오른손으로 하는 것이 예의이다.

동양인 중에는 악수를 하면서 절을 하는 사람들이 꽤 많은데, 악수가 바로 서양식 인사이므로 절까지 할 필요는 없다. 두 가지를 함께 하려 하면 비굴한 인사가 되고 만다. 상대방이 웃어른이라면 먼저 절을 하고 난 다음에, 어른의 뜻에 따라 악수를 한다. 이때에도 허리를 굽힌다거나 두 손으로 손을 감싸 안을 필요는 없다. 특히 외국인과 악수할 때는 상대방이 '절'이라는 인사법을 모른다는 것을 명심하고, 허리를 꼿꼿하게 세워 그야말로 상호 대등하게 악수를 나누는 것이 좋다.

(3) 악수에티켓

옛날부터 악수는 평화를 상징하는 몸짓언어(body language)로 쓰였다. 손을 펴서 무기가 없다는 것을 표시하는 것이었기 때문이다. 이제 악수는 전 세계적으로 통용되는 몸짓언어로, 어떻게 손을 내밀어 악수하느냐에 따라 상황이 달라질 수 있다.

자신 있게 손을 내밀어 힘 있게, 따뜻하게, 진지하게 악수를 하였다면 첫출발은 잘한 것이다. 악수는 상대방과의 신체접촉을 통한 친밀감을 표현하는 행위이므로 바른 동작이 필요하다. 유념해야 할 점은 악수는 서양에서 비롯된 수평적인 관계의 인사법이므로, 바른 악수 방법을 터득하여 업무 수행 시 상대에게 세련되고 정중한 느낌을 주어야 한다.

물론 각 나라의 풍습과 문화에 따라 악수하는 습관이 다르고 의미도 달라질 수 있다. 미국 사람들은 힘 있게 가까이서 손을 쥔다면, 영국 사람들은 약간 거리를 두고 손에도 힘을 덜 준다.

그렇지만 공통점은 악수로 사람을 평가할 수 있다는 점이다. 손을 내미는 것부터 손을 굳게 붙잡는 것, 또 손 빼는 것을 관찰하면 그 사람이 얼마나 자신 있고 솔직한가를 알 수 있다고 한다.

마음의 문을 열고 자신감을 갖고 상대의 손을 힘 있고 진지하게 쥐어라.

① 악수는 윗사람이 아랫사람에게 먼저 청한다. 윗사람이 악수를 청할 경우 아랫사람은 먼저 가볍게 목례를 한 후 오른손을 내민다.

② 오른손 엄지·검지 사이에 적당히 힘을 주고 꽉 쥐지 않도록 하며 2~3번 흔든다. 힘주지 않고 가볍게 잡는 악수는 상대방을 무시하는 행위이므로 주의한다. 서양 사람들은 이를 데드 피시(dead fish), 죽은 물고기를 쥔 기분이라고 할 정도로 싫어한다. 또한 손끝만 잡거나 너무 꽉 잡는 것 역시 좋은 태도가 아니다.

③ 반드시 오른손으로 악수한다. 오른손에 물건을 들고 있는 경우에는 물건을 왼손으로 재빨리 옮기고 오른손을 사용해야 한다. 상대가 내민 손이 허공에 오래 머물게 해서는 안 되며, 왼손으로 하는 악수는 결투신청을 의미한다.

④ 왼손은 가급적이면 바지 재봉선에 가볍게 붙이는 것이 자연스럽고, 오른손 아래 왼손을 받치지 않는다.

⑤ 악수할 때에는 장갑을 벗는 것이 원칙이나 여성은 벗지 않아도 무방하다.

⑥ 악수하는 도중 상대의 시선을 피하거나 다른 곳을 보면 안 된다.

⑦ 손을 쥐고 흔들 때는 윗사람이 흔드는 대로 따라 흔든다. 반대의 경우는 실례가 된다. (20)

(4) 악수매너

① 악수는 상대의 눈을 마주보고, 가벼운 미소와 함께 허리를 곧게 펴고 손을 마주 잡는다.

② 악수할 때 허리를 굽히거나 두 손을 잡지 않는 것이 매너이나, 상대가 윗사람일 경우 상체를 조금 기울이는 것도 괜찮다.

③ 여성이 먼저 청하나 근래에는 남성이 먼저 내밀어도 결례가 아니다.

④ 악수는 깨끗한 손으로 한다.

⑤ 반가움의 표시로 손바닥을 긁지 않는다.

⑥ 손끝만 내밀어 악수하지 않는다.

⑦ 유럽이나 라틴계의 남미 외국인의 경우 악수 시에 가벼운 포옹이나 손
   등에 키스하는 경우도 있으니 당황하지 말고 자연스럽게 행동한다. (21)

(5) 악수와 장갑

남성은 악수할 때 장갑을 벗는 것이 에티켓이다. 특히 여성과 악수할 때에
는 반드시 장갑을 벗어야 하는데, 다만 우연한 만남으로 여성이 손을 내밀
때 당황하여 벗느라고 상대방을 기다리게 하는 것보다 '실례한다!'라고 양해
를 구한 후, 장갑을 낀 채로 신속하게 악수를 하는 것이 옳다.

여성은 실외에서 악수하는 경우 장갑을 벗을 필요 없이 낀 채로 해도 무방
하다. 특히 공식 파티(receiving line)에 서서 손님을 맞이할 때 장갑을 끼고 할
수 있다. 부인들이 꼭 장갑을 벗어야 하는 경우는 승마 장갑 내지는 청소용
장갑을 꼈을 때뿐이다.

08 테이블매너

1) 테이블매너의 개념

이제 서양식이라고 해서 무조건 거부감을 표현하는 사람은 거의 없다고 본
다. 그만큼 서양 스타일의 음식점이 우리 가까이에 있고, '퓨전요리'라고 해
서 국적 불명의 음식들도 많기 때문이다. 하지만 아쉬운 점이 있다면 좀 더

세련되게 연출하는 요령이 아직도 미숙하다는 데 있다.

멋진 음악을 연주하는 피아니스트 공연에 시간을 투자하여 많이 보아도 직접 연습을 해보지 않으면 그렇게 멋지게 연주할 수 없듯이 모든 분야의 매너도 마찬가지다. 이론으로 완전 무장하고 있어도 직접 실습해 보지 않는다면 몸에 밴 매너를 보여줄 수 없을 것이다.

테이블매너가 완성된 것은 19세기 영국의 빅토리아 여왕(Queen Victoria) 때라고 한다. 이 시대는 역사상 형식을 매우 중시하고 도덕성을 까다롭게 논하던 시기였다. 그러나 테이블매너의 기본정신은 형식에 있는 것이 아니라 서로가 즐거운 분위기에서 요리를 맛있게 먹는 데 있다.

요리를 맛있게 먹으려면 미각 외에도 시각·후각·청각·촉각의 오감이 모두 만족되어야 한다. 순백의 테이블보, 부드러운 조명, 와인의 독특한 향과 향신료의 냄새, 스테이크에서 지글거리는 소리나 아름다운 음악소리, 빵의 촉감, 실내온도 등은 요리의 맛 이상으로 인간의 식욕을 자극하거나 만족시켜 주는 요인인 것이다. 따라서 이러한 분위기를 깨뜨리는 복장이나 향이 강한 향수, 요란하거나 히스테릭한 웃음소리, 식기에서 나는 딸그락거리는 소리 등은 삼가도록 서로 신경을 써야 하는 것이다. 요리의 맛은 기본적으로 요리사의 솜씨나 재료에 따라 결정되는 것이지만, 함께 식사하는 사람이 어떤가에 따라서도 식사의 질이 달라질 수 있다.

서양식사 장소는 식욕을 채우는 장소인 동시에 사교의 장이 되기도 한다. 혼자서 묵묵히 식사만 하는 것은 상대방에게 큰 실례가 될 수 있음에 유념해야 할 것이다. 모두가 즐겁게 식사하면서 다 함께 즐길 수 있는 대화 주제로 분위기를 가볍게 열어야 한다. 너무 큰 소리로 떠들어 상대방에게 부담을 준다거나 적당치 않은 화제 선택으로 주변 사람들을 난감하게 만드는 일은 없어야 한다.

자연스러운 대화는 필요하나 옆 사람의 머리 위로 멀리 앉은 사람과 큰 소리로 얘기하는 것은 좋지 않으며, 나이나 건강문제, 특히 의견이 대립될 수 있는 종교나 금전문제 등은 피하는 게 좋다. 또한 하나의 주제를 고집하기보다는 여러 가지 주제를 간결하게 이야기하는 것이 좋으며, 지루하다고 몸을 틀거나 시계를 보는 행동은 자제하도록 한다.

2) 호텔 레스토랑 매너

현대인은 직장상사나 동료들과의 회식, 그리고 국내외의 거래처 사람들이나 손님들과 식사를 같이하는 경우가 많아지고 있다. 동서양을 막론하고 식사를 하는 데는 여러 가지 습관과 방법이 있다. 식사를 할 때 예기치 않은 실수나 무지로 인해 상대방에게 혐오감을 주거나 예의가 없다는 소리를 들을 수 있다. 물론 최고급 레스토랑에서 음식을 먹는 것도 중요하지만, 재치 있는 식사매너로써 자기 자신을 돋보이게 할 수 있는 기회라는 점을 명심한다.

테이블매너(table manner)는 한마디로 자기보호와 안전이라고 할 수 있다. 따라서 음식을 탐내듯 먹는 것은 좋지 못한 행동이므로 삼가야 한다. 음식은 서두르지 않고 천천히 먹는 습관을 기르는 것이 중요하다.

(1) 사전에 예약이 필요하다

호텔 레스토랑(hotel restaurant)에서 식사하려 할 때에는 반드시 예약을 하며, 이때 성명·일시·인원 등을 정확하게 알려주어야 한다. 예약할 때 유념해야 할 사항은 다음과 같다.

① 예약 시 인원 수·일시·식사의 목적(생일, 환갑 등)을 알려주면 업무처리가 쉬워진다.

② 예약해 놓고 못 가게 되거나 약속시간보다 늦어질 경우에는 반드시 알려주어야 한다.

(2) 호텔 레스토랑에서 정장을 해야 하는 곳도 있다

호텔이나 고급 레스토랑인 경우, 정장을 해야만 출입이 가능한 곳이 있다. 따라서 예약할 때 정장을 해야 하는지 확인하는 것이 바람직하다. 그리고 자기 나라의 전통의상은 무방하나 너무 화려한 복장은 삼가야 한다.

(3) 지배인(manager)이나 종사원 등의 안내를 받는다

사전에 예약을 했어도 마음대로 아무 좌석에나 앉는 것은 금물이다. 레스토랑에 들어가면 지배인이나 종사원 등이 좌석을 안내해 준다.

지배인이나 종사원 등이 테이블을 안내한 뒤, 의자를 하나 빼주는데, 바로 그 자리가 상석이므로 그날의 주빈(主賓)이 앉는다. 상석을 지정받았을 때 지나칠 정도의 사양은 오히려 실례가 될 수 있다.

(4) 여성이 좌석에 앉을 때에는 남성이 도와준다

서양에서는 여성 존중 사상이 에티켓의 기본으로 되어 있다. 따라서 레스토랑에서 여성이 앉는 좌석을 빼주는 것은 훌륭한 매너가 된다. 그리고 윗사람이나 여성이 동참했을 경우, 이들이 먼저 착석한 뒤에 앉아야 한다. 만약 자기좌석만 빼고 먼저 앉는다면 실례가 된다. 마음속으로 상석이 어디라는 것도 알고 있어야 한다.

3) 착석매너

레스토랑은 크게 고급 레스토랑과 대중 레스토랑으로 나누어진다. 우리나라의 대부분은 대중 레스토랑이라고 생각하면 된다.

고급 레스토랑은 좌석제를 채택하고 있으므로, 레스토랑 입구에서 종사원의 안내로 자리에 인도된다. 그러나 사람이 많은 식사시간에 예약되어 있지 않다면 좋은 자리에 앉기는 힘들 것이다. 그러므로 창가의 멋진 자리나 조용한 자리를 원한다면 미리 예약해야 한다.

레스토랑을 이용할 때 입구에 들어서면 반드시 지배인(manager, greetress)[1] 혹은 리셉셔니스트(receptionist)가 고객을 맞이하며 "몇 분이십니까?", "예약하셨습니까?" 등을 물은 후 테이블까지 안내한다. 따라서 이러한 관행을 무시하고 레스토랑에 들어서서 곧바로 아무 테이블에나 앉아버리는 행위는 에티켓에 벗어나는 일이다. 다만 안내받은 테이블 위치가 마음에 들지 않을 경우에는 "저쪽 자리는 안 될까요?"라는 식의 희망을 표시하는 것은 무방하다.

레스토랑에 들어갈 때에도 순서가 있으므로 여성이 먼저 들어간다. 순서를 보자면 안내인(웨이터) → (안내받는 입장) 여성 → (뒤따르는 입장) 남성의 순서로 입장한다. 이 순서는 고급 레스토랑의 경우를 예로 든 것이고, 대중 레스토랑일 경우에는 동행한 남성이 먼저 앞서게 되고 여성이 뒤를 따르게 된다.

정찬에서는 서열을 중시한다. 레스토랑에서는 대개 안내자가 제일 먼저 상석의 의자를 빼주도록 되어 있으므로 상석에 그날의 주빈이 앉도록 하면 된다. 레스토랑에서 좋은 자리의 조건으로는 첫째, 앉았을 때 전망이 좋은 자리가 최상석이다. 창가라면 외부경치가 내려다보이는 곳, 스테이지나 플로어의 쇼를 관람하는 경우라면 스테이지가 제일 잘 보이는 곳이다.

다음으로는 마음이 편한 곳이 상석이다. 업소에서 통로가 되는 곳, 사람들이 많이 오가는 곳, 의자의 등받이가 스치는 곳이라든가 입구에서 가까운 곳 등은 좋은 자리라 할 수 없다.

일단 최상석 자리를 잡으면 그 다음은 최상석 사람과 가까운 자리 순으로

---

1 고객의 영접과 안내는 그리트리스(greetress)가 담당한다. 영접 담당자는 항상 레스토랑 입구에서 단정한 자세로 대기하고, 고객이 입장하면 미소 띤 얼굴과 다정한 자세로 접근하여 정중히 고객을 맞이하여, 환송할 때까지 실수가 없도록 진행한다.

상석이 된다.

서양에서는 레이디 퍼스트의 여성존중이 에티켓의 기본으로 되어 있다. 따라서 자리에 앉을 때도 여성이 앉고 난 후에 남성이 앉도록 되어 있다. 여럿이 식사할 때도 마찬가지다. 고령자, 연장자, 여성들과 함께하는 경우라면 남성은 그들이 앉을 때까지 의자 뒤에 서서 기다리거나 여성의 착석을 보조해주는 것이 신사의 에티켓이다.

〈표 6〉 레스토랑 입장 순서

고급 레스토랑	대중 레스토랑
① 웨이터(안내인) ② 여자 손님 ③ 남자 손님	① 남자 손님 ② 여자 손님

한편 웨이터나 남성이 의자를 빼주면 여성은 왼쪽에서부터 의자 앞으로 가 앉는다. 의자에 앉을 때는 허리를 깊숙이 하여 앉고 상체는 꼿꼿이 세운다. 아무것도 하지 않을 경우 손은 자연스럽게 테이블 위나 무릎 위에 올려놓는다. 그러나 팔꿈치를 테이블 위에 세우거나 턱을 괴는 등의 행위는 삼간다.

착석하고 나서 손을 씻으러 가는 사람들이 있는데, 손은 레스토랑에 들어가기 전에 씻고 들어가는 것이 옳다. 자리를 잡은 상태에서 모두 앉아 있는데, 자신만 일어나 나간다는 것은 '화장실에 갑니다'라고 다른 사람에게 나타내는 결과가 되기 때문이다.

4) 올바른 자세와 주문매너

테이블매너의 커다란 목적 중 하나는 상대에게 불쾌감을 주지 않고 맛있게 식사를 하려는 데 있다. 부자연스러운 자세나 어색한 동작은 상대에게 부담을 주기 쉽다. 부드러운 움직임, 자연스러운 자세는 몸과 테이블 사이의 간격을 바르게 했을 때 비로소 이루어진다. 몸을 앞으로 구부린다거나 어깨나 팔 꿈치를 뻗치는 등 보기 싫은 모습은 대개 테이블과 몸 사이의 거리가 너무 멀거나 가깝기 때문이다. 가장 좋은 자세는 테이블과 자신의 가슴 사이에 주 먹 하나 반 정도의 거리를 유지하는 것이다.

여성들의 경우 핸드백은 의자의 등받이와 자신의 등 사이에 놓고 앉는 것 이 원칙이다. 장갑이나 이브닝 백 같은 소형 휴대품 또한 테이블에 두어서는 안 된다. 무릎 위에 놓고 냅킨을 반으로 접은 다음 덮어놓는 것이 물건을 관 리하거나 보기에도 좋다. 혹시 신문이나 잡지 같은 것을 지니고 있다면 핸드 백과 나란히 놓으면 되고, 부피가 큰 가방인 경우 바닥 위에 그대로 놓아도 무방하다. 하여간 식탁이란 식기를 올려놓는 데만 사용하는 것이 원칙이라고 생각하면 된다.

웨이터로부터 혹은 초대하신 분으로부터 무엇을 먹겠느냐는 주문 요구를 받으면, 메뉴를 펴놓고 여유 있게 훑어본 후 요리를 선택하여 주문하는 것이 좋다. 만약 음식의 종류를 잘 모른다거나 뚜렷이 먹고 싶은 것이 없을 때에는 웨이터에게 "오늘 이 식당에서 권할 만한 것이 어떤 것이 있나요?"라고 물어 보고 주문하는 것도 좋은 방법이다. 대부분의 대한민국 사람들은 "좋을 대로 하십시오." 또는 "아무거나 먹지요." 하는 식으로 주관 없는 대답을 잘하는데, 우리 한국인의 정서에서는 겸양이 될지 모르나 양식에서는 결코 좋은 매너가 아니다. 양식에서는 웨이터에게 음식의 종류를 묻거나, 특별한 종류의 음식 이 나왔을 때 어떻게 먹는지를 물어보는 것은 부끄러운 일이 아니다. 모르면 서 자기만의 방법으로 먹다가 실수를 하는 것보다 물어서 올바른 방법으로 먹는 것이 좋다.

초대받은 경우 초대한 사람의 비용을 고려해야 하는데, 일반적으로 초대한 사람의 경제적인 부분을 생각해서 싼 음식을 주문하는 경우가 있다. 하지만 그것은 상대방을 무시하는 태도로 보일 수도 있고 그렇다고 비싼 음식만을 고집해도 곤란하므로, 가장 무난한 것은 중간 정도나 중상 정도의 음식을 주문하는 것이다.

주문은 여성과 초대손님이 먼저 하고, 남성을 동반한 여성은 종사원에게 직접 주문하기보다는 남성에게 주문하며 남성이 종사원에게 주문하는 것이 매너이다.

5) 식사 및 회식 매너

식사나 회식(dining together)은 즐거운 분위기 속에서 맛있게 먹기 위한 것이다. 그러기 위해서는 주위 사람들에게 불쾌감을 주지 않으면서 서로가 기분 좋게 즐겨야 한다는 마음가짐이 필요하다. 테이블매너라고 하는 것은 나이프와 포크 사용법이라고 하는 형식보다는 이러한 마음가짐이 핵심이 된다는 사실을 잊어서는 안 된다.

(1) 팔꿈치를 올리거나 다리를 꼬는 것은 금물이다

식사할 때에는 자세를 바르게 하고 손은 무릎 위나 테이블의 가장자리에 가볍게 올려놓는다. 테이블 위에 팔꿈치를 올리거나 턱을 받치는 것은 매너에 반하는 행동이다. 그리고 다리를 꼬는 것도 단정치 못한 행동이므로 의자에 허리를 붙여 반듯이 앉아서 다리를 모으도록 한다.

(2) 식사 중에는 불쾌한 소리를 내지 않는다

수프(soup)를 후루룩 마시거나 음식을 씹을 때도 소리를 내는 것은 동석한 사람에게 불쾌감을 줄 수 있다. 특히 음식을 씹을 때 입술을 다물고, 맛을 음미하면서 씹으면 불쾌한 소리가 나지 않는다.

(3) 음식이 입안에 있는 채로 이야기하지 않는다

식사하면서 환담을 나누는 것도 매너의 하나다. 단지 입안에 음식을 넣은 상태로 우물우물하면서 말하는 것은 보기에 흉하다. 품위 있게 이야기하면서 식사를 즐기려면 다음과 같은 점에 유념해야 한다.

① 음식물을 한입에 너무 많이 넣지 않도록 한다.
② 여유를 가지고 대화하고, 어려운 화제는 가급적 피하는 것이 좋다.
③ 상대방이 음식을 입안에 넣었을 때에는 말을 시키지 않는다.
④ 한창 먹고 있는 중에 누군가가 말을 걸면 일단은 고개를 끄덕이며 제스처를 취하고, 다 삼킨 다음에 대답을 한다.

(4) 주위 사람들과 먹는 속도를 맞춘다

먹는 속도가 다른 사람들보다 빠르거나 느리지 않도록 주위 사람들과 보조(pace)를 맞춘다. 동석자와 대화를 즐기면서 우아하게 먹을 수 있도록 한다.

(5) 테이블 위에는 아무것도 놓지 않는다

테이블에서 손가방은 등 뒤에 놓으면 가장 좋고, 테이블 위에는 가능한 아무것도 놓지 않는다.

(6) 재채기와 하품에 주의한다

식사 중에 큰 소리를 내거나 웃는 것은 매너에 어긋난다. 또한 실수로 재채기와 하품을 했을 때에도 반드시 옆 손님에게 "미안합니다." 하고 사과를 한다. 특히 서양의 경우 테이블에서의 트림(belching)은 금기 중의 금기로 되어 있다.

(7) 화장실은 식사 전에 다녀온다

식사 중 화장실에 가는 것은 동석한 사람에게는 실례이며, 품위 없어 보일 수 있다. 그러므로 자리에 앉기 전에 반드시 볼일을 보고 머리나 복장에 흐트러짐이 없는지를 확인한다.

올바른 테이블매너 포인트

① 식사할 때 테이블과 가슴의 간격은 10~15cm 정도가 이상적이다.
② 웨이터를 부를 때에는 오른손을 가볍게 든다.
③ 웨이터를 부를 때 캔들을 흔드는 행위는 삼간다.
④ 아무 말 없이 묵묵히 식사하는 것도 실례이다.

6) 서양요리 테이블매너 포인트

서양요리는 일반적으로 코스로 이루어졌기 때문에 테이블매너가 까다롭다. 특히 윗사람의 초대를 받은 경우에는 윗사람이 포크나 나이프를 잡은 후에 먹기 시작하는 것이 매너이다.

(1) 풀코스와 알 라 카르트

서양요리에는 '풀코스(full course)'와 '알 라 카르트(a la carte)'가 있다. 풀코스 요리는 다음과 같은 순서대로 나오는 것이 일반적이지만, 실제로는 조금씩 생략되어 10가지 정도가 보통이다. 코스의 내용은 레스토랑에 따라 다르지만, 그 레스토랑의 추천요리와 계절의 소재를 사용해 요리를 조합하는 등 천차만별이다.

알 라 카르트는 일품요리이므로 메뉴 중에서 코스 순서에 자신이 좋아하는 것을 골라 주문한다. 수프와 육류요리에 아이스크림을 첨가하기도 하는 등 선택은 자유롭지만, 요리의 양이 많기 때문에 적당히 감안해서 주문하지 않으면 음식을 남기는 경우가 생길 수 있다.

① 풀코스의 정식메뉴

① 전채 ② 수프

③ 빵과 버터 ④ 생선요리

⑤ 소르베(sorbet) : 단맛이 적고, 알코올 성분이 있는 셔벗(sherbet)

⑥ 육류요리 ⑦ 샐러드

⑧ 치즈 ⑨ 디저트

⑩ 과일 ⑪ 커피

⑫ 케이크(생략되는 경우도 있음)

식사 시작 매너 포인트

풀코스든지 일품요리든지 자신의 앞에 요리가 나오자마자 급히 음식에 손을 대는 것은 매너에 어긋난다. 동석자 전원이 요리가 나온 것을 확인한 뒤에, 나이프와 포크를 사용해서 음식을 먹는다.

나이프와 포크 사용 매너 포인트

① 밖에 놓인 것부터 안쪽으로 들어가며 하나씩 사용한다.
② 나이프는 꼭 오른손을 사용한다.
③ 포크로 찍은 것은 한입에 먹는다.
④ 스테이크를 먹을 때 포크는 왼손을, 나이프는 오른손을 사용한다.
⑤ 음식을 자른 뒤 나이프는 접시에 걸쳐두고, 포크를 오른손에 바꿔들고 먹어도 무방하다.
⑥ 상대방이 식사 중일 때에는 접시 중앙이나 테두리에 '八'자형으로 놓고, 나이프의 날은 안쪽을 향하도록 한다.
⑦ 식사가 끝나면 나이프는 뒤쪽에, 포크는 자기 앞쪽에 오도록 가지런히 모아서 접시 중앙의 오른쪽에 비스듬히 정렬해 놓는다.

7) 냅킨 사용매너

냅킨은 영어로 napkin, 프랑스어로 serviette라고 한다. '식탁에서 가슴에 거는 포'라는 의미이다. 냅킨의 위치를 보면 정식차림의 테이블에서 손님의 정면에 있는 서비스 플레이트 위에 놓여 있고, 약식의 경우에는 손님의 왼쪽 포크 위에 놓여 있다.

〈표 7〉 냅킨 사용매너

위 치	· 정식 : 손님의 정면, 서비스 플레이트 위 · 약식 : 손님의 왼쪽 포크 위
펴는 시기	· 초대한 주인 또는 주빈이 펴면 뒤따라 편다.
사용부위	· 중앙부위는 사용하지 말고 가장자리를 사용한다.
사용목적	· 무릎 위 음식물이 흘러도 옷을 버리지 않기 위해 음식을 먹다가 입을 닦을 때 · 핑거볼 사용 후 손가락의 물기를 닦을 때
주의사항	· 입을 닦더라도 루주까지 닦는 등 교양 없이 사용하지 않는다. · 식사 도중 식탁 위에 올리지 않는다.
접는 시기	· 식사가 끝나고 커피를 마신 뒤 대충 접어서 테이블 왼쪽에 둔다.

냅킨을 두 겹으로 접어 무릎 위에 놓는다.

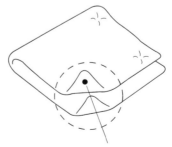

입을 닦는 부분(안쪽)

테이블 위의 냅킨은 언제 펴는 것이 좋을까? 일단 초대받았을 경우에는 주인이 냅킨을 펴면 그 뒤에 따라 펴거나, 주빈이 착석하여 냅킨을 펴면 뒤따라 펴는 것이 예의이다. 냅킨을 테이블 위로 들어 올려 털듯이 펴는 것은 정말 매너에 어긋나는 행동이니 테이블 아래에서 조용히 펴도록 한다. 냅킨이 큰 사이즈라면 반으로 접어 무릎 위에 올려놓으면 되고, 이때 접히는 쪽을 안쪽으로 하여 올려놓는 것이 좋다.

냅킨은 중앙 부위를 사용하지 않도록 주의해야 한다. 한쪽 귀퉁이로 입 언저리만 문지르는 정도로 사용하는 것이 바람직하다. 냅킨을 무릎 위에 펼쳐놓는 것은 잘못해서 음식물이 떨어지더라도 옷이 더러워지지 않도록 하려는 데 그 목적이 있다. 그 밖에 입을 닦는다든가 핑거볼(finger bowl)을 사용한 후 물기를 닦을 때에도 이용한다. 입을 닦을 때에는 세게 닦지 말고 가볍게 눌러서 사용한다. 여성의 경우 입술의 루주를 냅킨으로 닦아내는 경우도 있는데 이는 에티켓에 벗어난 행위이므로 삼간다.

또 잘못하여 물을 엎질렀을 때에도 냅킨으로 마구 닦지 않도록 한다. 이런 경우에는 웨이터에게 부탁해 처리하면 되고, 테이블보는 한 컵 정도의 물은 자연스럽게 흡수할 수 있으므로 당황할 필요가 없다.

냅킨은 절대로 식사 도중 테이블 위에 올려놓아서는 안 되는데, 이는 식사를 거부한다는 의미가 되기 때문이다. 특히 초대받았을 경우 식사 도중에 냅킨을 올려놓으면 주인에게 음식이 맛없어 못 먹겠다는 뜻으로 받아들여진다. 그러므로 잠깐 자리를 비울 경우 냅킨은 의자 위에 놓거나 식탁에 걸쳐놓은 뒤 접시로 눌러 놓으면 된다. 인사를 하기 위해 자리에서 일어날 때에는 왼손에 냅킨을 쥔 채 자리에서 일어서서 인사하면 된다.

냅킨을 접는 시점은 식사가 끝난 뒤 커피를 마신 다음으로, 냅킨을 자기 왼쪽 테이블에 올려놓는다. 꼭 예쁘게 접어놓을 필요는 없고 대충 접어놓으면 된다.

8) 나이프와 포크 사용매너

서양인들도 수많은 포크와 나이프를 제대로 구분하기는 쉽지 않다. 잘 모르면 바깥쪽부터 사용하면 쉽다. 바깥쪽부터 애피타이저 → 샐러드 → 메인디시(육류용) 또는 메인디시, 샐러드용 순으로 놓여 있기 때문이다.

식사를 하다 보면 순서가 뒤섞일 수 있으므로 대략 모양을 구분할 수 있으면 편하다. 생선의 경우 나이프가 아니라 스프레더라고 하는데, 칼날등에 홈이 파여 있어 다른 것과 구분된다. 나머지 나이프는 톱날이 없으면 애피타이저용, 톱날이 있고 날카로우면 메인디시용이다.

포크의 경우 역시 생선용은 포크 목부분에 양쪽으로 홈이 있어 다른 것과 구분하기 쉽다. 나머지는 샐러드, 애피타이저, 메인디시(육류용)용의 순으로 크기가 크다. 디저트용 포크는 샐러드용보다 머리 부분의 폭이 약간 좁다.

물잔과 와인잔 역시 헷갈리기 쉬운데, 물잔은 다리 부분이 없거나 와인잔보다 짧다. 레드 와인잔은 보통 테이블 위의 잔 중에서 가장 크므로 화이트 와인잔과도 구별된다.

테이블 위에 놓인 접시는 되도록 움직이지 않는다. 접시를 임의로 옮겨놓고 먹으면 다음 순서 요리를 위한 공간이 없어져 서빙 받는 데 불편할 수 있기 때문이다.

손으로 집어 먹는 음식이 나올 경우 손을 닦기 위한 핑거볼이 나올 때가 있다. 핑거볼은 보통 은제품으로 되어 있으며 레몬조각이나 꽃잎을 띄워 받침접시에 올려 나온다. 손을 씻을 때에는 두 손을 동시에 넣어 씻지 말고 음식을 집은 손가락만 씻은 뒤 냅킨에 닦는다. 중앙의 접시를 중심으로 나이프와 포크는 각각 오른쪽과 왼쪽에 놓이게 된다.

따라서 놓여 있는 순서대로 나이프는 오른손에, 포크는 왼손에 잡는다. 양식에서 나이프와 포크는 하나만을 계속 사용하는 것이 아니라 코스에 따라 각각 다른 것을 사용한다. 포크와 나이프는 대개 각각 3개 이하로 놓여 있게 마련인데, 바깥쪽에 있는 것부터 순서대로 사용하면 된다.

　나이프와 포크를 동시에 사용하여 고기를 자를 때에는 끝이 서로 직각이
되게 하며, 팔꿈치를 옆으로 벌리지 말고 팔목 부위만을 움직여 자르는 것이
좋다. 나이프는 사용 후 반드시 칼날이 자기 쪽을 향하도록 놓는다.

[그림 3] 테이블 세팅의 예

① 자리 접시(plate for place) ② 냅킨(napkin)
③ 애피타이저용(knife and fork for appetizer) ④ 수프 스푼(soup spoon)
⑤ 생선용 나이프, 포크(knife and fork for fish) ⑥ 육류용 나이프, 포크(knife and fork for meat)
⑦ 버터 나이프(butter knife) ⑧ 빵 접시(bread plate)
⑨ 샐러드 포크(salad fork) ⑩ 버터와 잼 접시(butter and jam plate)
⑪ 물컵(water glass) ⑫ 백포도주 컵(white wine glass)
⑬ 적포도주(red wine glass) ⑭ 샴페인 컵(champagne glass)
⑮ 조미료(salt and pepper)
⑯ 디저트용 스푼, 포크, 나이프(spoon fork and knife for desserts)
* 원칙은 육류용 포크가 ⑨번 자리나 편의상 샐러드 포크와 위치를 바꾸어 세팅한다.

식사 중의 포크와 나이프는 접시 양끝에 걸쳐놓거나 접시 위에 서로 교차해서 놓는다. 포크의 경우 접시 위에 놓을 때에는 엎어놓는다. 영국식은 접시 위에 X자형으로 놓고 손잡이가 접시 둘레에 오도록 놓는다.

식사 중   식사 중 나이프만 놓을 때   식사 완료

[그림 4] 나이프와 포크 놓는 방법

식사가 끝났을 때는 접시 중앙의 윗부분에 나란히 놓는다. 나이프, 포크, 스푼을 사용했을 경우에는 바깥쪽부터 나이프, 포크, 스푼의 순으로 가지런히 모아 놓는다. 음식물을 입안에 넣고 씹을 때에는 포크와 나이프는 접시 위에 놓도록 하며, 나이프의 경우 입안에 직접 넣는 것은 금기로 되어 있다. 음식을 먹을 때 팔꿈치는 너무 옆으로 뻗쳐서는 안 되며 보통 그 폭은 65~75cm가 적당하다. 요리를 담아 먹는 큰 접시는 되도록 식탁 앞으로 가까이 놓는 것이 음식 먹기도 좋고 바른 자세를 유지하는 데 좋다.

테이블에서 사람이나 물건을 손가락으로 가리키는 행동을 해서는 안 되며, 나이프나 포크를 들고 물건을 가리키거나 손을 위로 올리는 행동은 더더욱 삼가야 한다.

이쑤시개가 테이블에 준비되어 있더라도 테이블에 앉아서는 사용하지 않는 것이 예의이며, 화장을 고치는 일도 삼가야 한다. (24)

9) 정식 풀코스

양식은 처음에 식욕을 자극시키는 요리부터 점차 본격적인 요리로 진행되다가 다시 부드러운 음식으로 마무리한다. 정식메뉴는 전채요리, 수프, 생선요리, 고기요리, 로스트, 디저트, 과일, 음료로 구성되어 있다.

전채요리는 '오르되브르(hors d'oeuvres)'²라고 하는데, 식욕을 돋우는 역할을 하며 약간의 신맛이 있다. 오르되브르의 기본은 주요리를 먹기도 전에 배가 부르면 안 되므로 작아야 한다는 것이다. 여기에 식전주로 마티니, 맨해튼과 같은 칵테일을 곁들인다.

두 번째로 수프가 나오는데, 수프는 콩소메·포타주(크림수프)·부이용으로 나누어지며 셰리 같은 술을 반주로 마신다. 그 다음으로 생선요리가 나오는데 본격적인 요리의 전 단계라고 할 수 있으며, 송어·연어·바닷가재·새우 같은 해물요리가 나온다. 곁들이는 술은 와인으로 생선요리에는 차갑게 한 화이트 화인이 어울린다.

드디어 주요리인 육류요리로 '앙트레(entree)'라고 한다. 비프·치킨·필레미뇽과 같은 스테이크를 먹으면서 반주로 와인을 마시는데, 육류에 어울리는 와인은 물론 레드 와인이다. 레드 와인은 화이트 와인과는 달리 실내온도 정도로 하여 마신다. 로스트 구스·로스트 치킨 같은 구운 고기 중 한 가지를 먹으며 와인을 마시는 것이 다음 단계이다. 계절에 따라 샐러드가 나오는데, 최근에는 로스트를 생략하고 앙트레 코스만 하기도 한다.

드디어 부드러운 마무리가 필요한 시간으로, 아이스크림·바바루아·치즈 같은 것을 먹은 후에 멜론·바나나·딸기 등의 과일로 마무리한다. 마지막으로 커피 또는 차를 마시는 것으로 정식 풀코스가 끝난다.

(1) 전채요리(오르되브로, 애피타이저)

우리나라 말로는 전채, 영어로는 애피타이저(appetizer)라고 하며, 정식 풀

---

2 hors d'oeuvre : 프랑스어로는 오르되브르, 영어로는 애피타이저(appetizer), 러시아어로는 자쿠스카(zakuska), 중국어로는 첸차이[前菜]라고 한다. 정식 프랑스 요리의 오찬에서는 여러 종류의 오르되브르를 대접하고 만찬에서는 수프를 내기 전에 1~2품의 진미만을 대접한다. 이때는 생굴·캐비아(철갑상어알을 소금에 절인 것)·훈제연어·멜론(참외의 일종)이 많이 사용된다.

코스 요리에서 가장 처음 나오는 음식이다.

전채요리는 식욕을 촉진시키기 위해 식사 전에 가볍게 먹는 음식으로 불어로는 '오르되브르(hors d'oeuvres)'라고 한다. 이는 hors(~외에, ~전에)＋oeuvre(작품ㆍ작업)의 합성어로 '메인코스(작품) 전에 먹는 엑스트라(extra)요리'라는 의미를 갖는다. 간혹 메인코스를 앙트레(entree)라고 부르기도 하는데, 이는 원래 영어의 입구(entrance)라는 의미로 프랑스에서는 메인코스 전에 먹는 요리를 총칭하여 '앙트레'라 하는 경우도 있다.

오르되브르는 러시아인들이 연회를 하기 전에 별실에서 기다리는 고객들에게 식전주로 보드카(vodka)와 자쿠스카(zakuska)라고 하는 간단한 요리를 먹는 관습이 전해진 것이라는 설과 14세기 초에 마르코 폴로(Marco Polo)가 중국 원나라에 가서 배워 온 면류와 냉채를 보고 창안해 낸 것으로 이탈리아에서 시작되어 프랑스로 건너간 것이라는 설이 있다.

오르되브르는 한입에 먹을 수 있을 정도로 분량이 적어야 하며 맛이 좋고, 다음 코스에 나올 주요리와 균형을 맞추어 중복되는 것을 피해야 하며, 계절감이 있고 지방색을 곁들인 것이 좋다. 또한 오르되브르는 침의 분비를 촉진시켜 소화를 돕도록 신맛과 짠맛을 곁들인 것이어야 한다.

오르되브르는 4가지로 나뉘는데, 첫째는 차게 해서 내는 전채이고, 둘째는 따뜻하게 해서 나오는 것이며, 셋째는 카나페, 넷째는 칵테일이다.

차갑게 한 오르되브르(froid : cold appetizer)의 종류에는 철갑상어의 알젓으로 만들어진 캐비아(caviar)나 거위간으로 만든 푸아그라(foie gras), 멸치류의 안초비(anchovy), 이탈리아식 소시지 살라미(salami)와 훈제송어(smoked trout) 등을 들 수 있다.

따뜻한 오르되브르(chaud : hot appetizer)에는 소금물에 굴을 씻어 다시 껍데기 속에 넣고 소금과 카옌, 베이컨, 토마토를 소재로 하여 만든 것을 높은 온도의 오븐에서 구운 베이크트 오이스터(baked oyster)가 있고, 파이류의 한 종류인 바게트(baguette)가 있다. 바게트는 반죽 위에 치즈, 생선, 생선의 알젓,

육류, 계란 등을 으깨서 만든 것이다. 엠파나디아(empanadilla)는 파이의 일종으로 고기, 야채, 생선 등을 넣어 돼지기름으로 반죽하여 만든 것이고, 이 밖에 바닷가재나 게를 재료로 사용한 오르되브르도 있다.

카나페(canape)는 빵을 재료로 한 조그마한 샌드위치 같은 것인데, 크래커, 페이스트리 등에 각종 재료를 얹어 놓은 것으로 손으로 집어먹을 수 있도록 만들어져 모양도 가지가지이다.

마지막으로 칵테일이란 글라스에 담겨 나오는 어패류로 새우, 게, 바닷가재 등에 매운 소스를 얹어 서브하는 생선 칵테일이 있다.

오르되브르는 정식 풀코스에서 나오는 것이며, 보통은 이를 건너뛰고 수프부터 시작하기도 한다. 오르되브르는 전채요리로서의 위치도 있지만 간단한 안주로서의 기능도 있다. 안주로서의 오르되브르는 손으로 집어 한입에 먹을 수 있도록 가벼운 것으로 만들어진다.

오르되브르는 보통 라운지에서 아페리티프 식전주와 함께 안주로서 제공되는데, 웨이터는 은쟁반에 담은 오르되브르를 손님 사이로 돌아다니면서 손님의 왼쪽에서 서브한다. 별실이 아니고 처음부터 식탁에서 음식을 먹는 경우에는 다른 요리와 함께 특별히 오르되브르를 위한 세팅을 하게 된다.

오르되브르 중에서 카나페는 손으로 집어먹는 음식이라고 했는데, 이렇게 손으로 집어먹는 음식은 대체로 음식에 수분이 없거나 진득거리지 않는다.

오르되브르에는 보통 무, 피클 등이 곁들여져 서브되는데 이것을 가니처(garniture)라고 한다. 가니처란 양식에서 많이 활용되는 것으로, 생선요리에 나오는 구운 감자나 고기요리에 나오는 데움 야채, 아이스크림과 나오는 웨이퍼 그리고 오르되브르에 함께 나오는 무, 피클 같은 것들을 모두 가니처라 한다. 즉 곁들여 서브되는 음식들을 말하는 것이다.

한 가지 재미있는 사실은 스파게티도 오르되브르의 한 종류라는 것이다. 이탈리아에서는 스파게티와 수프가 메뉴의 같은 난에 기재되어 있다. 그래서 스파게티와 수프를 함께 시키면 이상한 사람이 된다. 스파게티 먹는 법은 모두 아시겠지만, 양식에서는 국수 먹을 때 칼을 사용하는 것이 금지되어 있으므로 포크와 디저트 스푼으로 소스를 흘리지 않도록 주의하면서 먹는다. (25)

1 요리는 나오는 대로 먹기 시작해도 좋다

동양적 사고방식에서는 여러 사람이 식사할 때, 모든 요리가 다 나오기 전에 먼저 먹는 것을 예의에 어긋나는 것으로 여기지만, 서양요리에서는 요리가 나오는 대로 바로 먹기 시작하는 것이 매너이다. 동석자 전원이 요리가 나온 것을 확인하고 나서 음식을 먹는다. 서양요리는 뜨거운 요리든 찬요리든 가장 먹기 좋은 온도일 때 서브되고 좌석배치에 따라 상석부터 제공되기 때문이다. 따라서 온도가 변하기 전에 먹는 것이 예의이면서 또한 제맛을 즐길 수 있는 하나의 요령이다.

그러나 4~5명이 함께 식사하는 경우에는 요리가 모두 나오는 데 시간이 오래 걸리지 않으므로 먼저 나온 경우에는 조금 기다렸다가 함께 식사하는 것이 좋으며 특히 윗분의 초대를 받은 경우는 더욱 그렇다. 그런 경우에는 윗분이 나이프와 포크를 잡은 후에 먹기 시작하는 것이 에티켓이다.

또 친한 사람 몇 명이 각자 다른 음식을 주문하여 요리 나오는 시간이 서로 다를 수 있다. 이때 식사의 시작은 조금씩 달라도 되지만 식사를 끝내는 타이밍은 맞추도록 하는 것이 예의이다.

2 전채요리는 너무 많이 먹지 않는다

전채요리는 식전에 먹는 식욕촉진제 같은 것으로, 뒤에 나올 생선이나 고기요리를 맛있게 먹기 위해 타액이나 위액의 분비를 활발히 해두려는 데 목적이 있다. 따라서 전채요리의 수는 셀 수 없을 정도로 많으며, 식욕을 높여주는 것이라면 일단 전채요리가 될 수 있다.

전채요리는 아무리 맛있어도 지나치게 많이 먹으면 곧이어 나올 주요리를 제대로 먹을 수 없으므로 적당히 먹는다. 메뉴에 전채요리가 있다고 해서 반드시 전채를 먹어야 하는 것은 아니다. 수프부터 시작해도 되고 또 수프를 생략하고 생선요리부터 바로 시작해도 된다. 요컨대 공복이야말로 최고의 애피타이저인 것이다.

③ 셀러리, 파슬리, 카나페는 손으로 먹어도 된다

전채요리로 나온 셀러리, 파슬리, 양파, 당근 등은 손으로 먹어도 상관없다. 손을 더럽힐 염려가 없기 때문이다. 전채에서만이 아니라 아스파라거스처럼 끈적거리지 않는 음식은 손으로 먹어도 된다. 아스파라거스는 손으로 먹는 것이 더 맛있다고도 하며, 줄기부분을 손으로 잡고 봉우리 부분에 소스를 묻혀 베어 먹는데 줄기부분은 남긴다.

작은 토스트나 크래커 위에 치즈, 연어, 캐비아 등을 얹어 한입에 먹기 좋게 나오는 카나페(canape)는 손으로 먹는다. 크기도 한입에 먹을 정도로 적당할 뿐 아니라 포크나 나이프를 사용하면 모양이 흐트러지므로 손으로 하나씩 취향대로 골라 그대로 먹으면 된다.

④ 생굴은 생굴용 포크로 관자부분을 떼어낸 후 떠서 먹는다

전채로 나오는 생굴은 대개 껍질째 제공된다. 이때 사용하는 포크(oyster fork)는 한쪽 혹은 양쪽의 폭이 넓고 칼날로 되어 있다. 왼손으로 껍질을 단단히 잡고 포크의 칼날로 관자부분을 떼어내어 떠서 먹으면 되는데, 레몬즙 또는 식초(wine vinegar)를 뿌려 먹으면 맛이 더욱 산뜻하다.

먹고 난 다음 껍데기에 남아 있는 즙 역시 일미이므로 그대로 입에 대고 마시면 된다. 생굴이 맛있는 계절은 산란철이 아닌 10월 중순~3월 중순까지이다. 흔히 영어에 'r'이 있는 달이라고도 하는데, 이는 대부분의 조개류나 복어의 경우도 마찬가지이다. 이 시기가 지나면 대개 산란기에 접어들어 육질이 연해지고 수분이 많으면서 맛이 없을 뿐 아니라 때로는 식중독을 일으킬 수도 있으므로 주의해야 한다. 식당에서 생굴을 주문하면 6개 또는 12개가

1인분으로 되어 나온다.

(2) 수 프

수프는 조리종사원의 높은 음식 솜씨가 숨겨진 유일한 음식으로, 레스토랑의 수준을 수프로 판별할 수 있다.

우리나라 사람들은 수프라면 대개 조악한 야채수프와 크림수프가 전부인양 생각하는 이들이 많다. 그러나 우리가 즐기는 야채수프와 크림수프가 사실 정식만찬에서 제공되는 경우는 드물다. 정찬에서 걸쭉한 수프를 피하는 이유는 걸쭉한 수프를 먹은 뒤 풀코스 음식을 먹기엔 다소 버겁기 때문이다.

야채수프와 크림수프는 계보로 따지면 전자는 포타주 클레르(potage clair, 영어로는 clear soup, 맑은 수프)에 속하고, 후자는 포타주 리에(potage lie, thick soup, 걸쭉한 수프)에 속한다.

수프는 사실 종류가 매우 다양할뿐더러 대단히 섬세한 음식이다. 미국에서는 흔히 맑은 수프를 콩소메(consomme), 진한 수프를 포타주(potage)라 부르는데 엄밀히 말하면 이것은 잘못된 것이다. 포타주는 본래 프랑스어로 모든 종류의 수프를 총칭하는 말이다. 따라서 맑은 수프는 포타주 클레르, 걸쭉한 수프는 포타주 리에라 불러야 정확하다. 일반적으로 맑은 수프에는 진하고 무거운 요리가, 걸쭉한 수프엔 담백한 요리가 잘 어울린다.

대표적인 맑은 수프로는 부이용(bouillon, 육류나 해산물을 우려낸 일종의 육수)을 기초로 빚어내는 황금색의 콩소메를 빼놓을 수 없다. 정찬에는 대개 콩소메가 제공되는 게 관례이다. 냉면 육수와 일본식 우동의 국물 맛이 얼마나 미묘한가를 생각하면 콩소메의 섬세한 맛을 짐작할 수 있다. 오죽하면 콩소메 맛으로 요리사의 솜씨와 레스토랑의 품격을 알 수 있다는 말까지 있을까? 콩소메는 부재료의 종류와 부재료를 썰고 다듬는 방법에 따라 다양한 맛을 가진다.

걸쭉한 수프는 일반적으로 부이용에 수프를 걸쭉하게 만드는 물질인 리에

종(liaison)을 넣어 만든다. 리에종은 전분·버터·크림·루(roux, 버터로 볶은 밀가루) 등을 가리킨다. 대표적인 걸쭉한 수프로는 크림수프로 더 많이 알려진 포타주 크렘(potage creme)과 간 야채를 재료로 하는 포타주 퓌레(puree), 갑각류 크림수프인 포타주 비스크(bisque), 대합 크림수프인 클램차우더(clam chowder) 등이 있다.

한편 수프 스푼은 계란처럼 갸름한 타원형의 스푼과 동그란 스푼이 있는데, 전자는 주로 야채수프나 크림수프처럼 걸쭉하거나 건더기가 많은 수프를 먹는 데 쓰이고, 후자는 콩소메와 같이 맑은 수프를 먹을 때 쓰는 부이용 스푼이다. 수프를 제공하는 그릇도 걸쭉한 수프는 대개 넓적한 수프볼을 쓰고, 맑은 수프는 손잡이가 달린 우묵한 부이용 컵을 사용한다.

사람들은 또 수프라면 대개 뜨거운 수프만을 연상하기 쉬운데 차가운 냉수프도 있다. 세계적으로 널리 알려진 냉수프로는 냉감자수프인 비시스와즈(vichyssoise)와 냉토마토수프인 안달루시안 가스파초(andalusian gazpacho)가 있다. 냉수프는 특히 여름철 별미로 제격이다.

마지막으로 세계 각국을 대표하는 독특한 수프를 살펴보면, 프랑스 남부지방을 대표하는 양파수프인 수프알오뇽(soupe a l'oignon), 일종의 해물탕 수프로 프랑스 남부 프로방스 지방의 명물인 부야베스(bouillabaisse), 야채수프로 더 많이 알려진 이탈리아의 미네스트로네(minestrone), 러시아식 야채수프인 보르치(bortsch), 영국과 미국을 대표하는 대합 크림수프인 클램차우더, 콩·양파·마늘·쌀 등을 넣어 만든 스페인의 올라 포드리다(olla podrida), 영국을 대표하는 쇠꼬리 수프인 옥스테일 수프(ox-tail soup) 등이 있다.

수프를 그릇에 담아 손님 앞에 내놓는 식당은 고급식당이라고 볼 수 없다. 고급식당에서는 대형 수프 튜린에 몇 인분의 수프를 담아 웨이터가 손님 한 사람 한 사람에게 떠준다. 주방에서 1인분씩 수프를 담아내면 테이블로 운반하는 동안 수프가 식어버리지만 큰 튜린에 담아내면 운반 도중에 식을 염려가 없기 때문이다. (26)

수프를 먹을 때 소리를 내는 것은 금기로 되어 있다. 소리를 내지 않고 먹으려면 수프를 스푼으로 떠서 입안에 넣은 후 이를 흘러 들어가게 해야 하며 스푼을 입술로 빨아먹어서도 안 된다. 만일 수프를 먹고 싶지 않으면 웨이터가 수프 그릇을 갖다 놓을 때 수프용 스푼을 뒤집어놓으면 된다.

수프를 먹을 때 수프 스푼은 마치 펜을 집는 것과 같이 잡고, 스푼의 옆부분을 입에 대고 먹는 것이 아니라 스푼의 앞부분이 자신의 입으로 들어가는 형태가 정식이다.

수프가 뜨거워도 입으로 불어 식혀서는 안 되며, 수프를 저어 식혀 먹어야 한다. 간혹 빵을 수프에 넣어 먹기도 하는데, 이것은 정식매너가 아니다. 또 빵을 수프가 나오기 전에 먹어서도 안 된다.

수프가 부이용 컵(손잡이가 달린 컵)에 담겨 나오는 경우, 부이용 스푼은 수프가 뜨거운지 어떤지를 보기 위하여 사용하는 것이며, 그 후에는 컵에 입을 대고 마셔도 된다.

마지막으로 수프를 다 먹은 후에는 절대 스푼을 뒤집어서 그릇 안에 놓는 일이 없어야 하며, 스푼은 그릇의 한가운데서 9~3시 방향으로 걸쳐놓고 마무리한다. 만일 반쯤 먹고 더 이상 먹기 싫으면 그때는 스푼을 뒤집어놓을 수 있다. (27)

(3) 빵

빵은 식탁 왼쪽의 것을 먹어야 하는데, 우리나라 사람들은 무의식적으로 오른쪽에 놓인 것에 손이 가게 되므로 주의해야 한다.

빵은 입으로 잘라먹거나 나이프로 잘라먹는 것이 아니다. 빵을 바르게 먹는 순서는 ① 빵을 하나 집는다. ② 서비스 플레이트 위에서 자른다. ③ 남은 빵조각은 제자리에 놓는다. ④ 빵을 왼손으로 들고 버터를 바르고, 버터 나이프는 제자리에 놓고 먹는다.

버터는 빵 접시 가까이에 가져다 놓고 빵 접시 위에 있는 버터 스프레터를 사용하여 버터를 일정량 가져오는데, 버터 스프레터는 공동으로 사용하는 것이기 때문에 버터를 자기 접시로 운반하는 데만 쓰지 자기 빵에 버터를 바르는 것은 아니다.

만약 이런 것들이 식탁에 놓여 있지 않으면 나이프로 버터를 떠서 빵에 발라먹는데, 이 경우에도 버터 볼에서 버터를 가져와 곧장 빵에 발라먹는 것이 아니라, 자기 접시 위에 버터를 덜어놓고 그 버터를 조금씩 발라먹는 것이 올바른 방법이다.

빵을 먹다가 부스러기가 떨어지는 것에 대해 염려할 필요는 없다. 이것은 당연히 웨이터가 치워준다. 손으로 털어버리거나 쓸어내는 행동은 오히려 매너에 어긋난다.

만약 빵 접시나 버터 볼, 버터 나이프가 식탁에 나오지 않는다면 어떻게 해야 할까? 이런 경우는 버터를 바르지 않아도 되는 빵이 나오기 때문이므로 그냥 먹으면 된다. 크루아상과 같은 빵은 버터를 많이 사용하여 만든 빵이므로 여기에 해당된다.

1 빵은 식사용만 있는 것이 아니다

빵은 안주용이나 입가심 등 여러 용도로 먹는다. 유럽에서는 레스토랑에서 처음부터 나오는 빵이 있는데 이것은 맥주 안주용이다. 보통은 식사용이나 안주용으로 많이 먹는데, 그중 와인을 마실 때는 필수적이다. 그 이유를 과학적으로 설명하자면 요리를 먹으면 입안이 산성(酸性)이 된다. 빵은 약알칼리성이기 때문에 빵을 먹음으로써 입안을 중화시킬 수 있어, 요리를 먹은 후 빵을 먹고 와인을 마시면 와인의 진미를 느낄 수 있다는 것이다.

2 빵은 수프를 먹고 나서 먹기 시작한다

빵은 처음부터 테이블에 놓여 있는 경우도 있지만, 연회의 경우 대개 수프가 끝나면 바로 나오게 되어 있다. 빵은 처음부터 먹는 것이 아니며 수프와 함께 먹는 것도 아니다.

빵은 요리와 함께 먹기 시작해 디저트를 들기 전에 끝내는 것이다. 이는 빵이 요리의 맛이 남아 있는 혀를 깨끗이 하여 미각에 신선미를 주기 때문이다. 그러나 빵이 처음부터 제공되는 경우에는 조금씩 먹어도 된다.

③ 빵 접시는 왼쪽에 놓인다

긴 테이블에서 식사할 경우 오른쪽에 있는 빵 접시를 잘못 사용하는 실수를 하지 않도록 주의한다. 또 빵 접시를 중앙에 갖다 놓지 않도록 한다. 점심과 저녁 식탁에는 빵에 버터만 제공된다.

빵은 웨이터가 여러 종류를 가져와 서브하든 테이블 위에 처음부터 놓여 있든 간에 자신의 취향대로 가져와 먹는다. 이때 여성에게 먼저 건네는 것이 매너이다. 또한 포크나 나이프를 이용하지 않고 한입 크기로 적당량을 손으로 잘라먹으면 된다.

토스트의 경우 나이프를 이용하여 자른다. 버터나 잼이 발라져 있기 때문에 손으로 자르려면 불편하기 때문이다. 이럴 경우 왼손으로 빵의 한쪽 끝을 잡고 오른손에 나이프를 들고 자른다.

토스트(toast)나 크루아상(croissant), 브리오슈(brioche) 등은 조식용 빵이므로 만찬회 석상에서 이를 요구하는 실수를 범하지 않도록 한다. 버터는 1인용으로 제공되기도 하고 2인용으로 나올 때도 있다. 2인용일 경우 버터 나이프로 빵 접시에 버터를 한 조각 옮긴 뒤에 사용한다.

(4) 와인(wine)

유럽인들이 '와인 없는 식탁은 태양 없는 세상과 같다'라고 표현할 정도로 알칼리성 음료인 와인은 육식이 주요리인 서양식탁에서 빠져서는 안 될 중요한 존재이다. 와인을 마시기 전에는 입안의 음식을 다 삼키고 입 주위를 한 번 닦은 후에 마시도록 한다. 이는 입안의 음식물과 와인이 섞이면 와인 특유의 풍미가 없어져 버리고, 기름기 같은 것이 와인잔에 묻기 때문이다. 와인은 요리와 함께 마시기 시작해 요리와 함께 끝낸다. 즉 디저트가 나오기 전까지 마신다. 한편, 와인이나 주류를 마시지 않는 사람이라면 글라스 가장자리에 가볍게 손을 얹고 '그만 되었다'는 표현으로 사양의 뜻을 전하면 된다. 흔히 글라스나 술잔을 엎는 경우가 있는데, 서양식 테이블매너에서 글라스를 엎는 것은 금기시되고 있으므로 주의한다. 글라스에 담긴 와인은 남기지 않고 다마시는 것이 예의이다.

(5) 생선요리

생선은 고기요리와는 달리 연하고 예민하므로, 육류요리용 나이프·포크와는 달리 소형으로 장식을 가하여 만들고, 생선의 맛에 영향을 미치지 않기 위해 은제품을 사용한다. 세팅된 나이프와 포크 중 약간 위쪽으로 놓아 위치상 조금 다르게 세팅되어 있으므로 주의하여 보면 어떤 것인지 곧 알 수 있다.

생선요리에 곁들여 나오는 레몬은 나이프를 사용하여 즙을 내는 것이 아니라 반드시 포크를 사용해야 한다. 포크로 생선 위에 레몬을 올려놓고 짓이겨 즙을 내는 것이 원칙이나, 생선이 부스러질 것 같으면 레몬을 접시에 놓고 눌러 즙을 내서 찍어먹는 방법도 있다. 즙을 낸 레몬은 접시 시계방향의 1시 위치에 놓는 것이 좋다.

만일 레몬의 1/4조각이 나오면 어떻게 해야 할까? 이때는 왼손의 엄지와 중지로 레몬을 잡고 레몬즙이 다른 손님의 눈이나 옷에 튀지 않도록 주의하여 짜면 된다. 이때 오른손으로 감싸면 튀지도 않고 깔끔해 보인다. 또 반으로 잘려 나온 레몬일 경우에는 레몬에 포크를 쑤셔 넣어, 레몬은 오른쪽으로 돌리고 포크는 왼쪽으로 조심스럽게 돌려 즙을 내면 된다.

생선요리에 버터구이가 나오는 경우가 있다. 이를 뫼니에르(meuniere)라고 하며 레몬즙을 쳐서 먹도록 되어 있다.

1 생선은 뒤집지 않는다

생선요리의 대표적인 것으로 광어 뫼니에르(meuniere)가 있다. 뫼니에르란 생선조리법의 하나로 계란과 밀가루를 묻혀 프라이팬에서 익히는 것인데, 원래는 '방앗간 여주인'이라는 뜻이라고 한다.

광어 뫼니에르는 광어를 통째로 요리하는 경우와 머리와 꼬리 부분을 떼고 요리하는 경우가 있다. 통째로 요리된 광어 뫼니에르를 먹으려면 우선 포크로 머리 부분을 고정시키고, 나이프로 머리 부분과 몸통을 자른 후 꼬리 부분도 잘라낸다. 그 다음에는 지느러미 부분을 발라낸다. 떼어낸 머리와 꼬리, 지느러미는 접시 위쪽에 모아놓는다. 그러고 나서 뼈를 따라 왼쪽에서 오른쪽으로 나이프를 수평으로 움직여 위쪽의 살과 뼈를 발라놓는다. 그 다음 생선살만을 앞쪽에 놓고 왼쪽에서부터 먹을 만큼 잘라가며 먹는다.

위쪽의 살을 다 먹은 후에는 생선을 뒤집지 말고 그 상태에서 다시 나이프를 뼈와 아래쪽 살 부분 사이에 넣어 살과 뼈를 분리한다. 발라낸 뼈는 접시 위쪽에 함께 놓아두고, 남은 생선살을 동일한 방법으로 조금씩 잘라가며 먹는다.

간혹 가시를 모르고 먹은 경우에는 입에서 발라내 왼손으로 입을 가린 후 포크로 가시를 빼거나 오른손으로 살짝 빼내어 접시 가장자리에 올려놓는다.

〈표 8〉 생선요리에 쓰이는 조리법

메트로트(metelote)	포도주에 조린 생선
그리야드(griiade, grilled)	석쇠나 팬으로 굽는 조리법(broil은 미국식 영어)
그라탱(gratin, gratinated)	생선 표면이 누렇게 될 때까지 오븐에서 굽는 조리법
스모크트(smoked)	훈제요리
브레자주(braisage, braised)	생선을 기름으로 살짝 튀긴 후 약한 불에 끓인 조리법
소테(saute)	살짝 튀기고 부친 조리법

2 생선요리는 포크만 사용해도 된다

생선요리는 살이 무르기 때문에 나이프와 포크가 함께 놓여 있더라도 포크만으로 먹어도 된다. 생선그라탱은 대개 포크로 먹는다. 생선그라탱이란 생선이나 새우 등을 크림소스와 함께 그라탱 접시에 넣어 오븐에서 구워낸 요리를 말한다. 그라탱 요리를 먹을 때에는 접시가 몹시 뜨거우므로 손으로 접시를 잡지 않도록 한다.

3 새우는 껍질을 떼어낸 뒤에 먹는다

새우요리가 나오면 우선 포크로 머리 부분을 고정시키고, 나이프를 새우의 살과 껍질 사이에 넣어 살을 벗겨내듯 하면서 꼬리 쪽으로 나이프를 옮겨간다. 이렇게 양쪽으로 반복하다 보면 껍질이 쉽게 벗겨진다. 다음으로 왼손의 포크로 꼬리 부분을 들어 올리고 오른손의 나이프로 껍질 부분을 누른다. 그러고 나서 다시 포크로 살 부분만 당기면 쉽게 빠져나온다. 껍질만 한곳에 모아놓고 살을 왼쪽부터 잘라가며 마요네즈나 크림소스 등에 묻혀 먹는다.

통째로 먹는 왕새우의 경우는 미리 발려져서 나오므로 한번 정도 잘라먹으면 된다. 보리새우나 중간새우는 샐러드나 그라탱, 프라이 등에 사용되며 잔새우는 게와 마찬가지로 새우칵테일 등으로 주로 먹는다.

4 부야베스는 포크, 나이프, 스푼을 사용해서 먹는다

부야베스(bouillabaisse)는 남프랑스의 명물요리로, 원래 지중해 연안의 마르세유 항과 투론 항에서 잡아 올린 해산물을 어부들이 수프로 만들어 먹은 것이 시초라고 한다. 수프인지 생선요리인지 구분이 잘 되지 않는 요리이지만 대개 생선요리 코스로 나오는 경우가 많다.

재료로는 푹 끓여도 살이 부서지지 않고 뼈가 잘 떨어지지 않는 장어·도미·아구·농어 등의 생선이 사용된다. 여기에 조개·새우·게 등과 토마토·양파를 넣고 샤프란·소금·후추로 맛을 낸 것이다. 그리고 마지막으로 마늘빵을 수프 위에 띄워 다진 파슬리를 뿌린다.

부야베스는 각 지방의 특산 해산물을 재료로 넣어 지방마다 독특한 맛을 살릴 수 있다는 장점이 있다. 우리나라의 해물찌개를 연상하면 되는데, 먹을 때는 자기가 좋아하는 해산물을 나이프와 포크를 이용해 먹고 스푼으로 수프를 떠서 먹으면 된다. 스푼이나 나이프, 포크 중 어느 것을 사용하지 않을 때는 수프 접시 아래에 있는 접시에 놓으면 되는데, 스푼이나 나이프는 오른쪽에, 포크는 왼쪽에 놓는다. 그러나 수프 속에 담가놓는 일은 삼가도록 한다.

부야베스에는 백포도주가 잘 어울리며 수프가 진하므로 빵과 곁들여 먹어도 좋다.

(6) 스테이크

'앙트레(entree)'라고 하는 스테이크의 재료는 쇠고기·양고기·조수(鳥獸) 등이 있으며, 이 밖에 송아지고기·새끼 돼지고기·가금류가 사용된다. 이 중 우리가 가장 많이 먹는 것이 비프 스테이크(beef steak)라는 것이며, 사용하는 고기 부위에 따라 그 맛이 다르다.

〈표 9〉 부위별 스테이크 종류

안심 부분 스테이크	· 필레 스테이크(fillet steak) · 샤토브리앙(chateaubriand) · 투르네도(tournedos)
허리 등심 부분의 스테이크	· 서로인 스테이크(sirloin steak)
갈비 등심 부분의 스테이크	· 포터 하우스 스테이크(porter house steak) · 티본 스테이크(T-born steak) · 립 스테이크(rib steak) · 클럽 스테이크(club steak)
허벅지 부분의 스테이크	· 라운드 스테이크(round steak)
궁둥이 부분의 스테이크	· 플랭크 스테이크(flank steak)

　　서양인들이 가장 좋아하는 따라서 값이 비싼 안심은 표면지방과 근막을 제거하면 소 한 마리당 2.5kg 정도밖에 안 나오는데, 두툼한 앞쪽부터 샤토브리앙, 필레(통상 안심 전체를 필레라고 부르나, 이 경우는 안심 중에서도 가장 가운데 부분을 말함), 투르네도, 필레 미뇽(fillet-mignon) 등으로 구분한다. 투르네도는 필레의 앞쪽 끝부분을 잘라내어 베이컨을 감아서 구워내는 것이고, 서로인은 갈비 안쪽에 붙은 안심고기로 영국 왕 찰스 2세가 이 고기에 작위를 주었다고 하여 sir를 붙이게 되었다고 한다.

　　그러면 스테이크는 어떻게 먹을까? 양식에서는 우선 음식을 나이프로 자를 때 왼쪽부터 시작한다는 원칙이 있다. 스테이크 역시 왼쪽부터 자르는데, 한꺼번에 잘라놓고 먹으면 미관상으로도 좋지 않고 맛도 없어지므로 한 점씩 잘라서 먹는 것이 좋다. 만약 스테이크가 큰 경우에는 반으로 나누어 그 반쪽을 가지고 앞의 방법으로 먹으면 된다.

　　나이프는 날을 무디게 하여 톱니처럼 만든 것이므로 예리하지 않아 단번에 잘라지지 않는다. 그렇다고 해서 톱질하듯 자른다면 그것 또한 예의가 아니다. 고기를 자를 때는 자기로부터 먼 쪽에서 안쪽으로 잘라나가는 것이 좋으며, 나이프 등에 둘째손가락을 대고 손끝에 힘을 넣어 앞으로 당기면서 자르면 된다. 고기가 질기다고 나이프를 수직으로 세워서 자른다면 이것 또한 보기 좋은 행동이 아니며, 고기는 결에 따라 잘라야 질겨지지 않는다. 보통 주방에서 나올 때 결이 세로로 되어 나오므로, 스테이크는 테이블에 놓인 그대로 세로로 잘라먹으면 된다.

　　살점의 크기는 어느 정도가 좋을까? 크게 자른 고기를 한입에 넣어 씹으면 입모양도 좋지 않을 뿐만 아니라 양식은 대화 속에서 식사가 진행되는 것이 기본인데, 고기가 너무 크다면 말을 걸어 올 경우 곤란할 것이다. 이런 점들을 고려한다면 어느 정도의 크기가 좋을지는 각자가 판단할 수 있을 것이다.

　　보통 웨이터가 스테이크 주문을 받으면 스테이크의 굽는 정도를 묻고, 다음에는 고기요리에 맞는 적포도주가 서브된다. 스테이크를 서브할 때 웨이터는 가니처로 파리지엔 포테이토와 삶은 강낭콩을 담아다가 스테이크가 담긴 접시에 덜어준다. 소금이나 후춧가루를 직접 위에 뿌려먹거나 소금을 접시 한쪽에 덜어 하나씩 찍어 먹으면 된다. 파슬리 같은 것은 크기가 큰 것이라면 나이프로 잘라서 먹어도 괜찮다. (28)

스테이크의 경우 굽는 정도에 따라 맛이 달라진다. 그러므로 스테이크를 주문할 때는 취향대로 부탁을 한다. 스테이크의 참맛은 붉은 육즙에 있으므로 대개 적게 구울수록 고기의 참맛을 즐길 수 있다.

① 레어(rare) : 표면만 구워 중간은 붉은 날고기 상태 그대로이다.
② 미디엄 레어(medium rare) : 레어보다 좀 더 구운 것으로 중심부가 핑크인 부분과 붉은 부분이 섞인 상태이다.
③ 미디엄(medium) : 중간 정도 구운 것으로 중심부가 모두 핑크빛을 띤다.
④ 웰던(welldone) : 완전히 구운 것으로 표면이 완전히 구워지고 중심부도 충분히 구워져 갈색을 띤 상태이다.

고기요리는 한번에 썰어 놓고 먹기보다는 잘라가며 먹는 것이 예의이다. 뼈가 있는 고기라면 뼈에서 떼어내기 어려운 부분은 고기가 남아 있더라도 그대로 남겨두는 것이 좋다.

소스 또한 요리의 하나이다. 음식의 맛을 보지 않고 후추나 소금 등을 본능적으로 뿌리는 경우가 있는데, 그것은 주방장을 모독하는 행위다. 요리가 주방에서 나올 때는 충분히 그대로 먹을 수 있게 나온 것이다. 따라서 요리에 나오는 소스는 무조건 뿌리지 않는 것이 매너이다.

(7) 술 : 식전주, 식중주, 식후주

① 식전주

아페리티프라고 하며 말 그대로 식전에 식욕을 돋우기 위해 마시는 술을 말한다. 드라이 셰리(Dry Sherry), 베르무트(Vermouth)가 있으며 각종 칵테일도 식전주에 해당된다. 스위트한 술은 식욕을 감퇴시킬 수 있으므로 식전주로는 드라이한 술을 마시는 것이 일반적이다. 칵테일의 경우는 차가워야 하기 때문에 술잔의 다리를 잡고 마시는 것이 옳으며 미지근해지면 맛이 떨어지므로 20분 이내에 마시는 것이 좋다.

식전주는 입을 적시는 정도로만 마시는 술이라는 것을 잊어서는 안 된다. 따라서 식전주는 한두 잔 정도로 끝내도록 하며, 식사 전에 너무 마셔 취하는 일이 없도록 한다.

❶ 식전주는 식욕을 촉진하기 위해 마신다

따라서 타액이나 위액의 분비를 활발하게 만드는 자극적인 것이 좋다. 대표적인 식전주로 셰리(Sherry)주가 있다. 셰리주는 스페인산 백포도주를 말하는데, 맛이 담백하고 다소 곰팡이 냄새가 나는 듯한 것이 특색이다. 스페인에서는 셰리와인을 '헤레스(Jerez)'라고도 하는데, 이는 주생산지인 '헤레스 델라 프론테라(Jerez de la Frontera)' 지방의 이름에서 따온 것이다.

셰리주에는 크림 셰리(Cream Sherry)와 드라이 셰리(Dry Sherry)가 있는데, 크림 셰리는 여성에게, 드라이 셰리는 남성에게 각각 잘 어울린다. 정식만찬에서 셰리주와 함께 베르무트(Vermouth)를 식전주로 마신다. 베르무트는 백포도주에 여러 약초와 향료 등을 가미한 것으로, 드라이한 프랑스 베르무트와 약간 달짝지근한 이탈리아 베르무트가 있다.

다른 식전용 칵테일로는 남성의 경우 마티니, 여성의 경우 맨해튼이 좋다. 요즈음 인기를 끌고 있는 칵테일 중에 키르(Kir) 혹은 키르 로얄(Kir Royale)이라는 것이 있는데, '키르'라는 이름은 겨자 생산지로 유명한 프랑스 디종(Dijon) 시의 시장 '키르'가 처음 만들어 마시기 시작한 데서 유래되었다고 한다. 키르는 크림 드 카시스(Creme de Cassis)라고 하는 리큐어에 백포도주를 혼합한 것이고, 키르 로얄은 샴페인을 혼합한 것이다.

그 밖에 즐겨 마시는 식전주로 마르가리타(Margarita), 캄파리(Campari), 듀보네(Dubonnet), 샴페인 등이 있다.

술을 마시지 못하는 사람이나 여성의 경우, 식전주를 다 함께 마실 때 멍하니 앉아 있는 것보다 진저엘이나 주스 등을 마시는 것이 예의이다.

❷ 차가운 술인 경우 글라스의 목 부분을 잡는다

식전주는 식욕을 촉진하기 위해 찬 것이 준비되는 경우가 많다. 이런 경우에는 글라스를 감싸듯 쥐면 체온으로 인해 술의 온도가 올라가 본래의 제맛을 잃게 될 뿐만 아니라 술의 아름다운 빛깔도 볼 수 없게 된다. 차게 마시는 식전주의 경우 글라스의 목 부분(stem)을 잡도록 하며 너무 시간을 끌며 마시지 않는다.

한편 식전주로 칵테일을 낼 경우에는 올리브나 체리, 레몬 등을 글라스 가장자리에 장식하는데 이는 먹어도 된다. 장식핀에 끼워진 경우는 장식핀을 이용해 먹도록 하며 레몬 등은 손으로 집어먹어도 무방하다.

❸ 식전의 위스키는 약하게 마신다

위스키는 원래 식후주이나 최근에는 식전에 마시는 경우가 많아졌다. 그러나 위스키는 알코올 함유량이 80~95%로 높으므로 물이나 소다수로 희석하여 마시도록 한다. 참고로 위스키 알코올 함유량 80%는 도수로는 40°이다.

식전 음주는 2잔까지만

서구에서는 습관적으로 식사 전에 마시는 술이 식욕을 돋워준다고 알려져 있다. 그중에서도 특히 인기 있는 것이 셰리와인·베르무트·마티니 등이다. 그러나 식사 전에 마시는 술이 아무리 식욕을 돋워준다고 하지만, 2잔 이상을 마시는 것은 바람직하지 않다. 식전에 너무 많이 마시면 나중에 포도주를 마실 수 없게 되고, 요리도 맛을 느끼지 못하게 된다.

2 식중주

요리를 먹으면서 함께하는 술로는 와인이 대표적이다. 기본적으로 생선요리에는 화이트 와인, 육류요리에는 레드 와인을 마신다.

야채나 생선요리에는 쌉쌀한 맛의 투명한 화이트 와인을 매치시키는 것이 일반적이며, 야채를 주로 한 요리에는 독일·뉴질랜드·프랑스의 루아르 지역, 이탈리아의 토스카나 지역에서 생산된 상큼한 맛의 화이트 와인이 적당하다. 신맛과 떫은맛이 적당히 나는 몽라셰, 뫼르소 등의 프랑스산 화이트 와인, 오스트레일리아의 화이트 와인은 생선구이와 궁합이 잘 맞는다.

통닭구이나 오리구이 같은 가금류의 요리에는 산뜻한 맛의 로제 와인과 레드 와인이 잘 어울리며, 철판구이·로스구이·등심구이 등의 육류요리에는 숙성이 오래되고 드라이한 보르도와 부르고뉴의 레드 와인을 선택하면 안전하다.

〈표 10〉 요리에 따른 와인의 종류(식중주)

요리 종류	와인 맛	와인 종류
야채요리	상큼한 맛	독일, 뉴질랜드, 프랑스(루아르 지역), 이탈리아(토스카나 지역)의 화이트 와인
생선요리	신맛과 떫은맛	프랑스산(몽라셰, 뫼르소), 오스트레일리아산 화이트 와인
가금류 요리 (통닭구이, 오리구이)	산뜻한 맛	로제 와인, 레드 와인
육류요리(철판구이, 로스구이, 등심구이)	숙성이 오래되고 드라이한 맛	보르도, 부르고뉴의 레드 와인

그러나 세계 각국의 많은 와인 중 한 가지를 고른다는 것은 여간 어렵지 않으므로 웨이터 소믈리에와 상의하는 것도 좋다. 요즘은 레드 와인을 생선이나 고기요리와 같이 마시기도 한다.

소믈리에3에게 와인을 상의할 때는 "A요리와 함께하는 와인은 어떤 것이 좋을까요?"라는 식으로 물어보면 된다. 예산이 중요하면 메뉴의 비슷한 가격을 가리키며 "이 정도의 예산이면 좋겠습니다"라는 말을 덧붙인다.

보통 와인은 반 병에 4잔, 한 병에 7~8잔이 나온다. 따라서 인원 수에 알맞게 주문하는 센스가 필요하며, 와인과 관련해 호스트가 지켜야 할 매너는 다음과 같다.

① 호스트는 병에 붙어 있는 라벨을 보고 주문했던 대로 나왔는지 확인하고 가볍게 고개를 끄덕인다.
② 소믈리에가 호스트의 와인잔에 조금 따라주면, 잔을 약간 기울여 와인 색에 이상이 없는지 살펴보고, 원을 그리듯 잔을 세운 뒤 향기를 맡는다.
③ 그런 다음 한 모금 마셔 입안에서 혀끝으로 포도주를 굴리듯이 맛을 음미한 다음 천천히 마신다.
④ 한 모금 마신 다음 특별한 이상이 없다고 생각되면 고개를 끄덕이든지 "좋습니다"라고 말한다. 와인은 변질된 것이 아닌 이상 바꿀 수 없음을 명심해야 한다.
⑤ 그런 다음 소믈리에는 손님들에게 차례로 와인을 서브하기 시작한다.

와인을 마실 때는 잔을 가볍게 흔들고 코로 향을 맡은 후, 한 모금씩 입안에서 혀로 굴려 맛을 음미하며 먹는 것이 기본 매너이다. 만약 직접 와인을 서브할 경우에는 잔의 6~7부까지만 따르도록 하는데, 그래야만 향기가 잔에 남아 있을 수 있기 때문이다. 앙금이 많은 와인은 조심스럽게 따르고 나머지는 병에 조금 남겨 놓는다.

---

3 소믈리에는 웨이터 중에서도 특히 와인을 전문으로 하는 종사원이다. 일반 웨이터가 하는 일(주문을 받고 음식을 나르고 서빙)과 추가로 와인 주문을 받고, 와인을 추천하고, 와인을 서빙하고, 레스토랑의 와인을 관리한다. 즉 주로 유통업체에 와인을 발주, 입고하는 재고관리, 와인 리스트(메뉴) 작성 등을 한다.

　적포도주는 첨잔해도 괜찮지만, 백포도주는 차게 해서 마시는 것이므로 첨잔은 금물이다.

　와인의 품질은 라벨을 보면 알 수 있다. 와인은 해마다 포도수확과 관련되어 있기 때문에 그해에 생산되는 와인의 개성을 나타내는 데 있어 수확연도가 중요하며, 특히 고가 와인일수록 중요한 의미를 갖는다.

〈표 11〉 유럽산 와인의 원산지별 분류표

국　가	최고급와인	고급와인	중급와인	저급와인
프 랑 스	AOC	VDQS	Vin de Pays	Vin de Table
이탈리아	DOCG	DOC	Vino da Tavola	Vino da Tavola
스 페 인	DOCa	DO	Vin de Tierra	Vin de Mesa
포르투갈	DO	IPR	Vinho de Messa Regional	Vinho de Messa
독　일	QmP	QbA	Landwein	Deutscher Tafelwein

　원산지 표시도 꼭 챙겨보아야 하는데, 유럽산 와인의 경우 원산지는 와인의 이름·성격·맛 등 와인의 품질과 크게 관련되어 있다.

　프랑스의 경우 AOC, VDQS, Vin de Pays, Vin de Table의 4등급으로 나눈다. AOC(원산지 표시)는 프랑스 와인의 15% 정도에 해당하는 프랑스 최고지역에서 생산되는 것으로 엄격한 규제를 받아 인정된 고급와인이라는 뜻이며, 라벨에 Appellation d'Origin Controlee(AC 또는 AOC)라고 쓰여 있다. VDQS (상질 지정 와인)는 AOC가 1등급이라면 이에 버금가는 품질의 와인이라는 뜻이다. Vin de Pays(보급주, 뱅 드 페이)는 엄격한 규제는 받지 않으나 원산지 기입이 의무화된 일반보급을 위한 와인이다. Vin de Table(테이블 와인, 뱅 드 타블)은 브랜드가 허용되는 와인이다.

　만일 더 이상 마시고 싶지 않은데 자꾸 따라주면, 잔 위에 가볍게 손을 대어 사양하는 것이 좋다. 코스와 곁들이는 술은 취하려고 마시는 것이 아니므로 사양해도 예의에 어긋난 행동이 아니다.

와인잔에 소스나 기름기가 묻으면 좋지 않기 때문에, 와인을 마시기 전에 냅킨으로 입 언저리를 가볍게 눌러 닦아주는 것이 좋다. 만약 립스틱 자국이 잔에 묻었다면 가볍게 닦아주는 것이 보기에도 좋다("10. 음주매너 3) 와인매너" 참조).

③ 식후주

대표적인 식후주로는 리큐어, 브랜디가 있다. 여기서 리큐어란 위스키와 같은 증류주에 과실, 당밀 등 감미를 넣은 강한 술을 말한다. 취하지 않도록 한두 잔 이상은 마시지 않아야 한다. (29)

(8) 야채와 샐러드

① 옥수수는 손으로 먹어도 된다

식기를 사용하지 않고 손으로 먹어도 되는 요리를 핑거 푸드(finger food)라 한다. 우선 옥수수는 먹기 불편한 음식으로 특히 여성들이 꺼리는 경향이 많다. 이런 경우에는 막대기를 양손으로 잡고 1/4~1/2 정도에 버터를 바르고 소금·후추를 뿌린 후 베어 먹고 다시 나머지 부분도 같은 식으로 먹는다. 여기 저기 생각 없이 갉아먹는 것은 삼간다. 막대기가 꽂혀 있지 않은 경우에는 양손으로 잡고 먹어도 무방하다.

샐러드로 나오는 아티초크도 손으로 먹는다. 바깥쪽에 붙어 있는 잎사귀를 뜯어내고 껍질 안쪽 소스에 묻혀 껍질을 벗겨가면서 먹는다.

살짝 데친 새우의 경우도 작아서 나이프나 포크로 먹기엔 불편하므로 손으로 먹는다. 베이컨을 바삭하게 튀긴 크리스피(crispy)도 손으로 먹는다.

② 소금이나 후추는 무턱대고 뿌리는 것이 아니다

테이블 위에는 대개 소금, 후추, 머스터드, 타바스코 등의 조미료가 놓여 있다. 흔히 음식이 나오면 무턱대고 이들 조미료를 뿌리는 분들이 있는데, 이는 매너에 어긋나는 일이다. 일단 한두 번 먹어본 다음 취향에 맞게 조미료를 뿌리도록 한다. 특히 프랑스의 일류 레스토랑에서는 요리의 맛이 제일 좋은 상태에서 음식을 서브한다는 전통이 있으므로 함부로 조미료를 뿌리는 사람은 주방장을 무시하는 것으로 여길 수도 있으며, 음식을 먹을 줄 모르는 사람 취급을 하거나 경원시하는 경향이 있다.

" 알아둡시다! 핑거볼 "

• 핑거볼에는 한 손씩 교대로 손을 씻는다. 핑거볼은 손가락 끝만 닦는 것이므로 손을 푹 담그는 일은 삼간다.
• 포도나 살구 등 손으로 먹는 과일은 대개 과즙이 손에 묻기 쉽다. 이 경우에는 냅킨으로 닦지 말고 핑거볼에 손을 씻도록 한다. 왜냐하면 과즙이 묻은 냅킨은 세탁이 곤란하고 잘 지워지지 않기 때문이다.
• 핑거볼은 과일을 먹을 때만 나오는 것이 아니라, 튀긴 베이컨이나 아티초크, 굴, 가재요리 등 손으로 음식을 먹을 때에도 함께 나온다.

(9) 디저트

① 디너의 디저트로 마른 과자는 좋지 않다

디저트로는 과자나 케이크, 과일 등이 나온다. 디저트(dessert)란 프랑스어의 데세르비르(desservir)에서 유래된 용어로 '치운다, 정리한다'라는 의미이다. 메인코스가 끝나고 디저트를 주문하기 전에 빵, 조미료, 식사가 끝난 접시를 모두 치우는 것과 관계가 있다고 볼 수 있다.

디저트용 과자를 프랑스어로 '앙트르메(entremets)'라고 하는데, 이는 '앙트르(중간)'라는 단어와 '메(음식)'라는 단어의 합성어로, 원래는 고기요리와 찜구이요리 사이에 나오는 빙과류를 일컫는 말이었다고 한다. 그러나 오늘날에는 빙과류를 포함한 달콤한 과자 전부를 가리키는 의미로 사용되며 영어로는 스위트(sweet)라 부른다.

② 디저트용 과자는 달콤하고 부드러워야 한다

서양요리에서는 설탕을 거의 쓰지 않으며 전분도 적게 사용한다. 따라서 식후에 달콤한 것이 먹고 싶어지는 것은 당연하다 하겠다. 디저트용 과자는 달콤하고 부드러워야 하므로, 쿠키나 빵 같은 마른과자는 조식의 빵 대신 혹은 오후에 차 마실 때 먹도록 하며 디너 시의 디저트로는 적당치 않다.

디너의 따뜻한 디저트로는 푸딩이 있고, 크림으로 만든 과자나 과일을 이용한 과자나 파이 등도 있다. 차가운 디저트로는 아이스크림이나 셔벗이 있다.

③ 수분이 많은 과일은 스푼으로 먹는다

과일은 수분의 많고 적음이나 형태에 따라 먹는 방법도 제각각이다. 수분이 많은 멜론이나 오렌지류는 스푼으로 먹는다. 사과나 감 등 수분이 적은 것은 나이프나 포크를 사용하고 포도 등 작은 것은 손으로 먹어도 된다.

구체적으로 먹는 방법을 살펴보면, 멜론은 반달형으로 잘라 제공된 경우 왼손으로 껍질 부분을 누르고 오른손의 스푼으로 오른쪽부터 떠서 먹는다. 그러나 레스토랑에서 먹기 좋게 칼질하여 껍질 위에 알맹이를 올려 서브할 때는 포크로 하나씩 먹으면 된다. 수박이나 파파야 등도 멜론과 같은 방식으로 먹는다. 씨는 미리 스푼 등으로 발라내지 말고 입에서 발라내어 스푼에 뱉어 접시 위에 놓는다. 그레이프프루트(자몽)도 스푼으로 먹는다. 대개 반으로 나누어 서브되므로 하나씩 스푼으로 파가며 먹는데, 스푼의 반 정도가 톱니모양으로 되어 있는 것이 특징이다. 딸기는 한 알씩 손으로 먹는다. (30)

10) 뷔페순서

① 미각을 돋우는 찬 음식 → 수프와 빵 → 샐러드 → 뜨거운 메인음식 → 디

저트류→차 등의 정찬 순서대로 조금씩 나누어 담아 먹는다.

② 아무리 좋아하는 음식이라도 집중적으로 그것만 먹지 않는다.

③ 테이블을 중심으로 왼쪽 방향으로 돌면서 담는다.

④ 생선과 육류는 같은 접시에 담지 않는다.

⑤ 음식을 먹으면서 다니거나 먹다 남기지 않는다.

⑥ 여성이 음식을 담으러 갈 때에는 남성이 에스코트하여 접시에 옮겨 담는 것을 도와주며 요리 선택에 세심한 신경을 써준다.

⑦ 음료를 가지러 가는 것은 남성의 역할이다.

⑧ 같이 식사하는 사람들과의 보조를 맞춘다. (31)

11) 동서양의 테이블매너 비교

국제화 시대가 본격적으로 열림에 따라 우리의 전통과 예절을 소중히 여기는 것 못지않게, 다른 나라의 문화와 예절에 대해 깊은 관심과 이해의 폭을 넓혀 나가는 것이 매우 중요하다. 이는 앞으로 자신의 실생활과 비즈니스 활동의 기본이다.

동서양의 테이블매너는 각각의 식사 형식(한식, 양식)에 차이가 있다.

(1) 한 식

① 출입문에서 떨어진 안쪽 중앙이 상석이다.

② 손윗사람이 먼저 수저를 든 뒤 아랫사람이 든다.

③ 수저를 빨지 말며 수저와 젓가락을 한꺼번에 쥐지 않는다.

④ 덜어먹는 접시가 있으면 적당하게 덜어먹는다.

⑤ 밥은 한쪽부터 먹어 들어가고 국물은 그릇째 마시는 일이 없도록 한다.

⑥ 국물 마시는 소리, 음식 씹는 소리, 수저 부딪치는 소리가 나지 않게 한다.

⑦ 돌이나 나쁜 음식을 씹었을 때에는 남의 눈에 띄지 않게 처리한다.

⑧ 식사 도중 자리를 뜨지 않는다.

⑨ 식사는 같이 끝날 수 있도록 속도를 조절하고, 먼저 끝났을 때에는 수저를 밥그릇이나 국그릇 위에 놓았다가 상대가 끝나면 같이 내려놓는다.

⑩ 윗사람이 일어서면 뒤따라 일어선다.

(2) 양 식

① 레스토랑은 사전에 반드시 예약해야 하며, 예약에 변경사항이 생겼을 때는 반드시 레스토랑에 연락하여 영업에 차질이 없도록 배려한다.

② 웨이터가 제일 먼저 서비스하는 의자가 최상석이며, 여성이 먼저 자리에 앉도록 한다.

③ 식탁과 가슴 사이는 주먹 하나 반 정도 들어가는 것이 적당하며, 테이블에 팔꿈치를 세우거나 턱을 괴지 않는다.

④ 다리는 가지런히 모으고 의자에 약간 깊숙이 앉는다.

⑤ 메뉴판을 손가락으로 짚어서 주문하면 안 되고, 더구나 옆 테이블이나 다른 음식을 보고 손가락질을 하면 더더욱 안 된다.

⑥ 메뉴는 천천히 보고 초대되었을 때는 가장 비싼 것과 싼 것을 시키지 않는다.

⑦ 이야기하면서 식사를 하지만 음식을 입에 가득 넣고 말을 하면 안 된다. 서로 대립될 수 있는 화제는 피한다.

⑧ 식기는 자신이 움직이지 않으며 가급적 식기에서 소리가 나지 않게 주의하며, 긴장하지 않고 즐겁게 식사한다.

⑨ 자기의 포크로 다른 사람 접시의 요리를 가져다 먹지 않는다.

⑩ 머리가 음식 쪽으로 가지 않게 주의하며, 식사 시 의자 위치를 바꾸지 않는다.

⑪ 물을 쏟거나 바닥에 포크나 나이프를 떨어뜨리면 종사원을 소리 내지 말고 손만 들어 부른다.

⑫ 테이블 위에서 멀리 있는 음식을 잡기 위해 손을 자기 팔 길이 이상 내뻗지 않는다. 필요한 것이 바로 앞에 있지 않을 때는 가까이 있는 사람에게 부탁(pass)하여 받는다.

⑬ 다른 사람의 실수는 못 본 척하는 것이 예의이다.

⑭ 식사 중 자리를 뜨지 않는 것이 예의이며 그럴 경우 잠깐 실례한다고 옆 사람에게 인사한다.

⑮ 식탁에서 화장을 고치거나 하는 것을 삼간다. 그것은 화장실에 가서 할 일이다.

⑯ 주최 측에서 인사가 있고 난 뒤에 일어서는 것이 예의이다.

⑰ 테이블에 앉아서는 이쑤시개를 사용하지 않는다.

⑱ 식후 테이블에서 화장하는 행위는 삼가야 한다.

⑲ 화장은 연하게 하며, 강한 향수는 요리의 냄새와 맛에 영향을 미친다. 루주도 글라스 등에 자국이 남지 않도록 주의해야 한다.

(3) 일 식

일본에는 도쿄(東京)를 중심으로 세계의 모든 요리들이 집합되어 있다. 일본요리의 특징은 4면이 바다로 둘러싸여 남북으로 길게 뻗은 지형의 영향으로 재료의 종류가 많고 해산물을 풍부하게 사용한다는 점이다. 특히 쌀을 주식으로 하고 풍부한 농산물 및 해산물을 부식으로 한 식생활 문화가 형성되었는데, 일반적으로 색채와 모양이 아름다우면서도 맛이 담백하여 향기·감촉·씹는 맛 등 풍미가 뛰어나다. 또한 일본요리는 '눈으로 보는 요리'라고 불리듯 외형의 아름다움을 중시하므로 그릇은 물론 계절에 따라 재료나 음식 담는 방법 등에 세심한 주의를 기울여 한층 미각(味覺)을 자극한다.

① 혼젠 요리와 가이세키 요리

'가이세키(懷石)'는 차를 마시는 자리에 나오는 간단한 요리이고, '가이세키(會石)'는 일본의 정식 연회요리다. 일식의 형식은 시대와 함께 변화되어 왔는데, 식사의 유형에 따라 '혼젠(本膳)' 요리, '가이세키(懷石)' 요리, '가이세키(會石)' 요리로 나누어진다.

① 혼젠(本膳) 요리 : 최근에는 그다지 접할 기회가 많지 않지만, 예로부터 관혼상제에 사용되어 왔다. 혼젠 요리는 전통적인 일본요리다.
② 가이세키(懷石) 요리 : 차를 마시는 자리에 나오는 요리다.
③ 가이세키(會石) 요리 : 혼젠 요리가 약식화된 것으로 결혼 피로연 등에서는 일반적인 요리다.

② 일반적인 일본요리 메뉴

① 전채
② 국물류 : 맑은 국
③ 생선회
④ 조림류 : 죽순과 머위
⑤ 구이류 : 생선구이
⑥ 초회 : 전복초회
⑦ 국류 : 된장국
⑧ 밥
⑨ 절임류 : 야채 절임
⑩ 과일 디저트

③ 젓가락 사용법은 일식 매너의 기본이다

일식에서는 '젓가락으로 시작해서 젓가락으로 끝난다'고 할 정도로 젓가락

133

사용이 중요하다. 아름답고 품위 있게 먹기 위해서는 젓가락을 바르게 사용해야 한다. 항상 바른 젓가락 잡기, 들기, 움직이기, 놓기 등을 몸으로 익히도록 한다. 젓가락 사용에는 여러 가지 금기시하는 사항이 있다. 금기시하는 이유는 단지 보기 흉한 것만이 아니다.

예를 들어 젓가락으로 서로가 음식을 전달하는 것은 매우 나쁜 이미지를 갖게 한다. 젓가락 사용의 금기사항은 다음과 같다.

① 반찬을 앞에 두고 젓가락으로 망설이는 행위
② 젓가락으로 그릇을 돌리는 행위
③ 젓가락으로 음식을 찔러보는 행위
④ 젓가락으로 음식을 주고받는 행위
⑤ 그릇 위에 젓가락을 가로질러 올려놓는 행위
⑥ 젓가락 끝을 입으로 빠는 행위

④ 냅킨 대신 별도의 '카이시(종이티슈·손수건)'를 준비한다

서양요리에는 냅킨이라고 하는 편리한 것이 있지만, 일식에는 그것에 해당하는 것이 카이시이다. 카이시는 다음과 같이 여러 용도로 사용된다.

① 상에 떨어뜨린 국물을 닦을 때 사용한다.
② 국물이 떨어지기 쉬운 요리의 받침대로 사용한다.
③ 식사가 끝난 후 생선의 뼈 등을 싸놓을 때 사용한다.
④ 사용한 젓가락을 닦아서 깨끗이 한다.

⑤ 전채요리는 왼쪽부터 먹는다

계절요리를 3가지·5가지·7가지로 색깔 좋게 만들어둔 전채는 어느 부분부터라는 규정은 없지만, 일반적으로 왼쪽부터 점차 오른쪽으로 먹으면 보기

에도 좋다.

⑥ 마시는 음식은 소리가 나지 않도록 한다

마시는 음식은 먼저 향을 음미하고, 국물을 한입에 넣고서 내용물을 조금 먹은 다음 국물과 건더기를 교대로 먹는다. 또한 국물을 마실 때에는 젓가락을 든 채로도 상관없지만, 젓가락은 반드시 가지런히 모아져 있어야 한다.

⑦ 국물이 있는 음식과 밥은 한 숟가락씩 교대로 먹는다

처음에는 국물, 다음엔 밥을 한 입씩 교대로 먹는다. 향이 있는 음식을 먹을 때에는 밥 위에 뿌려서 먹으면 안 된다. 밥을 더 먹을 때에는 한 스푼 정도 남기고, 그릇을 두 손으로 들고 그릇을 건넨다.

(4) 중 식

중국 대륙은 영토가 광대하여 지방마다 서로 다른 독특한 맛과 조리법이 있어 다양한 것이 특색이다. 레스토랑이란 말은 찬팅, 판디엔, 주러우, 차이관 등 여러 가지 명칭이 있다.

일반적으로 음식점 이름의 일부 또는 음식점 이름 옆에 베이핑(北平), 지앙처(江浙), 상차이(湘菜), 촨차이(川菜), 아오차이 등의 문자가 들어 있어 이것으로 요리의 종류를 알 수 있다. 즉 베이핑은 베이징(北京) 요리, 지앙처는 상하이(上海) 요리, 상차이는 후난(湖南) 요리, 촨차이는 스촨(四川) 요리, 아오차이는 광둥(廣東) 요리를 말한다.

① 메뉴를 읽을 때의 포인트

중국요리의 메뉴는 보통 4문자·5문자·6문자로 쓰여 있는데, 그중에 가장 일반적인 것은 4문자 메뉴이다. 메뉴는 소재·요리법·자르는 법·모양 등으로 구성되어 있으므로 자주 사용하는 한자를 암기하면 메뉴를 보는 것만으로도 대체로 어떠한 요리인지 알 수 있다.

② 일반적인 중국요리 메뉴

① 특선명채 : 곰발바닥·사슴꼬리·낙타육봉 등

② 냉채류 : 식욕을 촉진시키는 차가운 요리

③ 희귀요리 : 제비집요리·상어지느러미 등

④ 해산물 : 해삼·전복·새우·바닷가재 등

⑤ 가금류 : 닭·오리·칠면조 등

⑥ 육류 : 쇠고기·돼지고기 등

⑦ 야채류, 두부류 등

⑧ 생선류 : 도미·농어·광어 등

⑨ 수프류

⑩ 식사 : 면·볶음밥 등

⑪ 감채류 : 옥수수탕·사과탕·쿠키 등

⑫ 과일

③ 중국요리의 주문요령

① 술과 차의 종류를 확실히 알고 주문하면 좋다.

② 4명 이상이면 요리 중에 수프류를 넣는다.

③ 세트메뉴가 있으면 요리를 일일이 주문하는 것보다 세트메뉴를 주문하는 것이 훨씬 경제적이다.

④ 재료와 조리법·소스 등이 중복되지 않도록 주문한다.

⑤ 해물·상어지느러미·제비집 등은 일단 가격이 비싸다는 것을 알아둔다.

⑥ 처음 이용할 때에는 웨이터에게 자신의 취향을 알려주고, 도움을 받는 것이 좋다.

④ 원탁에 상석이 있다

요리는 우선 상석의 손님 앞에 먼저 준비하고, 다음과 같은 순서로 식사를 시작한다.

① 회전탁자의 회전방향은 시계방향이 원칙이다.

② 요리를 먼저 덜 때에는 "먼저 실례합니다"라고 말한 뒤 요리를 덜고 옆 사람에게 테이블을 돌려놓는다.

③ 다음 사람이 요리를 덜고 있을 때에는 테이블을 돌리지 않는다.

④ 자신의 접시와 컵 등은 회전탁자에 올려놓지 않는다.

⑤ 한 번 돌아간 음식이 아직 남아 있으면 더 먹어도 좋다.

⑥ 자신의 앞에 요리가 돌아왔을 때, 옆 사람에게 "먼저 드십시오!" 하고 양보하는 것은 바람직하지 않다.

⑤ 개인접시는 요리 종류에 따라 바꾸는 것이 좋다

요리가 나올 때마다 개인접시는 새로운 접시에 먹어야 맛이 섞이지 않아 요리를 보다 맛있게 먹을 수 있다. 그러나 접시에 다른 음식이 그다지 많이 묻지 않았을 때에는 계속해서 사용해도 아무 상관이 없다.

⑥ 요리는 먹을 수 있을 만큼만 덜어먹는다

좋아하는 요리가 자신의 앞에 왔다고 해서 너무 많이 덜어버리면 마지막 사람이 그 요리를 맛볼 수 없는 경우도 있기 때문에 다음 사람을 생각해 가면서 자신의 몫을 덜도록 한다.

7 개인접시를 손으로 들고 먹는 것은 금물이다

개인접시는 손에 들지 않고, 원탁에 놓은 상태로 먹는 것이 바람직하다. 요리를 덜 때도 개인접시를 요리접시 가까이 두고 테이블 위에 놓은 상태로 요리접시에 있는 서비스 숟가락과 포크를 사용해서 요리를 덜도록 한다. 개인접시가 모자랄 경우에는 웨이터에게 새로운 접시를 요구한다.

테이블의 종류

① 정사각형 테이블 : 공식적이고 딱딱하여 폐쇄적인 느낌을 준다.
② 직사각형 테이블 : 여럿이 앉을 경우에는 권위적일 수 있다.
③ 원형 테이블 : 캐주얼하고 개방적이다.

12) 식사 중 매너

① 식탁에서는 팔꿈치를 너무 옆으로 뻗치면 안 된다. 정식 만찬 시에 식탁에서 한 손님이 차지하는 폭은 큰 접시 3개 정도로 약 60~75cm 정도이다. 따라서 팔꿈치를 조심하지 않으면 옆자리에 앉은 사람과 부딪칠 수 있으니 주의해야 한다.

② 식탁에 앉아서 팔짱을 끼는 것은 식사매너에 어긋나는 행동이다.

③ 테이블에서 다리를 포개는 것은 금기이다. 다리를 꼬면 무릎 위의 냅킨이 떨어질 수 있으며 식탁을 치면서 수프, 음료를 엎지르거나 타인의 발을 건드릴 위험이 있다.

④ 웨이터를 부를 때 큰 소리로 부르는 것은 실례이다. 가볍게 손만 들고 반응이 없을 때는 'Excuse me'라고 조용히 부른다.

⑤ 양식은 식사를 하는 동시에 사교의 장이기도 하다. 서로 정보를 교환하면서 즐거운 분위기로 대화를 나누어야 한다. 그러나 너무 큰 소리로 말

을 많이 하거나 아무 말 없이 식사만 하는 것은 사람들에게 거부감을
줄 수 있기 때문에 조심해야 한다.

⑥ 식사 도중에 대화를 나누면서 상대의 식사 속도에 맞춰 먹는 것이 서양
인들의 습관이다. 상대의 식사 속도를 봐가면서 템포를 맞추도록 한다.

⑦ 원활한 대화를 위해 음식은 조금씩 먹는 것이 좋다. 스푼 가득 수프를
담아 입을 크게 벌리는 모습은 보기에도 좋지 않다. 아울러 하드 롤과
같은 빵을 통째로 들고 먹는 행동은 피하는 것이 기본적인 식사매너이다.

⑧ 식탁에서 식사 도중에 주위 사람들과 자연스럽게 대화를 나누되 멀리
떨어져 앉은 사람과 큰 소리로 이야기하는 것은 금기이다.

⑨ 식사 도중에 먼저 화제를 꺼내거나 상대방으로부터 질문을 받아 대답할
때에는 손에 쥐고 있던 기물은 잠시 아래로 내리고 얘기한다.

⑩ 식사시간에 중요한 얘기를 하게 될 경우에는 미리 지배인에게 언질을
주어 방해받지 않도록 조치한다.

⑪ 상대가 입안에 음식을 넣었을 때는 말을 건네지 않는다. 자신에게 말을
건넸을 때 입안에 음식이 있으면 서둘러 대답하지 말고 삼킨 후 'Excuse
me'라고 양해를 구한 다음에 말한다.

⑫ 서양에서는 빵을 손으로 뜯어 먹는다. 따라서 식사 중에 손으로 귀, 코,
머리 등을 만지거나 긁는 것은 금기사항이다.

⑬ 식사하는 도중에 자신의 식기를 치우거나 식기를 포개놓지 않는다.

⑭ 입에 음식이 있을 때는 음료를 마시거나 다른 음식물을 먹지 않도록
한다.

⑮ 오른손으로 식사하면서 왼손으로 음료를 마시거나 접시를 감싸지 않
는다.

⑯ 식사 도중 손에 묻은 음식물은 냅킨을 이용하며 손가락을 빨지 않는다.

⑰ 식사 도중 나이프나 포크가 떨어졌을 때에는 줍지 말고 웨이터에게 새
것을 요청한다.

⑱ 여성이 물건을 떨어뜨려서 주우려고 할 때에는 남성이 돕는다.

⑲ 좌석에서 멀리 있는 양념통은 팔을 뻗지 말고, 옆 사람에게 부탁한다.

⑳ 초대받았을 때 처음 제공되는 음식을 사양하는 것은 실례이며, 두 번째 음식부터는 사양해도 결례가 되지 않는다.

㉑ 음식은 너무 크게 베어 먹어서는 안 되고, 적당한 크기로 잘라 입을 다 문 채 소리를 내지 않고 먹는다.

㉒ 대화 도중 웨이터가 서빙을 하는 경우에는 일단 대화를 중지한다.

㉓ 웨이터의 서빙 방향은 음료는 우측으로, 식사는 좌측으로 제공한다.

㉔ 웨이터가 음식을 서빙할 때에는 목례와 함께 가벼운 인사말을 한다.

㉕ 양복 재킷은 상사나 주빈이 벗기 전에는 벗지 않는다.

㉖ 식기나 기물에 이상이 있거나 더러울 때에는 웨이터를 불러 새것으로 바꿔달라고 한다.

㉗ 나이프나 포크로 무엇을 가리키지 않는다.

㉘ 다른 사람의 실수는 못 본 척하는 것이 예의이다.

㉙ 자리를 뜰 때는 보통 벗어놓은 재킷을 입고 가는 것이 좋다.

㉚ 양식 요리의 순서나 식기의 자리는 가장 합리적으로 고안된 것이기 때문에 자기 앞으로 당겨서 먹는다거나 포개어 놓는 것은 좋지 않다.

㉛ 커피 잔이나 수프 볼에 스푼을 넣은 채 놔두면 안 된다. 이야기하는 동안에 자기도 모르게 손으로 스푼을 건드린다든가 냅킨에 스푼이 걸려 커피나 수프 컵을 뒤집어엎는 낭패를 당할 수 있다.

㉜ 포크와 나이프를 사용하지 않을 때에는 손을 손바닥이 아래로 향하게 하여 접시를 사이에 두고 테이블 위에 두거나 자연스럽게 무릎 위에 놓는 것이 좋다.

㉝ 식탁에서 큰 소리를 내거나 크게 웃는 것은 피해야 한다. 만일 실수로 재채기나 하품을 했을 때는 반드시 옆 좌석의 손님에게 "미안합니다" 라고 사과를 해야 한다.

㉞ 중국에서는 음식 대접을 받으면 일부러 트림을 하여 잘 먹어 만족스럽다는 표시로 삼고 있고, 우리나라의 경우에도 트림은 그렇게 큰 실례로 치지 않는다. 그러나 서양의 경우 식탁에서의 트림은 금기사항이다.

13) 식사 후의 매너

① 식사가 끝난 후 나이프는 바깥쪽, 포크는 안쪽에 나란히 접시 오른쪽 아래 방향으로 비스듬히 놓는다. 이때 나이프의 날은 자신 쪽으로 향하고 포크는 등을 밑으로 한다.

② 식사 후 일어날 때 냅킨은 테이블 위의 한쪽에 두면 된다. 굳이 반듯하게 개어 놓지 않아도 무방하다. 식사 후 냅킨을 의자 위에 놓지 않는다.

③ 레스토랑의 테이블에는 이쑤시개를 비치하지 않는다. 식후 이쑤시개 사용은 테이블에서가 아닌 화장실을 이용하는 것이 좋다.

④ 여성의 경우 화장 역시 테이블에서가 아닌 화장실을 이용한다.

14) 트림과 재채기

한국 사람들은 일반적으로 재채기에 대해 상당한 융통성을 보인다. 이에 비해 서양인들은 코풀기에 대해 매우 너그러운 입장을 취한다. 코풀기에 대해 관대하다고 해서 서양인들이 식탁이라든지 공공장소에서 수시로 코를 풀어댄다고 생각하면 오해다. 서양인들도 코를 싫어하기는 한국인과 같다. 코를 계속 훌쩍대는 것보다는 차라리 푸는 게 낫다고 생각할 따름이다. 그리고 코를 풀 땐 그저 손수건으로 닦아내는 정도로 생각하면 크게 틀리지 않는다. 서양인들은 손수건을 보면 마치 조건반사처럼 콧물을 연상한다.

따라서 아무리 향수를 듬뿍 뿌린 예쁜 꽃무늬 손수건이라 할지라도 공공석상에서 시도 때도 없이 꺼내서는 안 된다는 것이다. 특히 레스토랑에서 냅킨을 사용하지 않고 자신의 손수건으로 입 닦는 모습을 보면 서양인들은 대경

실색하게 되니 주의해야 한다.

15) 상황별 대처매너

(1) 식사의 시작

참석자가 많은 경우에는 정시에 시작하거나, 친한 사이의 소규모 모임인 경우에는 참석자를 기다렸다가 함께 식사한다.

(2) 식사 도중 자리이탈

화장실은 미리 다녀오고 식사 중에는 음료나 맥주의 과음을 삼간다. 식사 중에는 가급적이면 자리를 지키는 것이 좋으며, 부득이한 경우는 양해를 구하고 계속 식사할 것을 권한다. 식사 도중 자리를 뜰 때에는 냅킨을 적당히 접어서 의자 위에 둔다.

(3) 기침과 코풀기

한두 번의 기침이나 재채기를 할 경우에는 손수건으로 가리고 하고, 급할 경우에는 냅킨을 이용한다. 서양 식탁에서 가볍게 코를 푸는 것은 무방하다. 가볍게 코를 풀 때는 냅킨 대신 자신의 손수건이나 종이 냅킨을 이용한다. 계속해서 기침, 재채기를 하거나 코를 풀 때는 양해를 구하고 자리를 이동한다. 냅킨의 용도는 입을 닦는 것이다.

(4) 이물질이 목에 걸렸을 때

상대방의 주의를 끌지 않도록 주의하면서 일단 혀를 이용해서 밀어낸다. 물을 마시거나 냅킨으로 가린 채 기침을 해본다. 생선의 뼈 등은 포크를 사용해서 꺼낸 후 접시의 한쪽 구석에 놓는다.

(5) 이물질을 발견했을 때

먹기 전에 발견한 경우에는 웨이터를 불러 지적한다. 식사 중에 발견한 경우에는 소란 피우지 말고 조용히 제거한다.

(6) 음료와 음식을 거절할 때

"no"보다는 "no thanks"라고 말하며 거절한다. 가정에 초대받았을 경우에는 처음 제공되는 음식은 사양하지 않으며, 음식을 남기는 것은 결례인 만큼 남기는 것보다는 거절하는 것이 좋다. 와인을 거절할 때는 말이 필요 없이 잔의 가장자리에 손을 가볍게 올리면 된다.

(7) 식사 도중 아는 사람을 만난 경우

식사 중일 때는 간단한 인사만 한다. 그러나 아는 사람이 동반한 여성을 소개할 경우에는 반드시 일어선다. 여성이 여성을 소개받을 경우 연상일 경우에는 일어난다. 남자끼리 악수하게 될 때에는 일어나서 한다. (32)

16) 테이블매너의 에센스

① 테이블매너는 요리를 맛있게 먹기 위한 것이다.
② 매너는 자기보호 및 안전을 위한 것이다.
③ 식당을 이용할 때에는 사전예약을 하고 예약시간은 지켜야 한다.
④ 고급식당에서는 정장을 하여야 한다.
⑤ 식당에서는 안내원의 안내를 받아야 한다.
⑥ 좌석을 정할 때는 손님 중에서 누가 제일 중요한 분인가를 생각해야 한다.
⑦ 웨이터가 맨 먼저 빼주는 의자가 상석이다.
⑧ 여성이 착석할 때는 남성이 도와준다.
⑨ 테이블과는 주먹 두 개 정도의 간격을 두고 떨어져 앉는다.

⑩ 여성의 핸드백은 등과 의자 사이에 놓아둔다.

⑪ 냅킨은 모두가 착석한 뒤 무릎 위에 편다.

⑫ 메뉴를 천천히 보는 것도 매너이다.

⑬ 웨이터는 고객의 손과 발이다.

⑭ 고급식당에서는 중급 가격 선으로 주문한다.

⑮ 당신이 알고 있는 서양요리는 메뉴에 없다.

⑯ 음식 그릇을 옆 사람에게 돌릴 때는 오른편으로 돌린다. 손잡이가 있는 그릇은 손잡이가 보이도록 전한다.

⑰ 의자를 뒤로 젖혀 기울이지 않는다.

⑱ 트림을 해서는 안 된다. 참기 힘들 때에는 냅킨으로 막고 한다. 그리고 조용하고 정중하게 참석자들에게 사과한다.

⑲ 음식을 엎지르거나 해서 옆 사람의 옷을 더럽혔을 때에는 사과하고 냅킨으로 조심스럽게 닦아내거나, 웨이터를 불러 물을 가져오게 하여 냅킨으로 닦는다. 글라스에 담긴 마시는 물에 냅킨을 적시면 안 된다. 그리고 세탁비를 지불한다.

⑳ 유리잔이나 접시를 깨뜨렸을 때에는 웨이터나 주인을 조용히 불러 바꿔 달라고 한다. 이것을 많은 사람들이 알게 하거나 수선을 피우면 안 된다.

17) 테이블매너 매뉴얼

테이블매너를 지키는 것은 형식 때문이 아니라 서로 요리를 맛있게 즐기기 위해서이다. 요리의 맛은 조리하는 셰프의 손에 달려 있지만 식사할 때의 분위기는 함께하는 사람에 따라 좌우된다. 근사한 레스토랑에서 우아하게 디너를 즐기기 위해서는 무엇보다 멋진 테이블매너가 관건이다.

1 예 약

사전 예약은 필수이다. 레스토랑을 이용할 때에는 전화로 사전 예약을 한다. 예약할 때는 먼저 이름과 이용할 인원 수, 일시를 알린다. 그리고 선호하는 자리가 있으면 부탁한다. 예약한 시간을 지키는 것은 테이블매너에서 가장 기본이다.

2 복 장

정찬의 복장은 완벽한 슈트는 아니더라도 최소한의 예절은 갖춰 입는다. 고급 레스토랑이라면 운동복이나 노타이 차림은 입장을 거절당할 수도 있다.

3 입장 순서

고급 레스토랑에서는 여성이 먼저이다. 레스토랑에 출입할 때 유념해야 할 점은 남녀의 위치다. 일반적으로 고급 레스토랑에서는 웨이터가 손님을 맞이하기 때문에 여성이 먼저 들어가고 남성이 뒤따른다. 반대로 대중 레스토랑은 안내인 없이 손님 스스로 식당 안에 들어가 자리를 잡기 때문에 동행한 남자가 안내자가 되어 남성이 앞서고 여성이 그 뒤를 따라 들어간다. 레스토랑 입구에 들어서면 종사원이 맞이하며 "예약하셨습니까?"라고 물은 뒤 예약 리스트를 체크하거나 예약을 하지 않았다면 인원 수를 체크한 뒤 테이블까지 안내한다. 이때 웨이터의 말을 무시하고 아무 테이블에나 앉아서는 안 된다. 테이블의 위치를 바꾸고 싶을 때는 가볍게 다른 자리로 옮기고 싶다고 말하는 것이 좋다.

4 테이블 좌석 배치

연령, 직위, 여성 우선 원칙으로 한다. 식당 안으로 들어가면 종사원이 자리를 안내한 뒤 가장 상석이 되는 의자 하나를 빼 앉기를 권한다. 테이블의 좌석은 나이, 직위, 여성, 기혼자 순으로 앉는 것이 원칙이지만 상황과 분위기에 따라 자연스럽게 조정한다. 레스토랑에서 가장 좋은 자리는 앉았을 때 전망이 좋은 자리로, 창가라면 외부의 경치가 내려다보이는 곳이다. 다음으로는 마음이 편한 곳이다. 레스토랑 안에서 통로가 되는 곳, 입구에서 가까운 곳은 좋지 못한 자리라고 할 수 있다. 정식 디너에서는 서열을 중시하므로 미리 체크해 둔다.

5 앉는 자세

여성의 경우 핸드백은 등 뒤에 두고, 자세는 반듯이 한다. 테이블매너를 익히는 이유는 식사하는 시간 동안 모두가 편하게 즐기기 위해서다. 테이블 위에는 핸드백은 물론 장갑, 휴대폰, 손수건도 올려놓으면 안 된다. 핸드백은 의자 등받이와 자신의 등 사이에 놓고, 부피가 큰 가방은 의자 옆 마루 위에 그대로 내려놓는다. 앉을 때 테이블과 가슴의 거리는 주먹 두 개 정도 들어갈 만큼이 식사할 때 움직임이 편해 적당하다. 식사 도중에 자리가 불편하다고 자꾸 위치를 바꾸고 삐걱대는 소리를 내는 것은 큰 실례이니 처음에 앉을 때 적당한 거리를 잡는 것이 좋다.

6 주 문

원하는 메뉴가 있는지 메뉴판을 제대로 읽고 결정한다. 메뉴가 선정되었으면 메뉴판을 덮고 테이블 위에 놓은 다음 주문을 한다. 레스토랑에서 메뉴를 선택할 때는 종사원들의 추천을 참조한다. 종사원은 레스토랑 전체 책임을 맡고 있는 총지배인, 헤드 웨이터, 웨이터와 웨이트리스 등으로 나뉜다. 테이블에 앉으면 헤드 웨이터가 메뉴판을 펼쳐 보이면서 주문할 것을 묻는다. 이때 메뉴에 대한 상식이 별로 없어도 일단은 메뉴를 제대로 훑어보고 주문한다. 메뉴를 봐도 선택하기 힘들 때는 종사원에게 "이곳에서 추천하는 메뉴가 뭔가요?" 하고 묻는 것이 좋다. 초대를 받아 간 경우라면 종사원이 주문을 받을 때 초대한 이가 어떤 메뉴를 선택하겠느냐고 묻는다. 이때 "아무 거나 괜찮아요!” 하고 말하는 것은 좋지 않다. 이럴 때는 종사원에게 “오늘의 추천 메뉴는 뭐죠?”라고 묻는 것이 좋다. 또 주문할 때 초대한 이를 위해 저렴한 음식을 주문하는 것은 점잖은 태도가 아니다. 그렇다고 비싼 음식을 주문하는 것도 옳지 않다. 가격이 중간 정도인 것이 가장 좋다.

7 냅킨 사용

냅킨은 가볍게 무릎 위에 놓는다. 냅킨은 식후 가볍게 입을 닦거나 핑거볼을 사용한 뒤 손의 물기를 닦는 역할을 한다. 입을 닦을 때는 가볍게 누르는 정도가 적당한데, 입술화장이 냅킨에 묻어나지 않도록 주의한다. 또 물을 엎질렀을 때 냅킨으로 닦는 경우가 있는데, 이때는 냅킨으로 닦지 말고 종사원에게 처리를 부탁한다. 식후에는 냅킨을 대강 접어 테이블 위에 놓는다. 냅킨을 펴는 시점은, 초대를 받았을 경우 초대한 사람이 냅킨을 펴면 따라서 펴는 것이 가

장 자연스럽다. 인사할 때는 왼손에 냅킨을 쥔 채 자리에서 일어서서 한다. 자리를 잠깐 뜰 때는 의자 위나 식탁에 걸쳐 접시에 올려놓는다.

8 식사매너

나이프는 오른손, 포크는 왼손에 잡는다. 왼손잡이라도 나이프는 꼭 오른손에 잡는다. 양식은 접시가 중앙, 나이프와 포크는 각각 오른쪽과 왼쪽에 놓인다. 따라서 놓인 그대로 나이프는 오른손, 포크는 왼손에 잡는다. 나이프와 포크는 코스에 따라 대개 각각 3개 이하로 놓여 있는데, 바깥쪽에 있는 것부터 순서대로 사용한다. 나이프와 포크를 동시에 사용하여 고기를 자를 때에는 끝이 서로 직각이 되게 하면서 팔꿈치를 옆으로 벌리지 말고 팔목만을 사용

한다.

나이프는 사용 후 반드시 칼날이 자기 쪽을 향하도록 놓고 식사 중에는 포크와 나이프를 접시 양끝에 걸쳐 놓거나 접시 위에 서로 교차해서 놓는다. 포크의 경우 접시 위에 놓을 때는 엎어놓고 식사가 끝났을 때는 접시 중앙의 4시에서 5시 방향 사이에 놓는다. 나이프, 포크, 스푼을 사용했을 경우에는 바깥쪽부터 나이프, 포크, 스푼 순으로 가지런히 모아놓는다.

음식물을 입안에 넣고 씹을 때는 포크와 나이프는 접시 위에 놓는다. 또 대화 중에 포크와 나이프 든 손을 흔드는 것은 주위 사람들을 불안하게 만들므로 절대 금하도록 한다.

09 팁(Tip)매너

서구사회에서 팁이란 제공받은 서비스에 대한 작은 감사의 표시이다. 사실 팁만으로 생활을 꾸려가는 사람이 있을 정도라니 서양에서 팁이 얼마나 보편화되어 있는지 알 수 있다.

팁은 전 세계적으로 보편화되는 추세이다. 특히 미주지역이나 유럽은 서비스에 대한 대가로 지불하는 것이라기보다는 일종의 습관으로 되어 있다.

18세기 영국의 어느 술집 벽에 "신속하고 훌륭한 서비스를 위해 지불은 충분하게!"라는 문구가 붙어 있던 데서 유래했다고 한다. 영어로 팁의 어원은 'To Insure Promptness'이다. 이 말은 '신속함을 보장한다!'는 뜻을 지니고 있어 팁을 주면 어느 누구보다도 가장 먼저 신속하게 서비스를 제공받을 수 있다는 의미이다.

팁을 줄 때 가장 중요한 것은 적절성이다. 팁을 주기에 적절한 장소인가? 팁으로서 적절한 금액인가 등을 고려한다. 팁의 금액은 상황에 따라 다르다.

팁에 대해서 너무 인색하면 자칫 무례해 보일 수 있고, 그렇다고 팁을 듬뿍 주는 것도 허세를 부리는 행동으로 간주되기 쉽다. 이런 경우는 돈을 주고도 욕을 먹는 셈이 되니 적정선을 잘 유지하는 것이 대단히 중요하다. 경우에 따라 다르지만 보통 미국 달러로 1달러, 우리나라 돈으로 1,000~2,000원 정도로 생각하면 된다.

우리나라에서는 아직 팁에 대한 개념이 보편화되어 있지 않고, 봉사료라는 명목으로 계산서에 10%가 부가되어 호텔 이용객들이 일률적으로 지불하는 것이 보통이다. 그러나 외국에서 호텔이나 기타 시설을 이용할 경우, 팁에 대한 매너는 매우 필요한 사항이므로 반드시 알아야 한다.

1) 팁에 통용되는 관례

첫째, 기본 서비스산업에 종사하는 사람에게 팁을 주지 않아도 된다. 둘째, 사업주에게는 팁을 주지 않아도 된다. 셋째, 보통 15% 정도가 적당하나 서비스가 평균보다 못하면 10% 정도로 낮추고 훌륭한 서비스에는 20% 정도로 더 준다. 그러나 보통의 서비스에 평균보다 팁을 많이 주면 어리석게 보이고 팁을 적게 주면 받는 사람을 모욕하는 것과 같다.

누구에게 얼마만큼의 팁을 주는 것이 적당한지 모를 경우에는 현지 호텔직원 등에게 물어보면 되고, 만약 개인 집에 머무르는 경우라면 집주인에게 일하는 사람에게 어느 정도의 돈을 주는 것이 적당한지를 물어보면 된다.

(1) 팁을 주지 않아도 되는 경우

① 명백하게 냉담하고 무례한 종사원
② 택시기사가 일부러 먼 길을 돌아 목적지에 데려다주었거나, 미터기에 나와 있는 요금보다 더 많이 요구할 때

(2) 서비스가 더 좋아야 된다고 느끼는 경우

① 팁을 관례보다 적게 주어도 된다.

② 왜 팁을 적게 주었는지 엄격하고 조용하게 설명한다.

(3) 반발에 대비할 필요가 있다

왜냐하면 어떤 종사원은 고객의 불평을 수긍하지 않고 고객을 비난하기 때문이다. 그러나 대부분의 종사원들은 고객의 불평을 진솔하게 받아들이므로 다음에는 더 훌륭한 서비스를 제공하려 노력한다.

2) 호텔이나 모텔에서의 팁

〈표 12〉 호텔 유형별 종사원의 팁 비교

종사원별	큰 도시 호텔, 훌륭하고 값이 비싼 호텔	값이 덜 비싼 호스텔, 작은 도시 호텔
도어맨	· 2$	· 1$(주차장에 차를 갖다 놓거나 가져왔을 때)
도어맨의 서비스	· 2$(주차장에 차를 갖다 주었을 때) · 1$(택시를 잡아주었을 때)	
벨 맨	· 3$ · 짐이 많을 경우(5~10$)	· 2$ · 짐이 많을 경우(3$)
벨맨의 서비스	· 2$(특별한 신문, 호텔 무료 제공 과일바구니 배달 등) · 5$(필요한 약 구입 등 특별한 일) · 1~5$(세탁, 다림질한 옷 배달)	· 50cents~2$(룸에 무엇인가 가져올 때 : 룸서비스는 주지 않아도 된다.) · 3$(매우 특별한 일을 해주었을 때)
룸웨이터	· 서비스를 받을 때마다 계산서의 20%(최소 2$)	· 계산서의 10~15%(최소 1$)
룸메이드	· 하루에 2$(2인용 룸 3$) 베개 밑에 둔다.	· 하루에 1$(2인용 룸 2$)
컨시어지	· 진심어린 노력, 매진된 공연의 좋은 좌석표, 항공기 티켓 구입(5$) · 특별한 서비스(10$)	

(1) 큰 도시에 있는 훌륭하고 값이 비싼 곳일 경우

① 도어맨은 2$가 적당하다.

② 벨맨은 3$가 적당하다. 그러나 짐이 많아서 복잡할 때는 5~10$를 준다. 일급호텔에서 룸으로 안내하는 매니저에게는 팁을 주지 않는다.

③ 룸웨이터가 음식이나 마실 것을 가져올 때마다 계산서의 20%(최소 2$)가 적당하다(현금을 주거나 계산서에 액수를 적어 넣는다).

④ 룸 청소를 하는 여직원에게는 하루에 2$(2인용 룸일 경우에는 3$)를 베개 밑에 둔다. 직원은 그것이 자신의 몫이라는 것을 안다.

⑤ 벨맨이 룸으로 물건을 갖고 오거나 다른 서비스를 할 때마다 2$를 준다. 예를 들어 특별한 신문을 요구하거나 호텔 측에서 무료로 제공하는 과일바구니를 가져왔을 때 등이다.

⑥ 벨맨이 고객이 필요로 하는 약을 구입해 주거나 망가진 여행가방을 묶을 수 있는 끈을 가져다주는 등 어떤 특별한 일을 해주었을 때 5$가 적당하다.

⑦ 직원이 옷을 세탁하고 다림질하여 갖다 주었을 때는 1~5$가 적당하다. 물건이 한두 가지일 때는 1$, 많은 양의 옷을 세탁하고 다림질했을 때는 5$가 좋다. 그러나 방에 없을 때 세탁물을 갖다 놓았다면 팁을 주지 않아도 된다.

⑧ 도어맨이 주차장에서 귀하의 차를 갖다 주었을 때는 2$가 적당하다.

⑨ 도어맨이 택시를 잡아주었을 때는 1$가 적당하다.

⑩ 컨시어지가 귀하를 위해 진심어린 노력을 해주었을 때 5$가 적당하다. 예를 들어 매진된 공연의 좋은 좌석표를 구해 주거나 항공기 티켓을 처리해 주었을 때 등이다. 또 서비스가 특별했다고 생각될 때는 10$가 좋겠다. 그러나 컨시어지나 벨맨이 고객이 필요로 할 때 서비스를 제공하지 않았다면 팁을 줄 필요가 전혀 없다.

(2) 값이 덜 비싼 호스텔이나 작은 도시에 있는 호텔인 경우

① 호텔에 도착하거나 떠날 때, 주차장에서 귀하의 차를 가져다주었을 때
는 도어맨에게 1$

② 벨맨에게 2$, 짐이 많을 경우에는 3$

③ 룸웨이터에게 룸서비스를 받을 때는 계산서의 10~15%(최소한 1$)

④ 룸메이드에게는 하루에 1$(2인용 룸일 경우에는 2$)

⑤ 벨맨이 룸으로 무엇인가를 가져올 때마다 50cents~1$(그러나 룸서비스
는 주지 않아도 된다)

⑥ 벨맨이 고객에게 매우 특별한 일을 해주었을 경우에는 3$ (33)

10 음주매너

1) 음주매너

(1) 술을 따를 때의 예절

술을 따를 기회가 주어지면 모든 행동을 조심해야 한다. 여러 사람이 함께
모여 술을 마실 때에는 가장 지위가 높거나 나이가 많은 윗사람부터 순서대
로 따르도록 하고, 친구나 동료, 아랫사람이 아닌 이상 모든 사람에게는 두
손으로 따르는 것이 주도(酒道)에 어긋나지 않는다.

(2) 웃어른과 함께 술을 마시게 될 때의 예절

① 어른이 문 쪽에서 먼 곳에 앉으시도록 자리를 만들고, 어른이 앉으신
후에 따라 앉는다.

② 어른께 술을 따라드릴 때에는 먼저 "제가 한 잔 드려도 되겠습니까?"

하고 여쭈어본 후, 상대가 좋다고 하면 꿇어앉은 자세로 두 손으로 잔을 드린다. 오른손에 술병을 쥐고 왼손으로는 한복일 경우 겨드랑이 끝을 끌어올리듯이 하고, 양복인 경우 술병을 받쳐 드는 것이 바른 자세이다. 술을 따른 후에는 편안한 자세로 앉는다.

③ 어른이 술을 권하면 꿇어앉은 자세로 술잔을 오른손에 들고 왼손은 한복일 경우 겨드랑이 끝을 끌어올리듯이 하고, 양복인 경우 가슴 중앙에 대도록 한다.

④ 어른이 권할 때까지 기다리고, 혼자 먼저 술을 따라 마시지 않도록 주의한다.

⑤ 어른이 술을 따라주시면 술잔을 받아 어른이 계신 반대편 쪽으로 얼굴을 돌리고 마신다.

⑥ 술잔을 상에 내려놓을 때에도 술을 받을 때와 같은 자세로 내려놓고 편안한 자세로 앉는다.

⑦ 여러 사람이 앉아 있는 경우 자리가 좀 떨어진 곳에 앉아 계신 어른께 술을 따를 때에는 그 어른의 앞까지 걸어가서 꿇어앉거나 한쪽 무릎을 세운 자세로 따라야 한다. 어른이 앉아 계시는데 아랫사람이 걸어간 채로 엉거주춤 서서 어른을 내려다보면서 술을 따르지 않도록 한다.

⑧ 흔히 저지르기 쉬운 실수 중 하나는 오른손으로 술병을 들고 왼손으로 술잔을 드리는 자세인데 이때 주의하도록 한다.

⑨ 어른께 잔을 드렸는데 거절하시는 경우 그 거절된 잔을 그대로 다른 사람에게 권하는 것은 실례이므로, 거절된 빈 잔에 자신이 술을 조금 따라 마신 후, 다시 빈 잔을 다른 사람에게 권해야 한다. 이런 경우 자신이 먼저 술을 따라 마시는 이유를 설명하면서 다른 사람의 퇴주잔으로 권하는 것이 아님을 분명하게 말해야 한다.

⑩ 어른이 술을 권하면 가급적 받아 마시는 것이 예의이나 물론 무리하게 권하지 않는 것도 예의이다. 술이 약한 사람이라도 처음부터 사양하는

것은 실례이므로 "조금만 주십시오"라고 말하며 약간만 받는 것이 좋다.

⑪ 술을 전혀 못 마시는 사람은 받아서 입술을 적신 후 상 위에 놓으면 결례가 안 되며, 상대가 여러 번 권하면 "잘 마시지 못합니다." 하고 거절해도 실례는 아니다. 이럴 때는 "음료수로 주십시오"라고 말해도 좋다.

(3) 가까운 친구나 동료와 술을 마실 때의 예절

① 허물없는 사이에는 한 손으로 따르며, 반드시 오른손을 사용하여 바르게 따르도록 한다.

② 술잔을 받을 때에도 오른손으로 받는다.

③ 동년배라도 경어를 사용하는 관계에는 반드시 두 손으로 따라야 한다.

(4) 건배를 할 때의 매너

① 어른과 함께 건배를 할 때에는 아랫사람의 술잔이 어른의 술잔 높이보다 위로 올라가지 않도록 한다. 특히 술의 종류가 다를 때 잔의 크기가 다름으로 해서 본의 아니게 어른의 술잔보다 높이 들고 건배하게 되는 경우가 생기는데 특히 유의해야 한다.

② 동료나 친구들 간에 건배할 때에는 눈높이로 술잔을 들고 같은 높이로 서로 술잔을 부딪치는데, 너무 센 힘으로 부딪치지 말고 가볍게 살짝 술잔을 맞대도록 한다.

③ 건배한 잔이라고 해서 단숨에 마시는 것은 신체에 무리를 주는 위험한 음주법이므로 한 잔의 술을 여러 번에 나누어 마시도록 한다.

〈표 13〉 세계 각국의 건배용어

국 가 명	용 어
미 국	치어스(cheers), good health
영 국	치어스(cheers)
중 국	칸페이(乾杯)
일 본	간파이
독 일	프로스트(Prost)
브 라 질	사우데(saude)
캐 나 다	토스트(toast)
호 주	치어스(cheers)
프 랑 스	아 보트르 상테(A Votre Sante)
그 리 스	이스 이지안 스텐 휘게이아
이탈리아	알라 살루테(alla salute)
네덜란드	프로스트(prost)
스 페 인	사루으
러 시 아	스하로쇼네 즈다로비에

(5) 술을 마시면서 가장 유의해서 지켜야 할 매너

① 술을 마시면서 가장 유의해서 지켜야 할 주법이 바로 술을 권하는 것이다. 술은 무리하게 권하지 말아야 하며 상대가 무리하지 않는 선에서 권하는 것이 바람직하다.

② 상대가 어느 정도 술을 마셨다고 생각될 때에는 반드시 상대의 의향을 묻고 술을 권하는 것이 좋다. "한 잔 더 드시겠습니까?" 하고 물어본 후에 상대방이 "네, 좋습니다"라고 받아들이면 술을 따르도록 한다. (34)

2) 칵테일매너

① 칵테일 잔은 항상 자신의 오른편에 놓는다.

② 칵테일 잔은 반드시 다리 아랫부분을 잡고 천천히 조금씩 마시며, 마실

럼 스코피온

때 소리 내지 않는다.

③ 칵테일에 들어 있는 올리브나 체리 등은 칵테일을 반쯤 마신 후 먹고, 올리브 씨는 종이에 싸서 따로 처리한다.

④ 여성일지라도 분위기에 따라 가벼운 칵테일을 같이 즐긴다.

⑤ 칵테일을 재청할 경우엔 먼저의 것과 같은 것을 청한다.

⑥ 칵테일 밑에 깔려 있는 종이냅킨으로 입술을 닦지 않는다.

3) 와인(wine)매너

(1) 와인의 분류

① 색에 따른 분류

❶ 레드 와인(red wine)

일반적으로 적포도로 만드는 레드 와인은 적포도의 씨와 껍질을 그대로 함께 넣어 발효시킴으로써 붉은 색소뿐만 아니라 씨와 껍질에 들어 있는 타닌(tannin) 성분까지 함께 추출되므로 떫은맛이 나며, 껍질에서 나오는 붉은 색소로 인하여 붉은 색깔이 난다.

❷ 화이트 와인(white wine)

잘 익은 백포도(적포도가 아닌 것은 모두 백포도라 칭함)를 압착해서 만들고, 적포도를 이용하여 적포도의 껍질과 씨를 제거하고 만드는데, 포도를 으깬 뒤 바로 압착하여 나온 주스를 발효시킨다.

❸ 로제 와인(rose wine)

레드 와인과 같이 포도껍질을 같이 넣고 발효시키다가(레드 와인의 경우 며칠 또는 몇 주, 로제 와인은 몇 시간 정도) 어느 정도 시간이 지나서 색이 우러나면 껍질을 제거한 채 과즙만으로 와인을 만들거나 레드 와인과 화이트 와인을 섞어서 만들기도 한다.

2 식사 시 용도에 의한 분류

❶ 아페리티프 와인(aperitif wine)

본격적인 식사를 하기 전에 식욕을 돋우기 위해서 마신다. 주로 한두 잔 정도 가볍게 마실 수 있는 강화주나 산뜻하면서 향취가 강한 맛이 나는 와인을 선택한다. 샴페인(Champagne)을 주로 마시지만 달지 않은 드라이 셰리(Dry Sherry), 베르무트(Vermouth) 등을 마셔도 좋다.

❷ 테이블 와인(table wine)

전채요리가 끝나고 식사와 곁들여서 마시는 와인으로 테이블 와인은 그냥 마시는 것보다는 음식과 함께 잘 조화를 이뤄 마실 때 그 맛이 배가 된다. 음식물에 따라 대체적으로 화이트 와인은 생선류, 레드 와인은 육류에 잘 어울린다.

❸ 디저트 와인(dessert wine)

디저트 와인은 식사 후 입안을 개운하게 하려고 마시는 와인으로, 포트 와인(Port Wine)이나 크림 셰리(Cream Sherry), 소테른(Sauternes), 바작(Barsac) 등이 해당된다.

(2) 와인서비스 상식

☐ 와인 상식

❶ 와인의 중요 구성요소

와인의 알코올 농도는 그 종류마다 다르고 순수한 와인(natural wine)의 경우에는 14% 이하가 보통이다.

- 수분 : 80~90% 수준
- 당분 : 포도당, 과당
- 알코올 : 에틸알코올, 글리세롤, 고급 알코올
- 산류 : 유기산(주석산, 사과산, 구연산), 발효 중 생성되는 산(호박산, 젖산, 초산), 기타
- 무기성분 : 칼륨, 칼슘, 마그네슘, 망간, 철분 등
- 쓴맛 : 페노릭
- 타닌 : 카테킨, 에피카테킨, 갈로카테킨, 에피갈로카테킨

❷ 빈티지(vintage)

와인 상표에 적혀 있는 수확연도를 봄으로써 어느 정도 그 와인의 성격을 예측할 수 있는데, 빈티지란 포도가 수확된 해를 나타낸다. 최근 대부분의 와인들은 빈티지와 무관하다. 이는 대부분 와인의 품질을 일정하게 하기 위해 다른 지역, 때로는 다른 해의 와인을 블렌딩해서 제조하기 때문이다.

❸ 타닌(tannin)

타닌은 포도의 껍질, 씨와 줄기 그리고 오크통에서 우러나는 성분으로, 주로 떫은 감에 많이 들어 있고, 적당한 떫은맛과 텁텁한 감촉을 결정짓는 중요한 물질이다.

❹ 주석산염

레드 와인에는 간혹 주홍색의 결정체가 가라앉아 있는 경우가 있다. 이것은 와인 속에 들어 있는 주석산염의 결정체로, 와인의 유기산 중 주석산은 와인의 맛을 강하게 할 뿐만 아니라 식욕을 돋우어주는 역할을 한다.

❺ 아황산염

아황산염은 항균제로서 포도에 부착되어 있는 야생효모의 생육을 저해해서 포도주가 식초로 변하는 것을 막아주고, 각종 부패균의 생육을 저해하고 포도즙을 환원상태로 유지시켜 줄 뿐만 아니라 페놀류의 산화를 방지시켜 준다. 각 나라마다 아황산염의 첨가를 제한하기도 한다.

❻ 아로마와 부케

- 아로마(aroma) : 아로마는 포도의 원산지에 따라 맡을 수 있는 와인의 첫 번째 냄새 또는 향기를 말한다. 이 아로마는 원료 자체에서 우러나오는 향기이다.
- 부케(bouquet) : 부케라는 것은 주로 와인의 발효과정이나 숙성과정 중에 형성되는 여러 가지 복잡 다양한 향기를 말한다. 와인의 향을 맡아 보고 품종이 무엇인지는 아로마로 알 수 있고, 숙성이 잘 되었는지는 부케로 알 수 있다.

❼ 코르크 마개

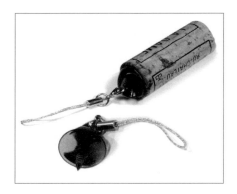

코르크로 밀봉된 와인은 병에 담을 때 들어간 소량의 공기 중의 산소가 와인과 반응하여 더 이상 공기와의 접촉이 차단된 채 병 숙성이 이루어지면서 와인 중의 유기산, 타닌, 당분이 적절히 균형을 이루게 된다. 코르크 마개는 코르크 참나무의 외피로 만든 것으로 내화성, 포장기능, 보호기능이 있는 스펀지로 구성되어 있어 신축성이 뛰어나서 오래전부터 병마개로 사랑받아 왔다. 특히 신축성이 뛰어나 압축해서 병 아귀에 넣기 쉽고, 병 아귀에 들어간 후엔 곧바로 팽창해서 병 아귀와 밀착되므로 이상적인 와인 병마개라 할 수 있다.

② 와인 테이스팅(tasting)

와인을 맛있게 마시는 절대적인 온도는 없다. 자기가 맛있다고 느끼는 온도로 마시는 것이 가장 좋다. 드라이 화이트와 로제 와인은 8~12℃로 조금 차갑게 해서 마시는 것이 좋다. 그러나 너무 차갑게 하면 와인의 향기와 맛이 얼어붙어 버리며, 10℃에서 아로마나 부케가 좀 더 잘 나타난다. 레드 와인은 차갑지 않게 실내온도로 해서 마신다고 말하는데, 이는 실내온도가 지금보다 훨씬 낮던 시절에 비롯된 생각으로, 오늘날의 실내온도인 20~22℃보다 낮은 15~19℃가 좋다.

❶ 와인의 색감(appearance)

와인이 깨끗하고 선명한지, 그리고 어떤 색을 띠는지 살핀다.

- 선명도
- 색도
- 색
- 점도

❷ 와인의 향(aroma & bouquet)

와인의 향기는 그 와인의 품질을 나타낸다.

- 전반적인 향
- 과일향
- 방향

❸ 와인의 맛(taste)

당도와 산도, 밀도 등의 미묘한 맛을 입안에서 감지한다.

- 당도
- 타닌
- 산도
- 보디(body)

❹ 와인의 뒷맛(finish)

와인을 삼킨 후 목 안을 타고 내려간 와인이 아직 입안에 남아 있는 맛과 코에 남아 있는 향기와 함께 종합적으로 어떤 느낌을 주는지 생각해 본다.

- 뒷맛
- 균형

❺ 전체적인 평가

이상적인 와인은 조화와 균형이 이루어진 와인이라 하는데 이 말은 타닌, 산, 단맛, 과일 향과 다른 성분의 적절한 배합을 의미한다. 와인 테이스팅 순서는 드라이한 것에서 스위트한 것으로, 덜 숙성된 것에서 오래된 것으로, 화이트 와인부터 레드 와인으로 한다.

❻ host tasting

아주 옛날에는 와인의 보관방법이 서툴러 와인 맛이 잘 변하자 손님을 초대한 주인은 와인을 대접하기 전에 먼저 맛을 봤는데, 중세 봉건시대로 가면서 정적인 다른 지역의 성주를 초대하여 독살할 때 와인에 독을 타서 이용하였다. 이에 이 와인에는 독이 없다는 것을 나타내기 위해 호스트가 먼저 테이스팅을 했다고 한다. 와인은 보관이 잘못되었을 경우 식초화될 뿐 아주 썩는 경우는 없다. 주의할 점은 호스트 테이스팅 후, 본래 그 와인의 맛이 아니고 변질된 듯하면 새로운 것으로 교환할 수도 있지만, 단순히 그 와인의 맛이 마음에 들지 않는다는 것만으로 다른 와인으로 바꿀 수는 없다는 것이다. 그러나 자기의 기호대로 차가운 정도를 가감할 수는 있다.

(3) 와인 취급법 및 서비스 매너

⑴ 와인의 보관

보관상의 단순한 규정이나 상태를 준수하면 쉽게 오랫동안 보관할 수 있다.

① 온도(temperature) : 약 12℃ 정도의 일정한 온도가 이상적이다.
② 진동(vibration) : 와인 속의 찌꺼기가 떠오르는 것을 막고 코르크가 풀어지는 것을 방지하기 위해 최소화해야 한다. 특히, 레드 와인이나 샴페인 등은 손으로 운반할 때에나 테이블 서비스를 할 때 흔들리지 않도록 조심스럽게 다루어야 한다.

③ 음지(darkness) : 햇볕에 많이 노출되면 병의 온도가 올라간다. 이런 점이 저장할 때 대개 어두운 곳을 권장하는 이유이다. 그러나 전등 불빛은 와인에 영향을 주지 않는다.

④ 습도(humidity) : 찬바람은 습기가 있는 바람이다. 그러므로 저장소의 온도가 낮다면 습도는 적당할 것이다. 일반적으로 습도의 상태가 기분이 좋을 정도면 와인에도 적당하다. 70~80% 정도의 습도는 병마개를 건조시키지 않으며, 캡슐이나 라벨을 손상시키지 않는다. 매일 마시는 레드 와인은 실내온도(15~19℃)에 보관하고, 화이트 와인은 와인 냉장고에 보관한다. 와인을 보관할 때 코르크가 와인과 접촉되게 눕혀 놓는다. 이렇게 함으로써 코르크가 마르고 수축되는 것을 막을 수 있다.

② 와인 open 방법

❶ 레드 와인 opening

• 와인을 주문한 손님에게 와인의 상표를 확인시키기 위해 상표가 손님을 향하게 하여 고객의 좌측에서 보여드린다.

• cork screw에 있는 칼을 이용하여 병목의 캡슐 윗부분을 제거한 후, 서비스 냅킨으로 병마개 주위를 잘 닦는다.

• cork screw 끝을 코르크의 중앙에 대고 천천히 돌려 넣은 후 두 단계 스텝으로 코르크가 병목의 1/4 정도 걸려 있을 때까지 빼낸다(코르크를 완전히 통과하여 코르크 조각이 술병 안으로 떨어지면 안 된다).

• 코르크를 손으로 잡고 살며시 돌리면서 천천히 소리 나지 않게 빼낸다.

• 코르크의 냄새를 맡아 이상 유무를 확인한 후 손님이 확인할 수 있도록 접시 위에 얹어서 보여드린다.

• 서브하기 전에 서비스 냅킨으로 병목 안팎을 깨끗이 닦는다.

- 주문한 손님에게 확인시켜 드린다.
- 와인을 따른 후 병목을 서비스 냅킨으로 닦아, 술 방울이 테이블에 떨어지지 않도록 한다. (35)

❷ 샴페인 코르크(champagne cork) 따는 방법

- 병목 부분의 띠를 잡아당김으로써 캡슐의 윗부분을 벗겨낸다.
- 노출된 와이어네트의 잠금쇠를 푼다.
- 왼손 엄지손가락으로 코르크의 윗부분을 누르면서 와이어네트를 완전히 벗겨낸다.
- 손을 바꾸어 오른손 엄지손가락으로 코르크가 순간적으로 튀어나오지 않도록 눌러준다.
- 왼손으로 병목 부분을 잡고 오른손으로 약간씩 좌우로 비튼다.
- 코르크가 순간적으로 팅겨나가는 것을 방지하기 위해 오른손으로 코르크를 견고하게 잡고 서서히 열어준다.

❸ 디캔팅(decanting)

- 디캔팅은 무엇이며 왜 하는가 : 디캔팅은 병으로부터 와인을 따를 때 침전물이 잔에 흘러들지 않도록 미리 앙금이 없는 부분의 와인을 다른 유리용기(디캔터)에 따르는 작업을 말한다.
- 디캔팅이 필요한 와인 : 첫째, 오랜 숙성을 거친 고급와인은 침전물이 많이 생긴다. 침전물이 많은 경우 처음 마실 때와 마지막 마실 때 다른 맛이 나기도 하는데, 이것을 방지하기 위해 디캔팅이 필요하다. 둘째, 숙성이 덜 된 거친 와인의 경우 공기와 접촉하면서 맛이 부드러워질 수 있으므로 디캔팅을 한다. 셋째, 디캔팅은 레드 와인에만 필요한 작업이다.

• 디캔팅

  - cork screw에 달린 칼로 캡슐을 완전히 제거한다.

  - 코르크를 뽑는다.

  - 병목 안팎을 깨끗이 닦는다.

  - 촛불을 켠 다음 와인 바스켓(wine basket)에서 조심스럽게 와인 병을 꺼낸 후 왼손으로 디캔터를 잡고, 오른손으로 와인 병을 잡은 후 와인 병의 어깨쯤에 촛불의 불꽃이 비치도록 하여 와인을 따른다. 이때 찌꺼기가 나타나면 중지한다.

3 와인 서비스(wine service) 매너

❶ 레드 와인 서비스(wine basket을 이용) 매너

• 와인 바스켓에 냅킨을 깔고 레드 와인을 눕힌다.

• 손님에게 주문한 상표를 확인시킨다.

• 왼손으로 바스켓을 잘 잡고 오른손으로 코르크 나이프를 이용 캡슐을 제거한다.

• 냅킨으로 병목 주위를 닦은 후 cork screw를 코르크에 돌려 넣는다. 이때 병이 움직이지 않도록 조심스럽게 다루어야 한다.

• 받침대를 이용, 왼손으로 받침대를 고정시키고 천천히 오른손으로 빼낸다.

• 다시 병목 안팎을 깨끗이 닦은 후 서브한다.

• 서브 요령은 바스켓을 오른손의 엄지손가락과 가운뎃손가락 사이에 끼워 잡고 집게손가락으로 병을 살짝 누르면서 잡는다.

• 주문한 손님(host)께 먼저 맛을 보게 한 뒤 좋다는 승낙이 있으면 사회적인 지위나 성별, 연령을 참작하여 서브하는 것이 일반 원칙이다.

- 글라스와 술병의 높이는 약간 떨어지게 하여 스탠더드급 글라스의 1/2~2/3 정도 서브하고 병을 약간 돌리면서 세운다.
- 이때 서비스 냅킨을 쥔 왼손은 가볍게 뒤쪽 허리 등에 붙인 뒤 서브한다.
- 서브가 끝날 때마다 술병을 조심스럽게 서비스 타월로 닦아 술방울이 테이블이나 손님에게 떨어지지 않도록 주의한다.

❷ 화이트 와인 서비스매너
- 적절한 온도를 유지하기 위하여 화이트 와인은 얼음과 물이 채워진 와인 쿨러나 냉장고에 넣어두어야 한다.
- 병마개는 손님 앞에 준비된 와인 쿨러 속에서 따야 한다.
- 고객에게 프레젠테이션(presentation)하는 것과 오프닝(opening)하는 것은 위에서 설명한 '와인 병을 open하는 요령'에 따라 실시하며, 와인 서비스 시 글라스와 와인 병의 높이는 보통 와인의 종류에 따라 2~3cm가 적당하다.

❸ 샴페인(champagne) 서비스매너
- 와인 쿨러에 물과 얼음을 넣고 샴페인 병을 넣어 차갑게 한 후 서브한다.
- 샴페인 병을 들어 손님의 좌측에서 상표를 확인시킨다. 이때 물기가 떨어지지 않게 서비스 타월을 술병 밑바닥에 댄다.
- 왼손 엄지손가락은 병마개를 누르면서 오른손으로 은박이나 금박의 포장지 윗부분을 벗긴다.
- 왼손 엄지손가락은 계속 병마개를 누르면서 감겨진 철사를 푼다.
- 왼손으로 와인 쿨러 속에 있는 병을 꽉 잡고 오른손으로 코르크를 조심스럽게 소리 나지 않게 빼낸다.
- 병의 물기를 제거한 다음 오른손 엄지손가락은 병 밑쪽 파인 곳에 넣

어 나머지 손가락으로 병을 잡고 왼손 집게손가락으로 병목 부분을
받치고 따른다.

- 글라스와 병의 높이는 약 3~5cm 정도가 적당하다.
- 샴페인 서브 시(위 여섯 번째 설명)와 같은 방법을 취하지 않을 때에
  는 서비스 냅킨을 든 왼손은 등 뒤로 붙인다.
- 매 서브 후 서비스 냅킨으로 병목의 물기를 조심스럽게 닦아 술이 테
  이블이나 손님에게 떨어지는 것을 방지한다.

(4) 와인매너 포인트

① 와인잔은 다리를 잡고 마신다.
② 레드 와인(red wine)은 상온에서, 드라이 화이트 와인(dry white wine)은 10℃,
   스위트 화이트 와인(sweet white wine)은 5℃ 정도로 차게 해서 마신다.
③ 예외도 있지만 붉은색이 나는 육류요리에는 레드 와인(red wine), 크림
   소스를 사용하는 생선요리에는 화이트 와인(white wine)이 어울린다.
④ 와인을 따를 때는 잔을 들어 올리지 않고 테이블 위에 그냥 두고 따른다.
⑤ 와인을 마시지 않겠다고 테이블 위에 와인잔을 엎어놓는 것은 지나친
   행위이다. 더 이상 와인을 마시고 싶지 않을 때는 종사원이 따르려고
   할 때 가볍게 잔 위를 손으로 가리면 거절의 사인이 된다. (36)

〈표 14〉 와인의 종류에 따른 식음 적정온도

와인 종류	식음 적정온도
레드 와인	상 온
드라이 화이트 와인	약 10℃
스위트 화이트 와인	약 5℃

 잠깐

와인잔은 반드시 다리부분을 잡고 천천히 음미하면서 조금씩 마신다.

11 여행에티켓과 매너

1) 해외여행에서의 에티켓

해외여행을 계획할 때 사전준비를 철저히 하면 시행착오를 줄이고 보람 있는 여행이 될 수 있다. 특히 해외로 갈 때는 목적지에 관한 많은 정보를 수집하는 것이 보다 즐거운 여행이 되고, 혹시 충돌할 수 있는 문화와 관습상의 문제도 줄일 수 있다. 우리가 외국에서 방문객으로서 배려받고자 하는 것처럼 외국인의 문화와 생활양식을 존중해야 한다. 낯선 나라에서는 그 나라의 에티켓에 특히 신경 써야 한다. 나라에 따라 정도의 차이가 있지만 외국인에 대한 여러 편견이 있기 때문에 자칫하면 곤경에 처할 수 있고 내가 한 행동이 현지인들에게는 한국 사람의 보편적인 이미지로 각인되기 때문이다.

'로마에 가면 로마법을 따르라' 하듯이 그 나라의 풍속 및 습관 등을 잘 숙지하고 행동하는 것이 바람직하다. 현지인들의 눈에 거슬리지 않도록 지나친 행동은 자제해야 한다. 그 나라의 간단한 회화 정도는 미리 익혀두는 것이 유익하다. 서툰 언어라도 그 나라 말로 얘기하면 상대방이 호감을 갖게 되는 것이다. 외국의 생활습관, 풍속 등을 이해하고 적응하도록 노력한다면 즐겁고 바람직한 해외여행이 될 것이다.

대화 시 표정과 시선맞춤이 어떠한 미사여구보다 더욱 중요하다. 가정집을 방문할 때나 미리 준비한 비즈니스 선물은 첫 만남이나 상담할 때 전달한다. "실례합니다!", "감사합니다!", "죄송합니다!"의 표현을 너무 남발하는 것은 좋지 않으나 시기적절하게 자주 사용하는 것이 좋다. 촬영금지 구역에서는 촬영을 하거나 예술작품에 손대지 않는다. 다른 사람의 몸에 부딪히거나 발을 밟으면 혼잡한 곳이라도 반드시 사과한다.

2) 해외여행지에서의 주의사항

여행지에서 필요 이상으로 호의를 베푸는 사람을 만나면 일단 경계한다. 여행을 떠나기 전에 방문할 나라의 한국 대사관 연락처를 챙겨 혹시 발생할지 모를 긴급 상황에 대비한다.

외국 여행 시 여권은 항상 가지고 다니며 소중하게 보관해야 한다. 지갑과 같이 보관하지 말고 다른 주머니에 넣는 것이 바람직하다. 만약을 대비해 돈을 분산시켜 보관하는 것이 좋다. 호텔에 묵을 경우 객실 옷장 안에 마련된 금고에 넣어 놓는 것도 생각해 볼 필요가 있다.

신기하다고 생소한 음식을 재래시장 같은 데서 함부로 사먹지 말고 긴급의 약품은 여행 전에 미리 챙긴다. 해외여행 시 특히 물은 함부로 마시지 않는다. 여자 혼자 연고나 목적지에 대한 안전 지식도 없이 배낭 하나만 메고 떠나는 건 용기 있는 일이 아니라 무모하고 위험한 일이다.

비행기 내에서는 안전에 관계되므로 승무원의 지시를 잘 따른다. 비행기 내에서 좌석 등받이를 뒤로 눕히기 전에 반드시 뒷사람의 상태를 확인한다. 특히 식사시간일 때는 더욱 조심해야 한다. 뒷사람의 마실 물과 음식을 쏟을 수 있기 때문이다.

3) 호텔에서의 매너

호텔은 원래 수도원이 갖는 병원(hospital)의 개념에서 비롯되었다. 중세의 숙박시설은 주로 수도원을 중심으로 발달하였는데, 당시의 수도원은 침식제공은 물론 병을 치료해 주는 병원의 기능도 함께 수행하였다고 한다.

그 후에 호텔은 'hospital'의 어원을 기본으로 하여 숙박만을 위한 시설로서 독립적으로 발달하게 되었다. 여행하며 쉽게 볼 수 있는 호텔보다 젊은이들을 위한 값싼 숙박시설인 'hostel'과 'inn'도 호텔의 발달과정에서 나타난 것이라 할 수 있다.

전 세계가 하나의 경제블록을 형성하고 교통의 발달로 유동성이 활발해진 만큼 그에 따른 호텔이용 매너는 현대인이 기본적으로 알아야 할 상식이 되었다.

여행을 떠나기 전에 묵을 호텔을 미리 예약해 두는 것이 좋다. 호텔 내에서는 조용히 하며 비품을 청결하게 사용하고 반출하지 않는다. 나갈 때는 체크아웃하겠다는 연락을 미리 한다. 팁 줄 것을 예상해서 미리 1달러짜리 지폐를 바꿔두고 상황에 맞게 지불한다. 비디오 시청 시 채널에 따라 유료인지 무료인지를 정확히 파악한 후 시청해야 말썽이 없다. 간단한 세면도구를 준비하는 것이 좋다. 치약과 칫솔도 돈을 지불하고 구입해야 하는 경우가 있기 때문이다.

① 호텔의 체크인(check-in)은 보통 오후 2시경에 시작되며, 늦어질 경우 예약이 취소될 수도 있으므로 사전에 연락한다.

② 객실은 벨맨(bellman)의 안내를 받고 1$ 정도의 팁을 주며, 호텔 포터(porter)가 가방을 가지고 오면 개당 1$의 팁을 준다.

③ 객실은 매일 청소를 하므로, 매일 한 사람당 1$ 정도의 팁을 침대 사이드 테이블에 두고 외출한다.

④ 청소를 원하지 않을 때는 "Do not disturb."라고 적힌 카드를 문고리에 걸어두도록 한다.

⑤ 객실 내에 비치된 슬리퍼(비치되어 있지 않은 나라도 있다)는 객실용이므로 그것을 신고 로비나 레스토랑에 나타나지 않는다. 외국인들은 잠옷차림으로 거리를 활보하는 것과 같이 여긴다.

⑥ 호텔 복도를 지날 때는 조용한 목소리로 이야기해야 하며, 복도에 나갈 때는 외출용 옷으로 갈아입는다.

⑦ 객실 내에 고추장, 김치, 라면 등의 냄새를 풍겨 다른 고객에게 불쾌감을 준다든지, 객실 문을 열어놓고 바닥에서 고스톱을 치는 등의 일은 삼간

다.

⑧ 욕실 바닥에 배수구가 없는 곳도 많으므로 샤워는 커튼 끝을 욕조 안으로 오게 쳐서 바깥으로 물이 나가지 않게 한다.

⑨ 수도꼭지의 코르크를 확인하고 사용하는데, 영어권의 경우 더운물은 H(hot), 찬물은 C(cold)로 표시하지만, 프랑스나 이탈리아 등에서는 C마크가 더운물 F마크가 찬물이므로 주의해야 한다.

호텔 객실 전경

⑩ 욕실에는 대개 3장의 타월이 비치되어 있는데, 그중 가장 작은 것을 이용하여 비누칠을 하고 중간타월로 몸을 닦으며 가장 큰 것은 목욕 후 몸을 감쌀 때 사용한다.

⑪ 객실을 두 사람이 쓸 경우엔 먼저 쓴 사람이 욕조나 세면대의 물기를 닦아놓고 나오는 것이 매너이다.

⑫ 다른 사람의 객실을 방문하고자 할 때에는 꼭 미리 전화로 통보한 뒤에 방문하며, 상대가 알려주지 않는 한 객실번호를 묻지 않는다.

⑬ 두 사람이 객실을 사용할 때에는 가급적 객실로 손님을 초대하지 않으며, 호텔에서 이성을 방문하게 될 경우 가능하면 로비에서 만난다. 만일 객실에 이성이 방문할 경우에는 객실문을 약간 열어두는 것이 매너이다.

⑭ 체크아웃(check-out)은 오전 11시부터 정오 사이에 하며, 이때 객실 내에 비치된 물품을 기념으로 가지고 나오지 않는다.

⑮ 객실 내의 미니바를 사용하였을 때에는 비치된 계산서에 표시하고 체크아웃 시 계산한다.

외국 호텔일 경우 로비나 엘리베이터 등에서 다른 투숙객이나 호텔 종사원

들과 마주쳤을 때에는 "굿모닝." 정도의 인사를 웃으며 나눈다. (37)

 한마디 합시다!

객실 내에 비치된 슬리퍼를 신고 로비나 레스토랑 등에 다니면 안 된다.

4) 항공기 내에서의 매너

세계화가 되면서 가장 먼저 눈에 띄는 것이 항공기를 이용한 해외여행일 것이다. 하지만 여행객이 늘어갈수록 우리의 눈살을 찌푸리게 하는 경우를 종종 보게 된다. 항공기 기내에서의 예절은 몇 가지 사항만 잘 지킨다면, 한 나라 그리고 그 국민의 좋은 이미지를 결정짓는 중요한 계기가 되기도 한다.

한국인을 대표하는 두 단어를 꼽으라면 단연코 '코리안 타임'과 '빨리빨리 문화'일 것이다. 최근 들어 많이 개선되었다고는 하지만 기내에서도 이런 경우를 종종 보게 된다.

항공기는 타 교통수단과 달리 정시성이 매우 중요하다. 따라서 탑승시간보다 여유 있게 도착하는 것이 바람직하나, 단체 여행객일 경우 공항에서의 집결이 신속하게 이루어지지 않거나 개인의 부주의로 늦게 도착하게 되어 다른 여행객들의 마음을 졸이게 하는 경우가 있다. 최소한 항공기 이용일 경우만이라도 이 코리안 타임은 사라져야 할 것이다.

어느 외국 항공사 승무원으로 근무하는 친구의 말을 빌리면, 승무원들이 가장 싫어하는 탑승객 중에 한국인이 속하는데, 그 이유인즉 '빨리빨리' 때문이라고 한다. 탑승하자마자 빨리빨리 음식을 달라고 한다거나, 음료를 서비스할 때도 순서를 기다리지 않고 막무가내로 먼저 가져가려고 한다는 것이다. 성격 급하기로는 둘째가라면 서러워할 우리나라 국민들의 단적인 모습이 아닐까 한다.

혹자는 항공기를 세계인이 함께 어울리는 기내 올림픽이라고도 하는데, 우

리 모두 올림픽에 참가하는 대표선수들처럼 해외여행 시 기내에서 예절 바르
게 행동하여 동방예의지국의 위상을 지켜나가야겠다. (38)

〈표 15〉 세계 각국의 주요 특산물

아시아 지역
• 중국 : 한약, 옥공예품, 동양화, 벼루, 먹, 붓, 상아세공, 도장
• 일본 : 전자제품, 양식진주, 도자기제품, 카메라, 교토칠기, 칠보자기
• 홍콩 : 시계, 보석, 카메라, 가죽제품, 세계 유명상표 상품
• 대만 : 상아세공품, 우롱차, 등나무제품, 옥공예품
• 태국 : 타이실크, 악어가죽, 보석(블루 사파이어), 상아세공품
• 필리핀 : 마닐라 마제품, 잎담배, 목공예품, 조개세공품
• 싱가포르 : 전자제품, 보석
• 인도 : 면, 실크제품, 금은 세공품, 캐시미어제품, 보석
• 파키스탄 : 주단, 자수, 견직물, 티크제품
• 말레이시아 : 주석제품, 바틱제품, 나비표본, 은제품
• 인도네시아 : 바틱제품, 목공예품, 악어가죽, 고무세공제품

오세아니아·남태평양 지역
• 호주 : 오팔, 양가죽 방석, 로열젤리
• 뉴질랜드 : 마오리 공예품, 천연꿀, 양가죽 제품, 녹용
• 피지 : 흑산호
• 괌 : 세계 유명상표 상품(면세품)
• 사이판 : 목각제품, 산호조개, 면세품

유럽 지역
• 독일 : 카메라, 광학기구, 칼 종류, 가방, 완구
• 프랑스 : 향수, 화장품, 미술품, 패션의류, 실크, 핸드백, 코냑, 와인
• 이탈리아 : 핸드백, 구두, 가죽제품, 크리스털제품, 실크, 포도주
• 스위스 : 시계, 등산용품, 자수제품, 치즈, 초콜릿, 레이스제품
• 영국 : 캐시미어제품, 레인코트, 신사의복, 스카치위스키, 골동품, 은제품
• 노르웨이 : 스웨터, 모피류, 민예품

유럽 지역

- 스웨덴 : 철제품
- 덴마크 : 모피, 은제품, 크리스털제품, 도자기
- 핀란드 : 모피, 도자기, 직물, 유리제품
- 네덜란드 : 다이아몬드, 낙농제품, 인형, 수정제품
- 벨기에 : 고급레이스, 양탄자, 피혁제품, 초콜릿
- 스페인 : 가죽제품, 기타, 도기, 레이스제품, 금속세공품
- 그리스 : 수공예품, 견직물, 골동품, 비잔틴자수
- 포르투갈 : 코르크제품, 민예품, 포도주
- 폴란드 : 호박, 수공예품, 수직제품
- 체코 : 귀금속, 보헤미안 유리제품
- 헝가리 : 의류, 민속의상, 목각

북미 지역

- 하와이 : 알로하셔츠, 향수, 흑산호, 조개껍질, 액세서리
- 알래스카 : 에스키모 장화, 고래뼈로 만든 제품
- 캐나다 : 모피류, 인디언 수공예품, 에스키모 민예품, 돌공예품, 훈제연어
- 미국 본토 : 스포츠용품, 청바지, 만년필

중남미 지역

- 멕시코 : 가죽제품, 금은 세공품, 오팔, 데킬라(술)
- 브라질 : 커피, 보석, 악어가죽, 은제품, 나무 조각품
- 칠레 : 동제품, 목각, 직물류
- 페루 : 모피제품, 은제품, 인디오 수직제품, 민속인형
- 아르헨티나 : 가죽제품, 모피제품, 모직제품

아프리카·중동 지역

- 이집트 : 파피루스, 향수, 보석, 가죽제품
- 이스라엘 : 다이아몬드, 사해 진흙제품, 올리브나무, 목각제품
- 모로코 : 가죽제품, 양탄자, 청동그릇
- 터키 : 가죽제품, 골동품, 양탄자
- 케냐 : 모피제품, 민예품
- 남아프리카공화국 : 다이아몬드

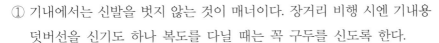

① 기내에서는 신발을 벗지 않는 것이 매너이다. 장거리 비행 시엔 기내용 덧버선을 신기도 하나 복도를 다닐 때는 꼭 구두를 신도록 한다.

② 기내 의자에 발을 올려두는 것은 매너에 어긋난다.

③ 이착륙 시와 식사시간에는 의자의 등받침을 똑바로 한다.

④ 의자를 뒤로 젖힐 때도 뒷좌석 고객이 놀라거나 음식물이 쏟아지지 않도록 천천히 젖히면서 배려한다.

⑤ 창가 쪽 자리에 앉았을 때 너무 자주 자리를 떠서 옆 사람에게 불편을 주지 않도록 한다.

⑥ 기내에서 취침 후 화장실에 갈 때엔 미리 머리와 옷매무새를 확인하여 흐트러진 모습을 보이지 않도록 유의한다.

⑦ 기내 화장실은 남녀 공용이며, 화장실 사용여부는 바깥에서 볼 수 있게 표시되어 있다(사용 중 : occupied, 비어 있을 때 : vacant). 따라서 기내 화장실 사용 시 노크를 하지 않고 표시등을 보고 이용하는 것이 매너이다.

⑧ 기내 화장실 사용은 반드시 문고리를 잠가 사용 중임을 표시해야 한다.

⑨ 기내 화장실의 종이타월은 별도의 쓰레기함(towel disposal)에 버리며, 기내 화장실은 사용 후 반드시 종이타월로 세면대의 물기를 깨끗이 닦아놓고 나오는 것이 기본매너이다.

⑩ 승무원을 부를 때는 옷을 잡거나 몸을 손으로 찌르지 말고 승무원 호출 버튼을 누르거나 가볍게 손을 들어 부른다.

⑪ 승무원의 서비스를 받은 후에는 감사의 표시를 나타낸다.

⑫ 기내식사 후 주변을 깨끗이 정리하고 냅킨으로 살짝 덮어놓고 치워주길 기다린다.

⑬ 기내는 밀폐된 공간이라 냄새나고 공기가 나쁘다고 해서 창문을 열 수도 없기 때문에 오징어 등 냄새가 심한 음식물은 먹지 않도록 한다. 오징어 같은 음식물은 다른 문화권에서는 단순한 냄새차원이 아닌 혐오감을 줄 수 있는 문제이므로 특히 주의해야 한다.

⑭ 비행기가 도착하여 승무원의 안내방송이 있기 전까지는 미리 일어나 짐을 꺼내거나 통로에 서 있는 것은 위험하기도 할뿐더러 기내매너에도 어긋난다. (39)

5) 글로벌 시대의 항공여행 매너사례

1989년 미국 라스베이거스 공항에서 있었던 일이다. 오전 12시에 출발하는 미국 국내선을 타기 위해 탑승구 앞 대합실에 수백 명의 여행자들과 함께 대기하고 있었다. 12시가 넘어도 탑승절차가 이루어지지 않았고 대합실이 술렁대기 시작했다. 나는 내심 LA공항에서 오후 3시에 출발하는 KAL기와의 연결에 문제가 생기지 않을까 초조해지기 시작했다(라스베이거스와 LA공항은 약 1시간 소요). 오후 1시가 되어도 탑승할 기미가 보이지 않았다. 그러자 한국 사람들이 여객기 승무원에게 항의조로 "왜 아직도 출발을 안 하는 거요? 한국행 비행기를 놓치면 당신들이 책임지시오!"라고 항의하는 바람에 아수라장이 되어버렸다.

그런데 이상하게도 다른 외국인(대부분 미국인)들은 미동도 하지 않고 조용히 기다리고 있었다. 항공사 측의 설명인즉 비행기 엔진에 문제가 생겨 수리 중이라는 것이었다. 나는 하도 이상해서 옆에 아기를 안고 있는 젊은 미국인 부부에게 물어보았다. "당신들은 이렇게 짜증나게 출발을 늦추고 있는 비행기나 항공사에 대해 화가 안 납니까?"

그들의 대답은 "여보시오, 그네들이 우리들을 안전하게 모시기 위해 철저한 준비를 하는데 무엇이 화가 납니까? 그러면 당신들은 생명을 담보로 해서라도 불안전한 상태로 출발하길 바라십니까?" 나는 순간 머쓱해졌다. (40)

지난 1998년 미국 애틀랜타에서 일을 마친 뒤 뉴저지의 뉴욕행 비행기를 탔다. 마침 미국은 연휴기간이어서 공항이 붐비고 있었다.

시애틀에서 탑승한 여객기는 예정보다 늦게 출발했다. 더구나 활주로에서

기체 이상이 발견돼 다시 터미널로 돌아왔다. 40여 분 기내에서 대기한 후에야 이륙했다. 기내의 그 누구도 불평이나 항의를 하지 않았고, 여승무원이 제공하는 음료수를 즐기는 모습이 보기 좋았다.

  뉴욕 공항에 도착했을 때 마침 허리케인이 불었고, 엄청난 비가 내리고 있었다. 폭우로 인해 모든 비행기들이 순연됐고, 탑승구를 배정받기까지 약 1시간 정도 기내에서 기다려달라는 안내방송이 나왔다.

  1시간 뒤 마침내 탑승구에 도착했으나 또 25분이나 기다렸다. 이때에는 뚜렷한 설명도 없었다. 그럼에도 불구하고 어느 누구도 항의나 불평을 하지 않았다. 더구나 모두들 승무원들에게 수고했다고 인사하고 내리는 모습에 놀라고 말았다. 사업상 빈번히 항공기로 세계 각국을 여행하는 나로선 당시 광경에 큰 감명을 받았다. (41)

🔍 한마디 합시다!

> 비행기의 연착이나 연발은 안전상의 이유로 빈번히 일어날 수 있다. 지나친 항의나 불평은 매너에 어긋날 뿐만 아니라 우리나라 국가 이미지에도 나쁜 영향을 준다. 유럽의 고급식당에서는 한국 관광객의 예약을 받지 않는다고 하는데, 그 이유가 무엇인지 생각해 보자.

6) 선물매너

  우리는 일상생활에서 많은 경조사를 접하게 된다. 이럴 때 적절한 선물은 그 의미를 더욱 값지게 해주는 역할을 한다. 선물은 그 자체의 가격보다는 의미 있고 정성이 담긴다면 최고의 선물이 될 수 있다.

  ① 선물의 의미와 상대의 기호를 고려하여 선택한다.
  ② 혼례 때는 무엇이든 '쌍'으로 된 것이 좋다.
  ③ 생일에 상대의 어머니께 선물하는 것도 의미가 있다.

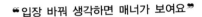

"입장 바꿔 생각하면 매너가 보여요"

1) 휴대공간 인식 부족

이상하게 들리겠지만 화장실 풍경을 생각해 보자. 여러 개의 남성용 소변기가 있다면 맨 처음 들어선 사람은 대개 맨 구석의 변기를 차지한다. 다음 사람은 남아 있는 변기의 가운데 것을. 그 다음 사람은 두 사람과 떨어진 곳을 차지한다. 즉 남이 서 있는 바로 옆에는 서지 않는다는 뜻이다. 이 같은 원리는 전철이나 버스, 공원벤치에서도 마찬가지다.

사회학자나 사회생물학자들은 이러한 현상을 '휴대공간'이라는 개념으로 설명한다. 모든 동물은 동종 개체 사이에 일정한 공간거리를 두고 생활하게 마련이며, 그 공간거리를 '휴대공간'이라 부르는 것이다. 이러한 휴대공간 개념은 한국인이 서양인에 비해 많이 약하다.

2) 휴대공간 인식부족 사례

외국인들이 한국인의 부족한 매너를 지적할 때 이러한 휴대공간 의식이 부족함을 탓하는 경우가 많다. 테이블 건너편에 있는 음식을 집을 때 팔을 가로질러 집는다든지 부모들이 공공장소에서 떠드는 아이들을 내버려둔다든지 하는 지적이 바로 그것이다.

나라별 문화와 예절 차이는 테이블에서도 드러난다.

대학교수인 H씨는 유학시절에 신세진 프랑스인 가족을 집으로 초대하여 불고기 파티를 열었다. 고기가 익어가고 젓가락질이 바빠질 무렵 H씨는 상대방 사람들의 따가운 눈총을 받았다. 왜 그런지 고민하던 그는 그 이유를 알고 고개를 끄덕였다. 불판을 가운데 놓고 고기를 먹을 때 네 것 내 것 없이 집어먹는 우리와 달리, 프랑스 사람들은 자기 가까운 쪽에 있는 고기 몇 점을 자기 소유라 생각하고 열심히 굽고 있었던 것이다. 프랑스 꼬마가 열심히 구워놓은 고기를 H씨가 계속 가져다 먹었으니 눈총을 받을 수밖에……

조금만 입장을 바꿔 생각하면 잘못된 점을 깨달으면서 매너 좋은 지성인이 될 수 있는 사례들이다.

– 매일경제, 1999. 10. 9

④ 출산의 경우 아이의 선물은 충분하므로, 부모와 다른 자녀에게 선물하는 것도 배려이다.

⑤ 축의금·조의금의 경우 가급적 새 돈으로 방향을 맞추어 한 번 싸서 봉투에 넣는다.

⑥ 방문 시 선물은 들어가서 인사를 한 후 "마음에 드실 것 같아 준비했습니다." 정도의 말과 함께 자연스럽게 내놓는다.

⑦ 선물은 방문 분위기를 좋게 하므로 부담이 가지 않는 간단한 것으로 준비한다.

⑧ 선물은 크기에 관계없이 반드시 포장한다. 그렇다고 값싼 물건을 포장만 그럴듯하게 하여 선물한다면 좋지 않다.

⑨ 우편으로 선물을 받았을 경우에는 반드시 전화로 감사 표시를 한다("11) 경조사 매너 ① 선물매너" 참조) (42)

12 용모복장 매너

1) 용모복장

(1) 용모와 복장을 관리하는 것은 내면을 표현하는 것이다

외관은 자신에 대한 존경뿐만 아니라 상대에 대한 존경까지도 나타낸다.

용모와 복장은 첫인상을 결정하고 생활태도와 업무에 임하는 마음가짐을 드러내며, 프로라면 복장으로 직장의 문화를 표현하고 일에 대한 열의까지도 나타낸다.

옷차림만으로도 업무에 대한 준비나 열정이 느껴지는 사람들이 있다. 어떤 사람은 패션에 관심이 많아서이겠지만, 대개는 상대에 대한 성의와 조심성이 기본적으로 갖추어져 있는 사람에게서 반듯한 옷차림을 볼 수 있다.

옷차림이 돋보이려면 반듯한 자세와 함께 청결한 용모를 유지하는 것이 중요하다. 그런 의미에서 남성들의 경우 번들거리는 얼굴은 오후에 물세수를 한 번쯤 하는 것도 좋겠다.

회사에 용모나 복장에 대한 세부지침이 있다면 그것을 지킨다. 옷차림이나 화장이 자신이 속해 있는 조직의 문화나 상사의 이해범위에서 벗어날 때에는 인간관계에도 영향을 미칠 수 있으며, 또한 조직의 생산성과도 연결된다.

용모나 복장 때문에 성공하는 사람은 없어도 용모나 복장의 부실한 관리 때문에 손해를 보는 사람은 많음에 유념한다.

(2) 용모를 좌우하는 것은 머리손질이다

단정한 용모

현대인은 헤어스타일 하나라도 자신의 개성을 표현하고 싶어 한다. 따라서 요즘은 헤어스타일이 무척 다양한데, 헤어관리에서 가장 중요한 것은 청결함을 유지하는 것이다.

그 다음으로 자신에게 어울리는 스타일을 찾아내고, 깨끗한 느낌이 들도록 단정한 모양으로 유지하는 것이다. 푸석푸석하고 지저분한 헤어스타일은 다른 복장을 제대로 갖추어도 사람이 피곤해 보이고 성의 없어 보인다. 윤기가 있어야 활기차 보이므로 헤어젤·스프레이·헤어무스 등으로 머리모양을 단정하게 마무리하는 것이 좋으며, 이런 제품들이 부담스러울 때는 헤어로션만 발라줘도 느낌이 달라진다. (43)

2) 남성의 용모복장

(1) 코털 정리는 면도만큼 중요하다

단정한 용모가 돋보이려면 면도를 잘하는 것이 중요하지만 더 깔끔하게 챙겨야 할 부분은 코털이다. 아무리 점잖고 멋있는 사람이라도 코털이 보이면 상당히 지저분해 보인다. 코털 면도기는 이미 상품화되어 있고 사용하기도 편리하므로 면도만큼이나 코털 제거에 신경을 써야 한다.

수염면도는 칼날면도기가 전기면도기보다 훨씬 깔끔하게 제거되는데, 혹시 피부 상하는 것이 걱정이 될 때는 면도 전에 스팀타월로 잠깐 찜질한 후 면도용 거품비누를 바르고 면도하면 된다.

오후에 중요한 모임이 있다면 수염이 유난히 빨리 자라는 사람의 경우 모임에 참석하기 전에 전기면도기로 한 번 더 수염을 다듬는 매너가 필요하다.

일반적으로 콧수염이나 턱수염이 긴 사람을 볼 때 시선은 눈으로부터 멀어져 수염으로 간다고 한다. 만일 수염 기르기를 원한다면 매우 깨끗하게 관리해야 하며, 면도된 깨끗한 얼굴이 보다 개방적이고 투명한 인상을 준다.

(2) 타인의 후각을 자극하는 강렬한 냄새는 좋지 않다

옷을 바르게 입는 것도 중요하지만 깨끗하게 잘 꾸미는 것은 더욱 중요하며, 특징적인 냄새를 제거하기 위해 씻고 향수를 뿌리는 것도 좋다. 그러나 좋은 냄새도 진하면 불쾌감을 주며 어떤 사람들은 진한 향에 멀미를 느끼는 경우도 있으므로, 비즈니스 자리에서나 식탁에서는 향수냄새가 진하지 않도록 유의해야 한다.

냄새를 제거하기 위해 냄새 제거제·발한 제거제·발냄새 제거제 등을 사용하는데, 특히 입냄새가 상대에게 느껴지지 않도록 가글링을 하거나 마우스 스프레이를 자주 사용하는 것이 좋다. 특히 근무 중 피곤한 오후 시간에는 단내가 나기 쉽고 공복 시에도 구취가 나기 쉬우므로 유의한다. 그러나 구취 제거를 목적으로 껌을 씹는 것은 바람직하지 않다.

(3) 드레스셔츠(dress shirts)의 재질에 따라 속옷을 입는다

와이셔츠란 말은 화이트셔츠(white shirt)를 일본사람들이 발음하는 그대로 사용한 것이다. 따라서 영어로는 셔츠(shirt)라고 하며 정장셔츠는 드레스셔츠(dress shirts)라 부른다.

드레스셔츠의 재질은 면이 많이 섞일수록 품위 있어 보이며 면 100%인 경우에는 속살이 비치지 않으면서 자연스런 구김이 보기 좋다. 속옷을 입지 않고 훤히 비치는 시스루(see-through) 재질의 셔츠를 입는 경우에는 오히려 품위가 없어 보이므로, 특히 여름철에 아사나 마가 섞인 얇은 천을 선호하는 사람들은 속옷을 입어서 상대에게 실례가 되지 않도록 주의한다. 물론 드레스셔츠 속에 러닝셔츠를 입고 다니면 '속옷 안에 또 속옷'이라며 외국인들이 묘하게 여긴다는 말이 있기는 하지만, 드레스셔츠의 재질에 따라 속옷의 착용 유무를 판단하는 것이 좋다.

셔츠의 소매 끝은 팔을 내렸을 때 양복 소매 밖으로 1~1.5cm 정도 나오는 것이 적당하며, 셔츠 깃도 목 뒤 양복 깃 위로 그 정도 나오면 좋다. 그래야 깔끔하게 보이고 몸의 땀이 묻지 않아서 양복을 보호하는 역할도 할 수 있다.

여름철에도 전통적인 정장은 물론 긴소매지만 비즈니스 정장에 반소매도 많이 일반화되어 무리 없이 입는 추세이다. 더운 나라에 가서 비즈니스를 할 경우 국가에 따라서는 넥타이도 매지 않은 반소매 차림이 오히려 보편적일 때가 있다. 그러나 반소매 드레스셔츠를 입을 때는 팔을 들거나 움직일 때 겨드랑이가 노출되지 않도록 속옷(반팔 러닝셔츠)을 잘 챙겨 입어 다른 사람에게 불쾌감을 주지 않도록 한다. 그리고 여름철이라도 손님을 맞거나 윗분을 뵙기 전에는 상의를 입도록 한다.

(4) 넥타이는 멋내기의 포인트이다

드레스셔츠의 칼라 모양에 따라 넥타이를 매는 방법이 다르다. 물론 넥타이 재질 두께에 따라 달라지기는 하지만, 버튼다운 칼라에는 플레인 노트(돌려매기), 레귤러 칼라에는 에스콰이어 노트(한 번 감아 돌려매기), 와이드 스프레드 칼라에는 윈저 노트(두 번 감아 돌려매기)가 잘 어울린다.

넥타이를 고를 때는 무늬가 작은 것이 점잖아 보이므로 만나는 사람이나 업무 성격을 기준으로 해서 선택한다. 넥타이의 끝은 허리벨트에 닿게 매는 것이 적당하며, 사람들의 시선이 가장 많이 머무는 곳은 V zone(상의 깃 사이로 만들어지는 부분)이다. 따라서 모임의 성격이나 역할에 따라 넥타이의 색깔을 달리하면 얼마든지 자신의 분위기를 변화 있게 연출할 수 있다(예를 들어, 점잖고 가라앉은 분위기는 동색 계열 넥타이(회의참석, 업무수행 등)로, 밝고 활기찬 분위기는 보색(반대색) 계열 넥타이(발표, 면접 등)로 한다.

(5) 슈트(suits)는 색상과 스타일로 고른다

일반적으로 슈트 색상은 감색, 검정, 회색 등이 무난하다. 석세스 블루(success blue)라고 하여 감색 옷을 많이 권하기도 하는데, 인상이 다소 차가워 보이는 사람은 검정색 계열이나 회색 계열이 더 잘 어울릴 수 있다. 신입직원이라면 깔끔하고 분명한 인상을 주는 감색 계열이 좋고, 회색은 나이에 관계없이 입을 수 있는 대표적인 비즈니스 복장의 색깔이다. 검은색은 정중하고 성실해 보이며 어떤 색깔과도 잘 어울리기 때문에 다양한 복장연출이 가능하다. 그러나 카키색이나 브라운 계열은 비교적 소화하기 어렵기 때문에 옷을 색상별로 다양하게 입는 경우가 아니라면 권하고 싶지 않다.

모양새는 요즘 세 단추, 네 단추 스타일 등 다양해지고 있으나 모든 연령층, 직업, 직위에 가장 무난한 것은 두 단추 스타일이라고 할 수 있다. 단정하게 V zone을 연출하는 것이 키포인트이기 때문이다. 정장차림이라고 해서 꼭 조끼를 입어야 하는 것은 아니며, 오히려 조끼를 입지 않고 더 시원스럽게 V zone을 연출하기도 한다.

슈트가 현대 모양으로 발전해 오면서 지금은 싱글 브레스티드(single-breasted) 슈트나 더블 브레스티드(double-breasted) 슈트 모두 일반적인 것이 되었다. 다소 패셔너블한 느낌 때문에 많은 사람들이 더블 브레스티드 슈트를 꺼리는데, 엉덩이가 큰 사람을 제외하고는 모든 사람들에게 비교적 잘 어울리는 스타일이다. 뿐만 아니라 더블 브레스티드는 확실히 싱글 브레스티드보다 우아하고 세련되어 보이며, 더블 브레스티드를 입을 경우 아래 단추나 가운데 단추 중 하나만을 채우고 두 개를 다 채우지는 않는다. 아래 단추를 채웠을 때는 라펠(lapel, 접은 옷깃)의 연속선이 입은 사람을 커 보이게 하므로 키가 작은 사람은 이렇게 입는 것이 효과적이다. 가운데 단추를 채웠을 때는 반대로 길이를 나눠주는 역할을 하므로 키가 큰 사람을 보다 균형 잡혀 보이게 한다. 그렇지만 지나치게 마른 사람이나 체격이 큰 사람은 오히려 자신의 체격을 더 강조하게 되므로 피하는 것이 좋다.

두 단추 싱글슈트는 두 개의 단추 중 윗 단추 한 개만 채우고, 세 단추 스타일은 세 개의 단추 중 윗 단추 두 개를 채우는 것이 기본이다.

슈트는 가슴둘레, 허리둘레 등을 1/4인치(6mm)까지 정밀하게 재어서 재단하므로, 날씬한 품위를 유지하기 위해서는 담배나 휴대폰 등의 소지품을 주머니에 넣지 않도록 한다. 최근에는 왼쪽 지갑주머니 아래에 휴대폰주머니가 부착되어 있는 경우도 있다. 상의 아래로는 바지만 보여야 하는 것도 상식이다.

요즈음 비즈니스 캐주얼 차림을 권하는 직장도 많지만, 캐주얼과는 구분되어야 한다. 예를 들어, 깃이 없는 티셔츠 혹은 진바지, 운동화 차림 등은 삼가는 것이 좋다. 최근에 미국에서도 닷컴기업의 몰락과 함께 캐주얼 차림보다 정장차림이 늘고 있다는 신문기사도 참고해 볼 만하다. (44)

3) 남성의 비즈니스를 위한 옷차림

(1) 평일의 근무복

슈트는 남자의 힘을 상징한다. 비즈니스맨에게 옷차림이 중요한 것은 무엇 때문일까? 성공하기 위해 남자들이 성형수술까지 불사하고 있는 요즘, 그만큼 외모가 주는 비중이 중요하다는 것을 의미한다. 옷차림을 통해 첫인상을 강하게 주고, 평상시의 옷차림으로 자신의 이미지를 관리하는 것은 타인과 만남의 연속인 사회생활에서 대단히 중요한 일이다.

평일의 옷차림은 자신의 개성을 표현하되 지나치게 두드러지는 옷차림은 피하는 것이 좋다. 최근 프라이데이 웨어(Friday wear, 주말의

캐주얼 데이 웨어

여유로움을 느끼며 입을 수 있는 다소 릴랙스한 옷차림)의 유행이나 기업체의 캐주얼 데이(Casual day) 등으로 비즈니스맨의 옷차림에 커다란 변화가 생긴 것도 사실이지만, 조직의 구성원으로서 그 제도와 문화에 적합한 옷차림을 하는 것은 매우 중요하다. 그러므로 직업에 따라 비즈니스맨의 옷차림이 달라지는 것이 당연하며, 평일이라도 각 개인의 그날 스케줄에 따라 달라져야 함은 물론이다.

(2) 직업별 슈트

① 세일즈맨의 옷차림(보는 사람의 입장에서 입는다)

많은 사람들과 대면해야 하는 세일즈맨들의 옷차림은 그 자체가 업무의 일부라고 할 수 있다. 우선 좋은 첫인상을 줄 수 있도록 깨끗하고 신뢰감이 느껴지도록 연출한다. 개성과 감각을 살리기보다는 올바른 옷차림으로 단정한

차림새를 유지한다. 재킷보다는 슈트 중심으로 입는 것이 좋으며, 화려한 액세서리는 피하고 강렬한 이미지의 넥타이로 포인트를 주는 것이 효과적이다.

② 사무직원의 옷차림(색깔을 준다)

획일적인 짙은 색 슈트와 흰색 셔츠로 상징되던 사무직 사원들의 옷차림에도 최근에는 많은 변화가 생기고 있다. 중요한 회의나 거래처 미팅 등의 공식적인 스케줄이 있는 날에는 각별히 정장을 차려 입는 것이 예의지만, 평소에는 색깔 있는 셔츠나 밝은 색의 슈트 또는 재킷 차림 등 개성을 연출한 옷차림도 좋다. 조끼를 곁들인 쓰리피스 차림도 옷차림을 더욱 풍성하게 한다.

③ 전문직의 옷차림(옷차림이 곧 명함이다)

전문직 옷차림

진짜 프로는 옷차림으로도 확실한 자기표현을 할 줄 안다. 자유로운 업무환경과 독창적인 일의 성격상 활동적인 차림새에 개성이 돋보이는 강렬한 넥타이, 다양한 소품, 액세서리 등의 활용을 자유롭게 시도해 볼 수 있다.

대개 자유직에 종사하는 사람은 나름대로 옷을 감각 있게 입는 편이지만, 지나치게 장식적인 옷차림은 전문직 종사자라 해도 뒷소리를 듣기 쉬우므로 되도록 단순하게 입는 것이 좋다. 또 꼭 필요한 경우에는 말끔한 정장을 입을 수 있는 마인드를 갖는 것도 중요하다.

(3) 회의에서의 옷차림

옷차림도 전략이다. 비즈니스맨에게 큰 비중이 있는 회의가 있는 날에는 무엇보다 건실하고 능력 있는 사람으로 보일 필요가 있으며, 강한 소구력으로 시선을 끌 수 있어야 한다. 그것은 일차적으로 옷차림에서 시작된다고 해도 과언이 아니다. 부서 간 회의 등 수평적이고 다소 가벼운 회의라면 자신감 있고 말쑥한 인상을 드러낼 수 있는 옷차림이 좋다.

한편, 중역회의 등 특별히 격식을 갖추어야 할 자리라면 옷차림에 특히 주의해야 한다. 이때는 지나치게 화려한 옷차림은 피하고 자신감과 신뢰를 얻을 수 있는 차분한 분위기의 옷차림이 적당하다.

회의를 위한 옷차림으로는 비즈니스 사회에서 짙은 청색 싱글슈트가 기본이다. 흰색 레귤러칼라 셔츠와 크게 두드러지지 않는 넥타이가 전형적인데, 다소 가벼운 회의에서는 자신을 돋보이게 하는 코디네이션을 해도 좋으며, 보다 격식을 차려야 할 자리에는 초크 스트라이프의 회색 플란넬 슈트에 프렌치 커프스의 셔츠, 붉은색 계열의 타이로 연출해도 좋다. 이 같은 옷차림은 고급스러우면서 하이 클래식한 분위기로 지적인 면을 한결 부각시킬 수 있다.

경우에 맞는 옷차림이야말로 자신의 이미지를 어필할 수 있는 최소한의 전략임을 기억하라.

(4) 만남을 위한 옷차림

① 특별한 만남

누군가를 만나기 위해 옷을 선택할 때는 만남의 목적과 장소, 상대를 파악한 후에 옷차림을 결정한다.

② 근무시간 중의 만남

근무시간 중에 누군가를 만나는 경우라면 평상시 옷차림보다 다소 세련된 인상을 줄 수 있는 정도가 좋다. 상대에 비해 너무 경직된 느낌을 주는 옷차림은 오히려 자신을 주눅 들게 만들고, 반면에 너무 자유분방한 옷차림은 상대를 불쾌하게 만들 수 있다. 업무상의 만남이나 공식 자리는 대개 수평관계보다 수직관계일 경우도 많으므로 이런 자리에서는 세련된 옷차림으로 신뢰감과 함께 좋은 인상을 줄 수 있어야 한다.

가장 일반적인 차림은 청색과 회색 계열 슈트이다. 이들 슈트는 차분한 색 감으로 신뢰감을 줄 수 있다. 처음 만날 때나 상대에 대한 정보가 없을 때 가장 안전한 옷차림이며, 어떠한 장소에도 어울리고 어떠한 상대와 만나기에 도 적당한 비즈니스 웨어이다. 가는 줄무늬가 있는 짙은 청색 슈트는 보수적 인 사람과 만날 때 적당하다.

③ 비즈니스 출장

출장의 목적에 따라 입는 방법은 다양하겠으나 가장 기본적인 것은 출장지 에서 만날 사람과 장소, 상황에 따라 옷차림을 갖추는 것이다. 그러나 출발 시에는 간편한 복장으로 출발하는 것이 좋으며 격식을 갖추면서도 편안한 품 목을 간단히 꾸려가는 것이 좋다.

❶ 정 장

출장지에서의 만남은 거래와 업무에 관한 신뢰와 확신을 줄 수 있어야 한 다. 정중하면서 신중해 보이는 청색·회색 계열의 싱글 슈트에, 서로 다른 색 상과 스타일의 셔츠 몇 벌, 이에 어울리는 넥타이 몇 개를 출장일정에 맞추어 준비한다.

해외출장은 아무래도 국내보다 시간이 더 걸리게 되므로 여러 면에서 더 세심해야 한다. 우선 외국인과 만날 경우가 많을 것이므로 그들의 기호와 사 고에 맞는 옷차림을 준비한다. 외국인과의 첫 만남에서는 무난하고 수수한 옷차림이 결코 좋은 차림이 아니다. 이는 좋은 인상으로 남을 수도 있겠지만 자칫하면 시대에 뒤떨어진 듯한 느낌을 줄 수 있기 때문이다. 옷을 바르게 입는 격식을 지키되 유행경향과 계절감각을 잃지 말아야 한다. 또 날씨와 계 절에 따라 레인코트나 오버코트를 준비해 가는 것이 좋다.

평상시에는 착용하지 않았더라도 포켓치프나 넥타이핀 등의 액세서리를 준비하여 필요한 경우 포인트를 주는 차림을 연출하는 것도 효과적이다.

❷ 파티를 위한 옷차림

외국인에게 있어 파티나 여러 종류의 사교모임은 생활화된 것이다. 그러므로 예복으로 입을 만한 옷도 준비해 가야 한다. 주말이나 혹은 평일 저녁에 상대로부터 초대받아 파티나 저녁식사에 참석할 경우 어떤 복장이 좋을 것인지 묻는 것은 실례가 아니다. 임의로 격식을 차려입어 당황하기보다는 오히려 상대에게 물어 그 모임의 성격에 적절한 옷차림을 하고 가는 것이 현명한 방법이다.

격식 있는 파티일 경우에는 원래 예복으로 차려 입어야 하지만, 우리나라 비즈니스맨이 출장 때 예복까지 가지고 간다는 것에는 다소 무리가 따르므로 블랙 슈트나 다크 슈트에 드레스셔츠, 다소 화려한 넥타이로 예의를 갖춘다.

❸ 캐주얼웨어

편안한 시간에 입을 캐주얼웨어도 몇 가지 준비한다. 티셔츠 종류나 점퍼와 같이 지나치게 캐주얼한 옷보다는 다양하게 연출할 수 있는 품목이 좋다. 면 폴로셔츠 등 깃이 있는 캐주얼셔츠, 면바지 그리고 가디건이나 스웨터 정도는 기본으로 갖추는 것이 좋다.

블레이저는 예복이나 정장으로 입을 수 있지만 캐주얼웨어도 함께 할 수 있으므로 짐을 가볍게 하면서도 효과적으로 옷을 입기 위해서는 블레이저를 준비해 가는 것이 좋다. (45)

4) 여성의 용모복장

(1) 비즈니스우먼에게 어울리는 이미지를 연출한다

화장에 있어서 눈썹 그리기는 얼굴의 인상과 균형미를 좌우한다. 눈썹을 그릴 때는 눈썹 앞머리가 코 선을 넘어 들어오지 않도록 하고, 브러시나 면봉을 이용하여 자연스럽게 퍼지게 한다.

입술 색은 온화하게 보이는 색을 선택하는 것이 좋은데, 립라인을 두드러지게 그린다거나 거무칙칙한 색을 사용하면 품위가 없어 보인다. 손톱은 언제나 깨끗하게 손질되어 있어야 하며, 손톱길이는 2mm 이내로 하고 온화한 색상으로 윤기를 주는 정도가 좋다. 헤어스타일의 경우 긴 머리만 고집하기보다는 커리어우먼에게 어울리는 짧은 스타일도 시도해 볼 필요가 있다. 영화나 TV드라마에서 커리어우먼의 이미지를 잘 살펴보면 일반적으로 짧은 머리에 자기만의 개성을 가지고 있다.

향수를 올바르게 사용하는 방법은 신체의 맥박이 뛰는 부위나 웃옷 혹은 스커트 시접 부분의 안쪽에 뿌리면 향기가 아래에서 위로 올라오게 되어 은은하게 느껴진다. 향수의 경우도 나이·장소·직업에 맞는 선택이 중요한데, 주간에 근무하면서 밤에나 어울리는 사향이 강한 향수를 사용한다든가 활동적인 직업에 품위 있는 향수를 사용한다면 어울리지 않는다.

(2) 여성들이 옷을 구입할 때의 포인트는 세련미이다

매끈하고 기능적이며 섬세한 모양의 의상은 진지하게 일하는 오늘날의 여성들이 원하는 스타일이다. 일하는 여성들의 옷차림에서 포인트가 되는 것은 편안하면서 차려입은 듯한 세련미이다.

Hair-half style(예 상의는 하얀색, 하의는 감청색 등)은 피하고 상의와 하의를 동색계열로 통일하는 것이 무난하며, 특히 한국인 체형에는 동색계열로 입을 때 날씬하고 세련되어 보인다. 재킷의 색이 다르다면 안에 받쳐입는 상의와 하의가 동색계열이 되도록 입은 후 재킷을 걸치면 별 무리가 없다.

상의에 받쳐 입는 블라우스 깃은 라운드형이 좋으며 근무 중 어느 각도에서 보아도 노출될 염려가 없어 단정해 보인다. 등이 훤히 비치는 옷은 겉옷으로 피한다. 여름복장에 어울리는 스타킹은 옅은 색이며 오픈형 구두를 신을 때는 앞쪽 트임보다는 뒤쪽 트임을 선택한다. 샌들이나 슬리퍼 타입은 걸음 걸이와 자세까지 흐트러뜨리고 특히 비즈니스 차림에서는 어긋난다.

유행과 패션을 염두에 두더라도 우선적인 기준은 현재 내가 있는 장소를 고려하는 것이다. 복장을 분류하면 우선 표준복장이 있으며 입어도 괜찮은 복장이 있고 삼가야 할 복장이 있다. 물론 옷차림은 표준복장이 단연 돋보인다.

표준복장은 다음과 같다.

- 원피스보다는 투피스가 좋다.
- 스커트는 폭이 넓은 것보다 A라인이나 H라인이 좋다.
- 스커트 길이는 무릎 선이나 무릎 위 5cm가 보기 좋으며, 치렁치렁한 치마나 지나치게 짧은 치마는 커리어우먼의 품위를 손상시킨다.
- 상의는 어깨소매가 있어야 한다.
- 등의 파짐 정도는 뒷목 뼈가 기준이 된다.
- 속옷의 선이 드러나거나 가슴선이 많이 파인 옷은 다른 사람에게 부담을 주므로 피한다.

정장바지도 잘 연출하면 비즈니스우먼의 멋을 얼마든지 돋보이게 할 수 있는 차림이다. 이때 정장은 바지주름을 잡을 수 있는 천으로 된 것이며 주름이 잡혀 있어야 한다. 그리고 모임이나 회의에 참석할 때 바지를 입어도 괜찮을지 아닐지 망설여질 때는 스커트 차림을 하는 것이 바람직하다.

설문조사에 의하면, 몸의 곡선이 그대로 드러나는 스커트나 바지, 노출이 심한 소매 없는 블라우스는 남자 동료들도 싫어하는 복장으로 꼽혔다.

(3) 액세서리(accessory)는 분위기에 어울리게 하는 것이 좋다

액세서리가 여성의 아름다움을 한층 돋보이게 하지만 비즈니스 복장에서의 액세서리는 전문직업인의 분위기에 어울리게 하는 것이 좋다. 부담스러운 금목걸이는 웬만하면 착용하지 않는 것이 좋은데, 상대의 시선이 자꾸만 목 쪽으로 가는 것도 바람직하지 않을 뿐더러 옷의 모양새에도 별 도움이 안 될 수 있다. 차라리 귀걸이나 브로치를 권하는데 귀걸이는 단순한 디자인이나 부착형 진주 귀걸이 정도가 여성스러움을 돋보이게 해주며 흔들거리는 귀걸 이는 주간에 적합하지 않다.

브로치는 가슴선보다 위쪽에(차라리 어깨 쪽 가깝게) 달아서 자연스럽고도 단정해 보이도록 연출하며, 여름철에는 브로치 대신 가벼운 코사지(가슴에 다는 조화로 된 장식)를 활용해도 좋겠다.

반지는 두 개까지는 괜찮은데, 하나는 의미 있는 반지이고 다른 하나는 액 세서리로 보기 때문이다. 그러나 반지알이 돌출되어 눈에 띄거나 너무 거창 한 것은 근무복장에 어울리지 않으므로 개인용무나 외출 등 분위기 변화를 가져볼 때만 착용하도록 한다. 시계도 중요한 액세서리 역할을 하는데, 플라 스틱 시계나 장난감형 시계는 품위를 해치므로 금속줄이나 가죽줄 시계로 바 꾸는 것이 좋다. 심플한 반지와 가죽줄 시계에 비하여 금장시계가 손목에 부 담스럽게 번쩍이고 손가락에 커다란 반지가 착용되어 있다면, 일에 대해 프 로라는 느낌을 주기는 어려울 것이다. 이것은 남성도 마찬가지이다.

사적인 물건들을 넣고 다니는 핸드백과 서류가방은 구분해서 들고 다니는 것이 좋다. 잡다한 개인물건으로 가득 찬 서류가방은 보기에 좋지 않을 뿐만 아니라 프로라는 느낌을 줄 수 없다.

구두는 검은색·밤색·자주색 등이 좋으며, 구두와 핸드백 색깔을 꼭 매치 시킬 필요는 없지만, 적어도 질감이나 색상 중 한 가지 정도는 조화를 이루는 것이 좋다. (46)

5) 여성의 업무별 옷차림

(1) 판매영업직(차분하면서도 활기 있게 연출한다)

① 이미지

① 판매라는 목적달성에만 몰두하다 보면 자신의 모습을 되돌아볼 수 없게
된다. 불특정 다수 사람들과의 만남에서는 '기(氣)싸움'이 중요한데, 옷
차림보다는 얼굴 표정이나 자세, 분위기 등으로 시선을 제압하면 좋겠다.

② 옷차림으로는 최신 유행의 디자인보다 약간 보수적인 것을 선택한다.
유행스타일로 무장한 모습은 신뢰감을 주기 힘들고 가벼운 느낌을 준
다. 활동성이 돋보이는 직업이지만 고객 성향을 무시할 수 없는 일이다.

③ 셔츠나 블라우스 또는 심플한 탑을 받쳐입을 수 있는 기본 디자인의 바
지 정장이나 스커트 정장이면 무난하다.

② 스타일 포인트

① 활력을 줄 수 있는 환한 미소와 자신감 넘치는 표정을 준비한다. 활동적
이고 적극적인 이미지는 옷에서가 아니라 얼굴 전체에서 풍겨야 한다.
고객을 대하는 순간의 표정연출이 무슨 옷을 입고 있느냐보다 더 중요
할 수 있다.

② 차분하고 편안한 느낌을 주는 색상이 좋다. 얼굴 표정이나 자신의 이미
지를 옷의 디자인이나 색상에 의해 가려지게 할 수는 없는 노릇이다. 아
이보리, 베이지, 연한 회색 또는 짙은 회색, 감색 등 부드러우면서도 깊
이 있는 색상을 선택한다. 그럼으로써 상대 시선을 얼굴이나 업무에 집
중될 수 있게 하는 것이 프로의 스타일링이다.

③ 인상적인 액세서리로 포인트를 준다. 미국의 올브라이트 전 국무장관은
상담시 결과를 상징하는 브로치로 메시지를 준다고 한다. 미국을 상징
하는 독수리 모양의 브로치는 자국의 의견을 관철시키겠다는 메시지로
그녀만의 전략이다. 그녀의 백 마디 말보다 많은 메시지를 읽어낼 수 있
다는 뜻이다. 회사를 대표하고 목적 있는 만남이라면 모습 전체(의상)로
많은 것을 '읽혀지게'하기보다는 부분(액세서리)으로 강한 인상을 줄 수

있도록 한다. 포인트가 될 만한 액세서리라면 얼굴을 돋보이게 하는 브로치, 고급스런 스카프, 조금 크다 싶은 고급스런 핸드백, 잘 손질된 높지 않은 구두 등이 있다.

(2) 일반 사무직(단정하고 부드럽게 연출한다)

① 이미지

❶ 회사 내에서의 한 사람 한 사람은 회사의 이미지를 대표한다.

"나 때문에 회사이미지가?"라고 생각하면 함부로 행동을 할 수 없을 것이다. 그 이유는 직장에 근속하는 동안은 개인이 아닌 ○○회사의 ○○과에 근무하는 ○○○이기 때문이다. 업무가 종료되었다고 사회생활에서 함부로 행동하다가 불미스러운 일이 생겼다고 가정하자. 신상을 은밀히 공개하면서 ○○회사의 ○○과에 근무하는 ○○○가 문제를 일으켰다고 보도할 것이다. 나의 행동은 곧 회사의 얼굴임을 명심해야 한다.

❷ 직종 중 가장 옷 입기 어려운 직종이 아닌가 싶다.

대하는 사람이 매일 다른 사람이라면 같은 옷을 일주일 입어도 모르겠지만, 매일매일 대하는 얼굴들이니 같은 옷만 입을 수도 없다. 자신의 모습이 그 날 사무실 분위기를 바꿔 놓을 수 있다는 사실을 염두에 둔다면 어찌 새로워지고 싶지 않겠는가. 센스가 필요하다.

② 스타일 포인트

❶ 작은 변화라도 하루에 한 가지씩!

쉽지 않지만 변화를 즐길 준비가 되어 있다면 재미있는 일이 될 것이다. 우선 메이크업을 할 때, 오늘 입을 옷 색상에 맞추거나 스카프 색상에 맞춰 눈화장 색조 및 립스틱 색상을 통일시킨다. 옷이나 액세서리 색상에 메이크업 색상을 변화시키는 일은 가장 쉬우면서도 확실한 효과를 볼 수 있어 좋다.

다음은 머리모양으로, 긴 머리일 경우 묶었다 풀었다를 반복하더라도 변화를 줄 수 있는데, 하루는 셋팅, 하루는 올린 머리, 길게 늘어뜨린 머리, 단정하게 묶은 머리 등으로 변화를 준다.

쉽게 변화를 즐길 수 있는 것으로는 물론 옷이 있겠지만, 메이크업 컬러나 헤어스타일, 구두나 핸드백, 스카프 등 액세서리로도 충분히 변화를 줄 수 있으므로 스스로 변화를 즐겨야 한다.

❷ 옷 입는 요령(코디네이트 요령)을 익혀야 한다.

특히 정장보다는 가볍지만 세련되어 보이는 단품을 중심으로 옷 입는 코디네이트 요령을 익혀야 한다. 셔츠, 니트가디건, 조끼, 스커트, 팬츠 등 단품이나 구두, 벨트, 스카프, 브로치 등 액세서리를 이용해 스스로 코디네이트시켜 입을 수 있는 요령을 익혀두는 것이 필요하다. 코디네이트 요령을 익힘으로써 적은 아이템, 저렴한 가격대의 아이템으로 변화 있고 센스 있게 옷을 입을 수 있기 때문이다.

(3) 비서직(깔끔하고 여성스럽게 연출한다)

☐ 이미지

① 비서직을 굳이 구분짓는 이유는 비서직만의 특별함이 있기 때문이다. 자신의 감각보다는 회사의 이미지나 모시는 상사의 지위나 역할에 따라 자신의 스타일이 달라져야 한다. 비서는 단순한 업무 보조라기보다는 상사의 제2얼굴이 될 수 있다는 것이다.

② 자기중심으로 단순하게 생각하지 않아야 한다. 자신의 모습 뒤에는 언제나 상사의 이미지가 따라다니기 때문이다. 비서가 쫄티에 청바지를 입고 근무하는 것을 보았는가?

② 스타일 포인트

❶ 역할에 충실해야 한다.

회사의 업무라기보다는 개인중심의 업무에서 시작되기 때문에 무슨 일을 어떻게 해야 한다는 업무구분이 명확하지 않아 혼란스러울 수 있으나, 철저히 상사의 업무진행이나 스케줄 관리, 자료준비 등 상사의 업무를 대신할 수 있을 정도로 다양한 분야의 업무를 진행해야 한다. 중요한 것은 수동적인 업무 보조라기보다는 능동적인 업무진행을 할 수 있도록 자신의 역할에 자부심과 긍지가 필요하다.

❷ 옷보다는 그 속의 자세(태도, 체형)가 더 중요하다.

옷차림을 완성해주는 요소 중 가장 중요한 것은 체형이다. 체형상의 문제점을 말하려는 것이 아니라 바른 체형이 옷차림(스타일)에 미치는 영향이 참으로 중요하다는 것이다. 찢어진 청바지에 타이트한 티셔츠를 입어도 다듬어진 바른 자세에서 풍겨나는 느낌이 틀리듯이, 무슨 옷을 입느냐도 중요하지만 바른 자세(태도)를 유지하는 일이 무엇보다 중요하다.

❸ 단순하지만 예의를 갖춘 차림이 좋다.

자기 역할에 보다 철저하고 싶다면 유행이나 나이 같은 것은 잊어야 한다. 스커트 정장이나 바지 정장, 원피스를 중심으로 단정하고 깔끔한 정장(예의를 갖춘 차림새)을 권하고 싶다. 연배가 훨씬 높은 상사와 옷차림의 수준을 같이 할 수는 없는 일이지만, 자신의 옷차림으로 인해 상사의 이미지에 마이너스 요인이 된다면 곤란하다.

(4) 홍보마케팅, 기획, 프로그래머(당당하고 세련되게 연출한다)

① 이미지

① 근무환경에 스타일을 맞추기보다는 자신의 감성이나 캐릭터를 살릴 수

있는 스타일에 중점을 둔다. 그리하여 상대로 하여금 자신의 감성과 캐릭터가 읽혀지도록 연출한다.

② 편안한 차림새보다는 세련되고 도시적 감각이 돋보이면서도 활동적인 캐릭터성(디자인이 독특한) 스타일이 좋다.

③ 스커트 정장보다는 바지 정장이 좋으며, 정장보다는 단품 코디네이션이 더 바람직하다.

② 스타일 포인트

❶ '이것이다!'라고 하는 통일감 있는 스타일을 만든다.

유행에 따라 쉽게 변하기보다는 자신만의 스타일을 유지하면서 유행을 살짝 가미한 감각적인 패션을 연출할 수 있어야 한다. '내가 아니면 누구도 흉내낼 수 없는 스타일'을 만드는 것이 전문가다운 이미지로 진일보하는 길이다.

❷ 활기를 불어넣을 수 있는 컬러를 연출한다.

혈기가 왕성해 보이는 색상은 자기 자신뿐만 아니라 상대에게도 활력이 느껴지게 한다. 대체로 원색 계열을 들 수 있는데, 특히 붉은 계열의 빨강·와인·자주 등의 색상, 푸른 계열의 감색·터키쉬 블루·보라색 등의 색상 또는 그린계열의 카키나 올리브그린 등은 일반적으로 쉽게 애용되는 색이 아니기 때문에 감각적인 느낌을 살리기에 충분한 색상이다.

❸ 긴머리는 바람직하지 않으며 짧은 머리가 좋다.

긴머리에 대한 대체적인 이미지는 '차분하다, 낭만적이다, 부드럽다, 여성스럽다' 등이다. 자기 감각을 살리면서 일하는 여성에게는 멀게만 느껴지는 단어다. 변화를 원한다면 우선 머리카락 길이를 짧게 자르는 일부터 시작해야 한다.

무슨 옷을 입을 것인가를 결정하는 요소 중의 하나가 헤어스타일이다. 헤

어스타일이 바뀌면 의상과 메이크업, 구두까지 바뀌면서 마음가짐도 달라지게 된다. (47)

6) 여성의 복장예절

(1) 옷(유니폼 착용시 마음가짐)

옷은 기능적이어야 하며 너무 요란하지 않고 헤어진 곳이나 떨어진 곳이 없는지 늘 살펴본다. 만일 유니폼의 착용이 의무화되어 있을 때는 반드시 착용해야 하며, 원칙적으로 대여된 것이므로 소중히 착용해야 한다. 유니폼은 그 회사를 대표하는 이미지이므로 함부로 입지 말아야 하며 퇴직 시에는 회사에 반납한다. 스커트 착용을 원칙으로 하며 평범한 색상의 스타킹을 착용한다.

(2) 신 발

정상 근무화는 구두를 원칙으로 한다. 광택이 나도록 손질하여 신으며 지나치게 높은 구두는 피한다. 실내화로 사무실 밖을 다니지 않아야 하며 소리 나지 않도록 걷는다. 지나치게 특이한 색깔과 모양은 피하고, 뒷축을 구부려 신지 않도록 한다.

(3) 복장관리

① 얼굴 : 화장은 자연스럽고 평범하게 하는 것이 좋으며 너무 진하거나 야하지 않도록 한다. 눈 화장은 아주 자연스럽게 약간만 하는 것이 좋으며 속눈썹은 달지 않는 것이 좋다. 립스틱은 자연스럽도록 엷게 바르고 흰 빛을 띄거나 너무 짙은 색은 피하되 얼굴 피부보다는 화색이 더 도는 색깔이 좋다. 밝고 편안한 미소와 은은한 화장을 유지한다.

② 머리 : 앞머리는 눈을 가리지 않도록 단정하게 다듬고 머리카락은 윤기 있게 관리한다. 너무 유행을 앞서가거나 지나친 파마머리는 피한다. 긴 머리는 묶어서 단정하고 활동하기 편하도록 관리한다. 머리카락에 복잡한 장신구를 달거나 요란한 염색은 하지 않는 것이 좋다.

③ 손 : 손톱은 깨끗하고 단정히 하며 긴 손톱은 피한다. 원색적인 매니큐어 색깔은 업무 분위기에 영향을 미치므로 자연스런 색상을 선택한다.

④ 이름표 : 왼쪽 가슴 주머니 아래에 바르게 착용한다. 근무복을 입을 때는 반드시 신분증을 정해진 위치에 부착하고 청결하게 유지한다.

⑤ 블라우스 : 원색을 피하고 속이 비치는 옷감을 피한다.

⑥ 소매 : 늘 깨끗하게 유지하고 걷거나 말아올리지 않도록 한다.

⑦ 스커트 : 무릎선을 기준으로 너무 짧지 않아야 한다. 또한 스커트 밑으로 슬립이 보이지 않도록 주의한다.

⑧ 스타킹 : 원색은 피하고 피부색과 비슷한 것을 선택하며 올이 풀어지지 않도록 주의한다.

⑨ 핸드백 : 지나치게 화려하지 않은 것이 좋으며 핸드백 속 소지품은 잘 정리한다.

⑩ 구두 : 활동적이고 유니폼과 어울리는 것을 신는다. 슬리퍼·샌들을 신을 때는 끈이 달린 것을 신어 질질 끌리는 발소리가 나지 않도록 한다. 구두는 검은색·갈색 계통이 좋으며 늘 깨끗이 손질한다. (48)

7) 올바른 걸음걸이

모델들이 아름다워 보이는 이유는 균형 잡힌 걸음걸이 때문이다. 의자까지의 거리가 단 1m이더라도 자신 있고 활기찬 걸음걸이는 첫 인상을 결정짓는 중요한 요소이다. 활기찬 걸음걸이는 시원스러운 느낌, 부드러운 시선과 온화한 미소는 긍정적인 느낌이 든다.

① 신체의 균형을 잡는다. 양손을 허리에 얹고 고정시킨 채 걷는 연습을 하라.

② 고개를 들어라.

③ 시선을 정면에서 약간 내려 보라.

④ 아랫배에 힘을 주고 엉덩이를 앞으로 5° 정도 당긴다.

⑤ 어깨는 편안한 자세로 한다.

⑥ 긴장을 풀고 가슴을 들어 올려 펴준다.

⑦ 등에도 눈을 가지고 뒷모습에도 신경을 쓴다.

⑧ 몸체가 절대로 뻣뻣하게 보여서는 안 된다.

⑨ 허리 아래부터 움직여, 뻗는 쪽 다리의 엉덩이를 안으로 당기듯 허벅지가 스치도록 쭉 펴서 내딛는다. 무릎을 펼 때는 쭉쭉 펴고, 구부릴 때는 확실히 구부려야 걸음걸이가 시원스럽다.

⑩ 무릎 사이가 스치도록 걷는다.

⑪ 착지는 발가락 끝부터 뒤꿈치로 무게 중심을 이동시킨다. 언덕 아래로 내려가는 것과 같은 기분으로 내뻗는다.

⑫ 보폭은 자신의 어깨넓이보다 조금 더 넓게 한다(여성은 빠르지 않게 30° 정도로 하고, 남성은 11자 형태, 조금 빠른 느낌으로 45° 정도로 한다).

⑬ 팔은 다리의 움직임에 따라 자연스럽게 팔이 움직이는 대로 둔다. 앞보다는 뒤를 많이 당긴다. 앞으로 30° 뒤로 15° 간격으로 흔든다.

⑭ 손은 달걀을 살짝 거머쥔 상태로 엄지손톱은 정면을 향하여, 자연스럽게 엉덩이 옆면을 스칠 듯 말 듯 하면서 흔든다.

⑮ 부드러운 시선과 밝게 미소를 머금으면서 걷는다.

8) 근무자의 기본자세

① 활력을 가져라, 자기계발(지식, 기술)을 위하여 적극성(신념)을 가진다.

② 신속하고 정확한 판단을 할 수 있도록 훈련하여 숙달시킨다.

③ 융통성을 가져라(주관, 환경적응).

④ 신뢰감을 얻을 수 있도록 노력하라. 상대의 입장을 고려, 약속엄수, 언행일치, 동료의 실수를 거울로 삼아라.

⑤ 규칙을 준수하라.

⑥ 맡은바 책임을 다하라(책임완수, 세심한 계획).

⑦ 실수를 두려워마라(원인파악, 재발방지).

⑧ 순간순간 최선을 다하라(미루지 마라).

⑨ 시간을 소중하게 여기라(남의 시간도 귀중하다, 여가시간을 적절히 활용하라).

⑩ 일에서 인생을 배운다(일의 보람, 건전한 가치관).

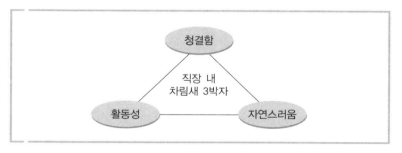

[그림 5] 직장 내에서의 차림새 3박자

13 직장에티켓과 매너

직장생활에 있어서 예절은 앞서 다룬 내용들과 일부 중복되는 경우도 많으

나, 직장에서 지켜야 할 에티켓과 매너에 대해 모든 부분을 간략하게 다루었
다. 직장에서 보내는 시간은 집에서 지내는 시간보다 더 많은 비중을 차지한
다. 그러므로 상사·동료·부하와의 협력 하에 활기찬 직장분위기를 만들기
위해서는 근무에 대한 바른 예절이 필요하다.

1) 근무시간 내 에티켓

(1) 동작, 태도

① 참석할 때는 조용히 의자를 끌어당겨 앉는다.
② 응접실·회의실·임원실로 들어갈 때는 반드시 노크한 다음 문을 연다.
③ 동작은 절도 있게, 자연스러운 자세와 태도를 갖춘다.
④ 책상에 상체 한쪽을 기댄 자세라든지 턱을 괸 자세로 근무하지 않는다.
⑤ 하품하거나 졸거나 하지 말 것이며, 이런 경우 잠깐 복도 등 실외로 나
   가 심호흡을 하여 기분전환을 한다.

(2) 대 화

① 대화는 간결하고 요령 있게 하되 큰소리로 하지 않는다.
② 남에게 말을 걸때는 상대가 하고 있는 일의 상황을 살펴서 복잡한 계산
   등을 하고 있을 때는 일정부분이 끝날 때까지 기다린다.
③ 일과 관계없는 잡담이나 사담을 피하고 정확한 경어 사용으로 회사 이
   미지를 높인다.
④ 주위의 이야기가 자신에게 관련된 것일 때는 일하면서 듣는다. 가볍게
   참견하지 않는 것이 좋다.

〈표 16〉 바람직하지 못한 경어와 바람직한 경어

바람직하지 못한 경어	바람직한 경어
• 같이 온 사람	• 같이 오신 분
• 무슨 일이죠?	• 무엇을 도와드릴까요?
• 누구예요? 누구지요?	• 누구신지요?
• 자리에 없어요.	• 잠시 자리를 비우셨습니다.
• 기다리세요.	• 잠깐만 기다려 주시겠습니까?
• 돌아오면 말하겠습니다.	• 돌아오시면 전해드리겠습니다.
• 전화하세요.	• 전화 부탁드립니다.
• 또 오겠습니까?	• 다시 한 번 들러주시겠습니까?
• 모릅니다. 모르겠는데요.	• 죄송합니다만, 잘 모르겠습니다.
• 보고할게요.	• 예, 보고하겠습니다.
• 안됩니다. 못합니다.	• 대단히 죄송합니다만, 어렵습니다.

(3) 자리를 뜰 때

① 근무시간에는 자리를 비우지 않는 것이 좋다.

② 잠시 비우는 경우에도 동료직원에게 행선지, 용건, 돌아올 시간 등을 미리 알려두는 것이 좋다.

③ 일단 외출할 때에는 공적이든 사적이든 상사의 허락을 받고, 사무실에 들어오는 대로 결과를 보고한다.

④ 외출 시에는 사무실에 중간 연락을 한다.

⑤ 출장이나 교육 등으로 장기간 사무실을 비울 경우에는 책상 위에 사유를 적은 표시판을 놓아두는 것이 좋다.

(4) 비 품

① 뚜껑이나 덮개가 있는 것은 사용 후 꼭 덮는다.

② 사용 후에는 반드시 제자리에 갖다 놓는다.

(5) 사무실에서의 예절

① 언제나 조용히 행동한다.

② 서로를 존중하고 약속은 꼭 지킨다.

③ 업무와 무관한 잡담이나 농담 등 불필요한 행동을 하지 않는다.

④ 자신의 기분 상태를 표면화시켜 동료들에게 영향을 주는 일은 하지 않도록 조심한다.

⑤ 직원 간에 서로를 이해하는 기회를 많이 갖는다.

⑥ 맡은 업무에 충실하며, 긍정적인 자세로 지시받고 기한과 수량 등은 꼭 확인한다.

⑦ 업무가 끝나면 바로 보고하고 경우에 따라서는 중간보고를 한다.

⑧ 어려울 때 서로 위로하고 격려한다.

⑨ 가까울수록 예의를 갖추고 언행에 서로 주의한다.

⑩ 내방객 앞에서는 직원 간에 서로 상호 존대표현을 한다.

⑪ 업무 이외의 타 부서의 출입을 절제한다.

⑫ 바른 자세로 근무한다.

(6) 구두와 슬리퍼

대부분의 직장인들은 하루 종일 구두를 신은 채 근무하는 것에 익숙해져 있지 않기 때문에 자신도 모르는 사이에 어디에서라도 슬리퍼로 바꿔 신는 일이 흔하다. 유럽이나 미국에서는 슬리퍼란 침실과 화장실 사이를 오갈 때만 사용하는 것으로 다른 사람 앞에서 신는 것이 아니라고 생각한다.

그렇지만 우리나라에서는 조금이라도 편하기 위해 일하고 있는 사무실에서 아무렇지도 않게 슬리퍼를 신고 사내를 돌아다니며 근무한다. 물론 오랜 시간 구두를 신고 있으면 발이 피곤하고 붓게 마련이다. 그러나 구두는 바른 차림의 일부이므로 집안이 아닌 밖에서는 발끝이 보이지 않도록 신경을 써야 한다. 따라서 발이 편하도록 신발을 고를 때 세심하게 신경 써야 한다.

뉴욕의 맨하튼에는 출근할 때 걷기 편한 활동화를 신었더라도 회사에 도착하면 하이힐로 바꿔 신고 근무하는 당당한 커리어우먼들을 볼 수 있다. 그와 반대로 우리 여성들은 출근할 때는 아주 멋진 하이힐을 신지만, 근무 중에는 너무 오래 신어 낡아빠진 슬리퍼 모양의 활동화로 바꿔 신는 사람이 많다. 참으로 대조되는 근무자세라 아니할 수 없다.

몸에 부담을 줄일 수 있고 걷기 편한 구두는 굽높이가 3cm 정도라고 하므로 사무실에서 슬리퍼 대신 2~3cm 높이의 구두를 신는다면 건강에도 좋고 예절 측면에서도 좋을 것이다. (49)

(7) 복도나 계단에서

복도나 계단에서 언제나 우측통행을 하고, 외부 손님이나 상사를 앞질러 가지 않는다. 복도나 계단에서 긴 이야기를 삼가고, 담배를 피우거나 껌을 씹으며 다니지 않는다. 외부 손님을 만나면 찾는 곳을 친절하게 안내한다.

2) 상사에 대한 매너

상사가 부르면 "네" 하는 대답과 동시에 하던 일을 즉시 멈추고 자리에서 일어나 상사 옆으로 다가가는 기민성과 겸손한 면을 보여야 한다. 상사가 자기 자리에 찾아와 말을 걸면 즉시 일어서서 대화해야 한다. 이러한 행동이 자기를 돋보이게 한다.

상사로부터 업무지시를 받을 때는 명확한 반응을 보이고 정확하게 처리한다. 상사가 부를 때는 밝은 표정으로 대답하고 필기도구와 메모지를 들고 간다. 상사의 지시사항이 장기적일 때는 중간보고를 한다.

상사란 '직무상의 윗사람'이기 때문에 우선 섬겨야 한다. 상사 중에는 직무상 능력이 없는 상사, 직무를 잘못 수행하는 상사, 직무 이외의 일을 강요하는 상사 등 여러 유형이 있겠지만, 거기에 맞게끔 모시는 방법을 채택하여 섬겨야 한다. 존경하면서 섬길 수 있다면 더없이 좋겠지만, 어떤 방법으로 섬기든 그 방법은 개인이 알아서 판단하면 된다.

상사는 직위상 조직 전체와의 관련을 부하사원보다는 더 잘 알고 있다. 그의 견해는 대체로 회사의 견해이기 때문에 부하보다 넓은 인식을 가지고 있게 마련이다. 상사는 항상 조직의 균형을 염두에 두고 있다. 그는 부하의 문제와 해답을 마치 화물선의 선장이 하적을 점검하듯이 항상 생각하고 있다. 그러므로 한 조직체 안에서 성실하고 유능한 사원이 되려면 우선 이러한 상사의 직책을 인정하고, 자기가 하는 책무의 일부는 상사에게 협력하는 일이란 사실을 행동으로 보여줄 필요도 있다.

조직 속에서 일을 원만히 지휘·통솔하는 것이 상사의 직무이다. 상사이기 때문에 모든 것이 훌륭한 것은 아니다. 인간은 누구나 완전하지 못하며 장점과 단점을 모두 가지고 있다. 그러므로 상사이기 때문에 완전하기를 바란다는 것은 잘못이다. 인간에게 있어 다소간의 결점은 오히려 친근감을 주므로 그것을 너그럽게 받아들이는 기분으로 친화를 도모해야 한다.

업무는 가르쳐주는 것이 아니라 스스로 배우는 것이다. 가르쳐 줄 것이라는 안일한 생각을 가지고 있기 때문에 그렇지 않으면 불만이 생긴다. 아무리 무능한 상사라도 무엇이든 배울 점은 분명히 있다. 그러려면 우선 교만한 마음을 버리고 허심탄회한 기분으로 머리를 비우고 마음을 깨끗이 가져야 한다. 마음의 문을 활짝 열어 놓으면 자기의 미숙함이 보이고 새로운 지혜를 얻게 되어 자신의 세계가 넓어진다.

지식은 평면이고 유한하지만 지혜는 입체적이므로 무한하다. 누구에게서나 배우려는 겸허한 마음이 필요하다. (50)

(1) 기본적인 마음가짐

① "상사가 상사 같지 않아도 부하는 부하다워야 한다"라는 말을 명심하고

매너에 대한 기본적인 마음가짐으로 갖는다.

② '상사가 저러는데 나도 적당히'라는 태도는 자신의 인격상실이다.

(2) 직무상의 매너

① 상사는 회사에서 정한 조직상의 기능이므로 그의 명령에 따르고 그의 입장을 존중하고 예를 갖추는 것은 조직의 운영상 필요하다.

② 정해진 보고·연락 등은 꼭 실행해야 한다.

③ 상사로부터 주의를 듣거나 꾸지람을 들을 때는 순응하며 듣는 것이 매너의 원칙이다. 반항적인 태도를 하거나 변명하지 않는다.

④ 상사 앞에서는 순종하는 척 하면서 뒤돌아서 험담하는 것은 가장 경계하고 삼가야 한다.

⑤ 항상 상사의 입장을 존중한다. 어떻게 하면 상사에게 좋은 결과를 안겨줄 수 있을까 생각하고 행동하다 보면 자신도 좋은 결과를 얻게 될 것이다.

⑥ 상사의 언어·표정·태도 등에 대해 충분히 배려한다.

3) 직장에서 전화매너

전화는 이제 우리 생활의 일부분이지만 전화 예절의 중요성은 별로 의식하지 못하는 경향이 있다. 상대방의 얼굴이 보이지 않고 목소리만으로 대면하는 것이기 때문에 많은 사람들이 전화 응대에 무책임한 면이 있는 것도 사실이다. 그러나 전화는 그 자체가 업무이며, 인간관계의 친분을 돈독히 하는 수단이 될 수도 있다. 따라서 그 예의와 격식을 갖춰 매사 정중하고 공손하게 걸고 받을 필요가 있는 것이다.

(1) 전화응대

① 전화는 많은 사람이 사용하는 공공성이 있으므로 용건을 미리 준비하여

짧은 시간 내에 전달한다.

② 전화에서 내 목소리가 나의 전체를 나타내므로, 상대가 비록 불쾌하거나 감정적으로 말하더라도 정중함을 잃지 말아야 한다.

③ 적절한 경칭·경어를 사용하며 어떤 경우에도 입에 담아서는 안될 말이 있다.

- 기다리세요.
- 없습니다.
- 모릅니다.
- 할 수 없습니다.
- 뭐라구요?

④ 다음의 행동들은 내 자신의 업무에 관한 열의를 의심케 하는 것들이다.

- 주변사람의 얘기를 듣기 위해 일을 멈추거나 함께 웃는 일
- 상대의 얼굴이 보이지 않는 점을 이용해 혀를 내밀거나 하는 일
- 연필과 자를 가지고 책상의 끝을 두드리는 일
- 담배를 입에 물고 있거나 껌을 씹는 일

⑤ 회사는 어디까지나 업무장소이다. 전화 사용시 대화를 길게 하는 것은 상식을 의심받는 일이며 회사에 손실을 끼친다.

⑥ 긴급한 경우가 아니면 사적인 전화를 삼간다.

⑦ 항상 통신보안에 신경 쓴다.

⑧ 바른말을 사용하고 혼동되기 쉬운 말은 피한다.

⑨ 상대의 해석에 따라 아무렇게나 이해되는 말은 피한다.

⑩ 숫자·일시·장소·이름 등에 관해서는 특히 주의를 기울인다.

⑪ 전문용어, 틀리기 쉬운 숙어를 사용할 때는 오해할 우려가 있으므로 신중을 기한다.

⑫ 유행어, 속어와 낯선 외국어는 피한다.

⑬ 필요 이상의 큰소리나 신경질적인 목소리로 상대에게나 자기 주변사람

에게 폐가 되지 않도록 한다.

⑭ 자신의 상사라도 더 직급이 높은 상사 앞에서는 경칭을 붙이지 않는다.

⑮ 필요 이상의 수식어, 경어를 사용하는 것은 본래 뜻에서 벗어나기 쉽다.
틀린 전화, 잘못 걸려온 전화도 예의바르게 응대하는 것은 기본이다.

통화 중 주위사람이 말을 걸 때는 송화구를 막고 응답한다. 감도가 좋은
전화기는 사방 4m 이내의 소리가 모두 전달된다.

말이 잘 안 들릴 때는 "여보세요"만 외치지 말고 "죄송합니다만, 잘 안 들
립니다. 조금만 크게 말씀해 주시겠습니까?"라고 정중히 부탁한다. 그래도 안
들리면 "그래도 잘 안 들립니다. 다시 걸겠습니다(또는 다시 전화주시겠습니
까?)"라고 말하고 일단 끊는다.

자기 용건만 얘기하고 전화를 끊어버리면 상대로서는 전화상태가 나빠서
전화가 끊어진 것인지 아니면 정말로 통화가 종료된 것인지 알 수가 없을 뿐
만 아니라 매우 불쾌감을 느낄 것이다. 그러므로 반드시 '전화를 끊겠다'는
메시지를 전달한 다음 전화를 끊는다.

(2) 전화를 받을 때

전화가 걸려오면 되도록 빨리 받도록 하고, 회사의 이름과 소속부서, 자신
의 이름을 말한다. 전화를 걸어온 상대방이 누구인가를 알고 나면 곧 인사를
한다. 만약 다른 사람을 찾으면 친절하게 바꾸어 준다. 만약 상대방이 찾는
사람이 부재중일 때는 메시지가 있는지 확인하여 정확하게 전달해 준다. 아
무리 바쁘더라도 잘못 걸려오는 전화를 친절하게 받는 매너도 필요하다.

① 전화벨이 울리면 2번 이상 울리기 전에 받고
  • 왼손으로 수화기를 잡고 입으로부터 5~7cm 정도 거리를 유지한다.
  • 오른손으로 메모지와 연필을 준비한다.

② 수화기를 들면

- 상대로부터 확인받기 전에 회사명과 소속·이름을 명확하게 밝힌다.
  - 사외 : "△△회사의 ×××과 ○○○입니다."
  - 사내 : "×××과 ○○○입니다."
- 상대를 확인하다 상대가 이름을 밝히지 않아 누구인지 불명확할 경우
  엔 "실례합니다만, 어느 분 되십니까?" 하고 정중히 물어 상대의 이름
  을 정확하게 확인한다.
- 확인 후 아는 사람인 경우 상대와 관련된 간단한 인사 또는 평상시 느
  꼈던 감사의 뜻을 전한다.

③ 용건을 묻는다.

- 지명 전화일 경우에는 지명인의 이름을 복창하여 정확히 확인하고,
  부재중이거나 바꾸어주지 못하는 상황에는 그 이유를 분명하게 설명
  한 다음, 의향을 물어 전달해야 할 용건이 있는 경우에는 반드시 육하
  원칙에 의거하여 메모하고 다시 한 번 확인한다.
- 용건 전화일 경우에는 용건을 신속하고 정확하게 받아 적은 후 내용
  을 재확인하고, 상대에게 양해의 뜻을 전하면서 자기 이름을 다시 밝
  힌다. 전화받는 사람의 이름을 다시 밝히는 이유는 상대에게 신뢰감
  을 주기 때문이다.

④ 회의 중이거나 고객응대 중일 때는 무리하게 전화를 바꿔 주려 하면 안
   된다.

⑤ 용건을 마치면

- "감사합니다.", "좋은 하루 되십시오.", "전화 주셔서 감사합니다." 등
  간단한 마무리 인사를 한다.
- 원칙적으로 전화한 쪽에서 먼저 끊지만 상대가 직급이 아주 높은 상
  사이거나 어른인 경우에는 상대가 수화기를 놓은 후 소리나지 않게
  조용히 끊는다.

⑥ 전언 메모는 책상 위에 두는 것보다 가급적 본인에게 직접 전달한다.

(3) 전화를 걸 때

전화 통화를 할 때에는 자기 이름과 소속을 밝히는 것이 기본 매너이다. 어느 회사의 누구, 혹은 어느 부서의 누구임을 먼저 말하고 상대를 부탁한다. 그리고 상대방이 전화를 받으면 다시 한 번 자신의 이름을 밝히고, 용건을 말한다. 혹 전화를 잘못 건 경우에는 반드시 사과를 한 후에 전화를 끊는다.

용건이 끝나면, 인사말을 하고 건 쪽에서 먼저 수화기를 놓는다. 그러나 상대방이 윗사람이거나 여성일 경우에는 상대방이 먼저 수화기를 놓은 후에 전화를 끊는 것이 예의이다. 통화도중 전화가 끊어지는 경우에는 전화를 건 쪽에서 다시 거는 것이 바람직하다.

① 준 비
  • 용건·대화할 내용·순서를 미리 정리한다.
  • 필요한 서류·자료는 준비한다.
  • 상대의 번호를 확인한다.
  • 복잡한 내용은 메모해 둔다.
② 다이얼은 정확하게 누른다.
③ 상대가 나오면
  • 우선 자신의 이름을 대고 "△△회사의 ○○○입니까?"라고 묻는다. 그쪽에서 먼저 "△△회사 ○○○입니다"라고 밝혔을 때는 다시 확인할 필요는 없다.
  • 간단한 요령을 붙인 인사 또는 일전의 감사의 뜻을 전한다.
  • 용건을 간단하게 순서대로 이야기한다.
  • 얘기가 끝나면 중요한 점을 정리해서 상대가 이해했는지 반드시 확인한다.

④ 도중에서 끊겼다면
  - 원칙적으로 전화한 쪽에서 곧 다시 건다.
  - 끊긴 것을 사과한다. "방금 전화가 끊겼습니다. 대단히 실례했습니다."
⑤ 전화를 끊을 때는
  - 간단한 감사의 뜻 또는 인사를 잊지 않는다.
  - 원칙적으로 전화한 쪽에서 먼저 끊지만 상대가 직급이 아주 높은 상사이거나 어른인 경우에는 상대가 먼저 수화기를 놓은 후 소리나지 않게 조용히 끊는다.

(4) 그 밖의 전화매너

① 직장에서의 사적인 전화를 하는 경우

사무실 내에서는 많은 사람이 근무를 같이하고 있고 전화사용이 많으므로 가급적 사적인 전화는 삼가는 것이 가장 좋다. 그러나 일을 하다 보면 업무 이외의 전화를 걸게 되는 경우가 있기 마련이다. 이럴 때는 가급적이면 점심시간 등을 이용하는 것이 좋고, 분명히 사적인 일이라면 사무실 밖의 공중전화를 이용하는 것이 바람직하다. 부득이 하게 사적인 전화를 하거나 받게 된다면 가능한 한 작은 목소리로 통화하며, 용건을 짧게 하는 것이 좋다. 동료들의 업무에 지장이 없도록 배려하는 마음이 필요하다.

② 잘못 걸린 전화가 계속 걸려 올 경우

평소 전화응대에 익숙해 있는 사람도 잘못 걸려온 전화에 대해 무심코 결례를 범할 수 있다. 그러나 잘못 걸려온 전화라고 하더라도 친절하게 받는 것이 회사의 고객에 대한 예의이며, 그것은 직·간접으로 회사의 이미지에 영향을 줄 수 있다. 그러므로 항상 회사를 대표하는 마음가짐으로 친절히 응대하는 것이 중요하다.

4) 직장에서의 인사매너

회사 내에서의 인사는 가능한 한 적극적으로 하는 것이 바람직하지만 상황을 보아서 하는 센스도 필요하다. 상황에 맞지 않거나 형식을 제대로 갖추지 않은 인사는 오히려 결례나 군더더기에 불과할 수 있기 때문이다. 그때 그때의 상황에 따라 인사를 하는 것이 좋을 수도 안하는 것이 더 좋을 수도 있다.

(1) 인사의 마음가짐

① 인사는 어떤 경우이건 진심으로 해야 하며 겉치레 인사·형식적인 인사는 안하는 것만 못하다.

② 인사는 사회생활에서 가장 그 사람의 인상을 대표하는 것이다. 특히 인간관계에 있어 매우 중요하다.

③ 인사는 내 쪽에서 먼저 하는 습관을 붙일 것이며, 인사의 기회를 잘 잡느냐 못 잡느냐는 인사고과에도 크게 영향을 미친다.

④ 인사를 받았으면 꼭 답례인사를 한다.

(2) 상황에 따른 인사법

① 상대에 따라, 상대와 자신과의 관계, 상대의 연령, 입장, 성격, 성별, 국적 등을 고려해서 인사한다.

② 하루에도 몇 번 만나는 경우, 처음 만났을 때는 정중하면서도 밝게 인사하지만 다시 만나게 되면 밝은 표정과 함께 목례를 하는 것이 좋다.

③ 업무 중 상사나 손님들을 대면하는 경우, 일 자체가 인사할 정도로 여유 있다면 상황에 따라 가볍게 인사한다. 그러나 도저히 인사할 수 없는 경우라면 하지 않아도 무방하다. 오히려 인사를 하느라 작업의 안정성을 잃는 것보다는 열심히 작업에 몰두하는 것이 상대를 배려하는 것이 된다.

④ 모르는 타부서 사람이 인사하는 경우 같이 인사로 예의를 갖춘다. 잘

알지 못한다 하여 그냥 쳐다만 본다면 상대가 민망할 것이다. 우선 인사를 한 후에 주위 동료들에게 누구인지 알아보고 다음에 마주쳤을 때 가벼운 인사말을 먼저 건네면 좋겠다.

⑤ 출퇴근 시 인사의 경우, 아침에 출근해서 하는 밝고 명랑한 인사는 일하는데 있어 활력소가 된다. 먼저 퇴근할 때에도 동료들에게 인사를 하고 가는 정도의 예의는 지켜야 한다. 출퇴근 시 인사를 할 때에는 가벼운 목례보다는 인사말을 곁들여 하는 것이 좋다. 아무런 언어 표현 없이 고개만 꾸벅 하기보다는 밝고 명랑한 미소를 지으며 간단한 인사말을 곁들일 때 상대방에게 더욱 좋은 이미지를 전달할 수 있을 것이다.

(3) 올바른 인사법

① 때와 장소 그리고 경우에 따른 인사말을 알아둔다.
② 인사말에 알맞은 표정도 갖추어야 한다(가벼운 미소를 띤다).
③ 인사말에 따른 동작(인사 혹은 악수)을 올바르게 알아둔다.
④ 많은 사람을 상대로 하는 인사법도 익혀둔다.
⑤ 인사할 때 고개를 굽히는 각도는 가벼운 인사(반경례) 15°, 보통인사(평경례) 30°, 정중한 인사(큰경례) 45°로 깊이 구부릴수록 정중하다.

45° 인사   30° 인사   15° 인사

〈표 17〉 인사의 각도와 상황

인사 종류	인사 각도	상 황
정중한 인사	45°	관혼상제, 집안 어른, 평소에 만나는 일이 드문 회사 중역
일반적 인사	30°	상사를 만났을 때, 보고를 하고 나올 때
가벼운 인사	15°	상사를 두 번 이상 만났을 때, 선배, 동문
목　　례	5°	양손에 무거운 짐을 들었을 때, 엘리베이터 안

5) 접객매너

방문객에 대한 정중함은 회사에 대한 호의와 직결된다. 그러므로 방문객을 접했을 때는 자신이 주는 인상이 회사에 대한 이미지와 직결된다는 점을 늘 인식하고 항상 정중하고 친절해야 한다.

일을 하느라 손님을 맞는 태도, 손님 질문에 곁눈질로 대답하는 태도, 동료나 전화로 이야기하느라 인사하는 손님에게 답례하지 않는 태도 등은 상대를 불쾌하게 할 뿐만 아니라, 그 고객이 커다란 불만을 가진 고객이라면 회사의 이미지에 엄청난 손실을 초래할 수 있다.

접객 서비스의 유의사항
- 찻잔을 받친 쟁반을 너무 높이 들지 않는다.
- 손님과 조금 떨어진 곳에 찻잔을 놓은 다음, 손님 앞으로 살짝 밀어 놓는다. 손잡이가 있을 경우 쉽게 잡도록 손님의 오른쪽에 손잡이가 위치하도록 한다.
- 찻잔을 놓을 때 소리를 크게 내지 않도록 한다.
- 탁자에 서류나 손님의 소지품이 놓여 있을 경우에는 차가 쏟아지는 일이 없도록 옆으로 놓는다.
- 찻잔을 놓은 뒤 "드십시오"라고 가볍게 권한다.
- 찻잔을 치울 때는 신속히 하고 접대에 소홀함이 없었는가를 반성해 본다.
- 손님과 담화 중에는 찻잔을 치우지 않는다(담화에 방해를 줄 뿐 아니라, 손님을 쫓는 듯한 인상을 준다).

일부러 찾아온 상대의 수고를 생각해서 누구에게나 성의 있게 대하는 접객 매너가 체화되어야 한다.

(1) 방문객을 맞이할 때

① 방문객을 맞이하는 것은 담당자가 따로 있는 것이 아니므로 손님이 보이면 즉시 일어서서 목례로 가볍게 인사한다.

② 무슨 일로 왔는지를 묻고 친절한 미소와 인사로 손님을 도와주는 자세가 되어야 한다.

③ 손님의 옷차림이나 말투 등에 따라 무시하거나 차별해서는 안 된다.

④ 손님과 이야기하는 도중 다리를 떠는 행동 등 경망스러운 행동은 절대 삼간다. 이러한 행동은 손님을 무시하는 것으로 받아들여질 수 있다.

⑤ 상사에게 불청객이 방문했을 경우 "회의에 참석 중이셔서 나오시기가 곤란하시답니다. 나중에 연락 드리시겠답니다"라는 식으로 사양의 뜻을 완곡하게 전한다.

⑥ 급한 업무수행 중 손님이 찾아왔을 때는 자리를 권하고 나서 기다리게 한 후 업무를 최대한 빨리 처리하고 손님을 응대한다. 기다리는 사람이 지루함과 어색함을 덜 느끼도록 사보나 그 밖의 읽을거리, 차 등을 미리 권하는 것이 좋다.

⑦ 손님이 찾는 사람이 자리를 비운 경우에는 손님을 적당한 장소로 안내한 후, 곧 바로 연락을 취한다. 담당자가 업무상 외출한 경우에는 부재 사유를 밝히고 귀사 예정시간을 알려준다. 담당자를 대신해 부득이 만나야 할 경우에는 책임질 수 없는 말을 하여 나중에 담당자가 난처해지는 일이 없도록 주의한다.

(2) 방향지시 동작

① 가리키는 목적지 방향으로 등은 펴고 상체를 약간 구부리면서 손가락을

모아 손바닥으로 가리킨다.

② 오른쪽은 오른손으로 왼쪽은 왼손으로 가리키되 방향의 원근에 따라 다른 손은 손, 팔꿈치, 배 등으로 받쳐준다.

③ 팔꿈치의 각도에 따라 거리감을 나타내고 팔꿈치에서 한 번 굽힌 팔은 손끝까지 일직선을 유지한다.

④ 시선처리는 3점법(상대의 눈→가리키는 곳→상대의 눈)으로 상대가 알기 쉽게 한다.

⑤ 대답은 "네, 이쪽(저쪽)입니다"라고 분명하고 경쾌하게 한다.

(3) 물건 수수

① 올바른 방향으로(보기 쉽고, 사용하기 쉽고, 받아서 즉시 사용할 수 있도록) 건네며, 건네는 위치는 허리와 가슴 사이로 반드시 양손을 사용한다.

② 미소를 띠며 물건이름을 말하고, 3점법(상대의 눈→물건→상대의 눈)으로 눈맞춤(eye contact)한다.

(4) 안내 동작

① 복도에서

① 손님에게 위치를 손으로 가리킨 후 손님의 1~2보 앞에서 걷는다.

② 가끔 뒤돌아보면서 손님과 보조를 맞춘다.

③ 방향이나 위치를 가리킬 때에는 손가락을 가지런히 한다.

④ 일반적인 안내 시에는 앞에서 하지만 윗분을 수행 시에는 1~2보 뒤에서 수행한다.

② 계단에서

① 계단을 오르거나 내려가기 전에 손님이 당황하지 않도록 "○층입니다"라고 안내말씀을 드리고, 손님이 계단의 손잡이 쪽으로 걷도록 배려한다.

② 계단의 경우에도 앞에 서서 안내하며, 윗분을 수행 시에는 윗분보다 1~2계단 뒤에서 뒤따라간다.

③ 엘리베이터에서

① 안내양이 없을 때

- "제가 먼저 타겠습니다"라고 말한 후, 먼저 들어가서 손님에게 "이쪽입니다"라고 말하며 들어오게 한다.
- 엘리베이터가 움직이는 동안에는 버튼 가까이에 계속 서 있는 것이 좋다.
- 내릴 때 버튼을 누르고 있으면서 "먼저 내리십시오"라고 말해 손님이 먼저 내릴 수 있도록 배려한다.

② 안내양이 있을 때

- 윗분과 손님이 먼저 타고 먼저 내리게 배려한다.

③ 엘리베이터에서도 항상 여성이 먼저 타고 내릴 수 있도록 배려한다.

④ 엘리베이터의 상석은 조작단추의 대각선 안쪽이다.

⑤ 엘리베이터에서는 손님이나 윗사람의 앞을 가리지 않도록 비스듬히 선다.

④ 응접실 또는 회의실에서

① 문을 열고 닫을 때의 예의

- 바깥쪽으로 여는 문인 경우 : 노크(knock)를 두 번하고 문을 조용히 잡아당긴 후 "안으로 드시지요"라고 말하며 손님이 먼저 들어서게 하고 문을 닫는다.
- 안쪽에서 여는 문일 경우 : 노크(knock)를 두 번 하고 문을 조용히 민다. 안내자가 먼저 들어가 문을 잡고 "들어오시지요!"라고 말하며 손님이 들어선 다음 문을 닫는다.

② 좌석을 권하는 방법

- 내방객이나 손윗사람이 상석에 자리하도록 한다. 손님 일행이 여러 사람일 때는 신분상 상급, 연장자 순으로 권한다.
- 상석은 입구에서 볼 때 안쪽이 된다.
- 긴 의자나 소파는 손님용, 팔걸이 의자는 사내용이다.
- 사무실 책상옆 자리가 사내석이며 그 반대편이 손님석이다. 또한 밖의 풍경이 보이는 위치가 손님석이다.

③ 실내를 정돈하고 재떨이가 깨끗한지를 확인한다.

④ 손님이 기다리는 경우를 대비해 신문, 잡지 등도 비치해 둔다.

(5) 음료 제공

① 음료는 손님께 먼저 드리고 다음으로 회사측 사람에게 서브한다. 여러 명이 있을 때는 먼저 손님측 윗분부터 먼저 드리고 회사측 상급자 순으로 서브한다.

② "실례합니다", "드십시오"라고 말하며 찻잔을 테이블 한쪽에서 한 잔씩 잔받침을 받쳐서 두 손으로 공손히 낸다. 보조 테이블이 있으면 그 위에 잔을 놓으면 되며, 놓을 때는 늘 소리가 나지 않도록 주의한다.

③ 서류 위나 한쪽 가장자리에 놓지 않으며, 놓을 자리가 없을 경우에는 직접 받게 하든지 지시에 따른다.

④ 접대하기 전에 찻잔은 이가 빠진 곳은 없는지, 깨끗이 닦여 있는지, 티스푼이나 잔받침은 깨끗한지 확인한다.

(6) 방문객을 만족시키려면

접객할 때의 침착성, 판단, 응대는 우리들의 일 중에서도 중요한 일이다.

① 빨리 관심을 표명하자 : 다른 사무실에 갔을 때 누구도 관심을 가져주지 않을 때의 서운함을 상기하자. 방문객을 망설이게 하는 것은 실례이다. 방문객의 입장에서 방문객이 가장 좋아할 방법을 생각하자.

② 정중하게 인사를 하자 : 방문객이 보이면 곧 일어나서 인사를 하자. 인사하는 방법 여하로 우리들뿐 아니라 사무실이나 회사 전체가 평가된다. 방문객의 성함을 알고 있을 때는 성함을 불러주는 것이 예의이다.

③ 관심을 표명하자 : 태도나 말에서나 방문객에 대해 관심을 표명하는 것이 중요하다. 엉뚱한 얘기를 하거나 얘기 도중에 다른 일을 하거나 얘기를 들으면서 손으로는 다른 일을 하는 것은 실례이다.

④ 용건을 분명하게 묻자 : 용건은 중점적으로 간단히 물어 상사가 당황하지 않게 방문객의 성함이나 관계사항, 용건을 물어두자. 상사와 약속이 된 방문객이나 약속이 되지 않은 방문객을 대하는 방법을 생각해 두자.

⑤ 기다리는 방문객을 만족하게 하려면
- 모자걸이나 외투걸이를 알려 준다.
- 필요하다면 코트를 벗는 것을 도와주거나 모자를 걸어 준다.
- 의자, 조명, 난방기, 선풍기 등 방문객을 가장 만족하게 해준다.
- 신문, 잡지나 직장에 관계되는 유인물을 주어 우리의 업무를 알도록 한다.
- 상사가 면회할 수 있게 되면 방문객을 안내한다.

⑥ 거절할 때는 정당한 이유를 말한다 : 거절하지 않으면 안 될 때는 정당한 이유를 말하여 쾌히 양해하도록 한다. 이유 몇 가지를 메모해 둔다.

⑦ 방문객에게는 경의를 표한다 : 외관만 보고 사람을 판단하면 실패할 수도 있다. 방문객은 모두 경의를 갖고 응대한다.

⑧ 결과를 생각하자 : 방문객을 대하는 자신을 때때로 반성하여 좋은 결과를 얻고 있는가를 생각해 본다.

(7) 접객서비스 매뉴얼

① 나는 회사의 얼굴이다.

　• 자기 자신을 관찰하여 나쁜 버릇과 습관을 하나씩 고쳐 나간다.

　• 먼저 고객의 마음에 들도록 접객매너를 익힌다.

② 고객은 항상 정직하다.

③ 고객은 항상 내가 자상하기를 원한다.

　• 고객의 시선을 바라보면서 상대방 이야기를 듣는다.

　• 고객을 앞질러 갈 때는 고객의 진로를 방해해서는 안 된다.

　• 고객이 무엇인가를 물었을 때는 기분 좋게 대답한다.

④ 고객은 내가 즐겁게 해주기를 바란다.

⑤ 내가 고객이다.

　• 고객의 입장에 서서 고객중심표현을 한다.

　• 고객을 보호하는 마음을 지닌다.

　• 모든 고객을 공평하게 대한다.

⑥ 하지 않는 것도 서비스이다.

⑦ 문제발생시 환상적인 해결사가 되라!

⑧ 무표정함과 미간의 주름, 차가운 눈매를 고객은 싫어한다.

⑨ 표정에 자신이 없는 사람은 안경착용도 효과적이다.

⑩ 고객에게 호감을 줄 수 있는 최대의 멋은 청결함이다.

⑪ 빠른 손놀림과 손가락질은 고객에게 불친절한 인상을 준다.

　• 두 손으로 공손히 다루면 상품가치도 그만큼 높아진다.

⑫ 매장에서는 늘 고객을 의식하면서 행동하여야 한다.

⑬ 나의 눈동자는 바로 회사의 상품이다.

　• 치뜨는 눈매, 내리뜨는 눈, 곁눈질은 고객들이 싫어한다.

　• 눈동자가 한가운데 고정된 눈매가 고객에게 가장 신뢰를 준다.

- 상대를 지그시 보는 눈과 침착하지 못한 눈은 고객에게 불안감을 준다.
- 고객에게 눈을 뗄 때 시선을 아래로 내린 후에 다른 방향으로 옮긴다.
- 매장 안에 다른 고객의 시선도 의식해야 한다.
- 고객과 대화 중 시선을 돌리고자 할 때, 고객을 1초 정도 더 본 후 시선을 돌리는 습관을 익힌다.

⑭ 고객과의 거리에 따라 행동의 차이가 있어야 한다.
- 고객과의 거리가 떨어져 있을 때는 크게 또는 빠르게 행동한다.
- 고정고객과는 1미터 이내의 응대가 친근감을 높인다.
- 고객에게는 대답만이 아니라 재빠른 행동으로 정성을 보여야 한다.

6) 외출매너

(1) 일반적인 유의사항

① 외출할 때는 반드시 행선지를 상사나 동료에게 말하고 나간다.
② 외출 기록부가 있을 때는 기록하고 외출한다.
③ 나갈 때는 반드시 "다녀오겠습니다" 하고 가볍게 인사한다.
④ 옷차림·헤어스타일 등을 화장실 등에서 간단히 확인하고 나간다.

(2) 외출할 때

① 외출용건에 대해서는 미리 계획을 세우고 출발할 것이며, 방문처가 많을 때는 효율적인 코스를 미리 계획하여 나간다.
② 처음 방문하는 곳은 미리 전화로 묻거나 다른 사람에게 확인하여 사전에 위치를 파악한다.
③ 대리로 방문할 때는 미리 용건을 메모하고 담당자와 충분히 이야기한다.
④ 외출이 길어질 때는 2시간에 한 번 정도로 회사에 연락해서 소재 또는 진행상황을 보고한다.

⑤ 교통비 신청은 순로(順路)에 의한 실제비용을 청구하며, 허위로 청구해서는 안 된다.

(3) 개인 사유로 외출할 때

① 부득이한 경우를 제외하고는 개인 사유로의 외출은 삼간다.

② 상사에게 그 사유를 말하고 허가를 얻는다.

③ 외출용건은 가급적 짧은 시간 내에 끝내도록 하여 사적인 외출시간이 길어지지 않도록 한다.

④ 업무에 우선순위를 두고 사적인 외출을 자제한다.

⑤ 돌아오면 상사에게 미안하다는 뜻의 사과 겸 인사를 한다.

7) 출근매너

직장인은 옷차림에 신경 써야 한다. 아무리 이른 시간에 출근하더라도 언제나 깨끗하고 단정한 복장이어야 한다. 특히 대인관계가 많은 사람은 정장에 넥타이를 매는 것이 좋다. 너무 유행에 뒤떨어진 진부한 차림도 곤란하지만 지나치게 유행을 앞서가는 옷차림 역시 곤란하다.

(1) 출근 전

① 버스·지하철 등의 예상 외의 사유를 고려하여 출근 소요시간 10~20분의 여유를 갖고 집에서 출발한다. 지각은 직장 내 사람들에게 폐가 된다.

② 통근코스도 2~3개 코스를 알아두면 편리하다.

③ 특별한 경우 외에는 밤늦게까지 있지 말고 수면을 충분히 취한다.

④ 집을 나서기 전에 미리 복장을 점검하여 단정하게 하고, 특히 남성의 경우 수염에 신경 쓴다.

(2) 출근했을 때

① 출근시간 10분 전까지는 자기 책상에 앉을 수 있도록 출근한다.

② 업무개시 전에 근무복이 있는 경우에는 바꿔 입어 필요한 옷차림을 한다.

③ 실내정돈, 청소 등의 할 일은 역시 업무 전에 완료한다.

④ 업무준비도 업무 전에 완료하여 시작과 동시에 일을 할 수 있도록 한다.

⑤ 먼저 출근해 있는 사람들에게 아침인사를 한다. 자신보다 늦게 나온 사람들에게도 마찬가지로 인사한다.

⑥ 비가 오는 날에는 실외에서 우산과 레인코트의 빗물을 대충 털고 구두도 대충 닦고 실내로 들어간다.

⑦ 사무실에 들어오기 전에 신발의 흙이나 먼지 등을 잘 털어 몸단장을 깨끗이 한다.

(3) 기 타

① 평소의 출근길에 예기치 않은 사태가 발생했을 때는 미리 알아놓은 다른 코스로 출근하여 업무에 최대한 지장이 없도록 한다.

② 뜻밖의 사고 등으로 늦어질 것 같으면 그 사항을 업무시간 전에 전화로 연락을 취한다.

③ 회사의 비상연락을 받으면 즉시 출근한다.

(4) 근무 중

▣ 동작은 다른 사람의 일에 방해가 되지 않도록 한다

① 앉을 때는 의자를 당기고, 일어날 때는 책상 밑에 밀어 넣는다.

② 집무 중에 말을 걸 때는 반드시 상대방의 호칭을 사용한다.

③ 대화는 되도록 간단히, 낮은 소리로 하고, 큰소리로 말하거나 웃는 것은 금물이다.

④ 계산을 하는 사람에게 말을 걸 때는 끝나는 것을 기다렸다가 한다.

⑤ 개인실, 중견실, 화장실은 반드시 노크를 한다.

2 근무 중에는 함부로 이석하지 않도록 한다

① 이석할 때는 부재 시에 업무에 지장이 없도록 한다.

② 행선지, 용건, 예정시간 등을 상사나 동료에 알린다(메모, 전언).

③ 개인일, 회사일 등으로 외출할 때는 상사의 허가를 얻는다.

④ 부재 시에 예정된 또는 예상되는 용건은 조치 수단을 강구해 둔다.

3 비품, 용구는 소중하게 사용한다

① 뚜껑이나 케이스가 있는 것은 사용 후 반드시 안에 넣어 원상태로 해 둔다.

② 다른 부서에서 빌린 것은 즉시 돌려준다.

③ 공통의 용품은 사용한 후 반드시 정위치에 놓는다.

④ 유성펜이나 풀 등은 사용 후 반드시 뚜껑을 닫는다.

⑤ 공용품에 개인명을 기입하거나 표시하지 않는다. 필요한 것에는 명찰을 붙인다.

4 휴식시간의 구분을 분명히, 절도 있게 한다

① 차 마시는 시간을 기회로, 지나치게 이야기꽃을 피우지 않도록 한다.

② 차를 남기지 않는다.

③ 운동 등을 지나치게 하여 업무에 지장이 없도록 한다.

④ 화장실에서 긴 얘기를 하지 않는다.

⑤ 근무시간 중에 업무 이외의 독서나 다른 일을 하는 것은 좋지 않다.

⑥ 남들 앞에서 부채를 쓰거나 불을 쬐는 것은 삼간다.

⑦ 근무시간 중 또는 내객 시 음식은 삼간다.

⑤ 사내의 통행은 질서 있게 한다

① 통로에서는 조용히, 모서리 우측은 가깝게 좌측은 멀리 돈다.

② 방문객이나 상사와 같이 걸을 때는 왼쪽에, 부득이한 때는 조금 뒤쳐져 걷는다.

③ 안내할 때는 앞서가야 하며, 통로 갓쪽을 조심스럽게 걷는다.

④ 실내의 출입은 문을 연 후, 방문객이나 상사가 먼저 지나가도록 한다.

⑤ 복도를 큰소리로 얘기하면서 걷거나 서서 얘기하지 않는다.

⑥ 통행 중 상사를 만나면 잠깐 멈추어 가볍게 인사한다. 좁은 통로에서는 비켜서서 길을 터 준다.

⑦ 사람을 안내해서 계단을 오를 때는 뒤따르고, 내려올 때는 앞선다.

⑧ 계단의 도중에서 방문객이나 상사를 만났을 때는 비켜서서 길을 터 준다.

⑨ 계단에서 방문객이나 상사의 승강을 알았을 때 바닥에서 통과를 기다린다.

8) 퇴근매너

(1) 퇴근할 때

① 퇴근시간 전에 하던 일을 챙겨 넣는다거나 옷을 갈아입어서는 안 된다.

② 퇴근시간이 되었어도 하던 일이 끝나지 않았다면 적당한 부분까지 끝내고 퇴근한다.

③ 다음날 일정을 퇴근 전에 계획하여 둔다.

④ 책상 위 또는 전용 서류함, 사무용품 등은 정리하고 퇴근한다.

⑤ 퇴근시간 후 남은 일이 없으면 일찍 퇴근하고, 늦게 근무하는 다른 사람에게 잡담을 삼간다.

⑥ 상사・선배・동료에게 확실하게 퇴근인사를 한다.

⑦ 복도・구내에서 상사나 선배, 동료를 만나면 가볍게 퇴근 인사말을 한다.

⑧ 사무실 복도나 실외에 나가자마자 큰소리로 떠들지 않는다.

⑨ 책상 위에는 아무 것도 없도록 깨끗하게 치우고 전기 기구와 컴퓨터의
   전원을 반드시 끈다.

(2) 출타지에서 바로 퇴근할 때

① 출타지에서 바로 퇴근하게 될 것이 예상될 때는 미리 상사에게 그 뜻을
   전하고 출타한다.
② 업무상 시간이 많이 소요되어 귀사하지 못하게 될 것 같으면 퇴근시간
   전에 전화로 상사에게 보고하여 허락을 얻는다.
③ 출타 전의 업무결과는 전화로 반드시 보고한다.
④ 2인 이상이 출타했을 때는 그 중 상급 또는 선임자가 대표로 보고한다.
⑤ 퇴근시간 1시간 이내로 귀사가 가능할 때는 귀사하도록 한다.

9) 결근·지각·조퇴매너

(1) 기본적 마음가짐

① 결근, 휴가일자를 미리 알 때는 되도록 일찍 보고한다.
② 결근기간 중 처리할 사항은 상사에게 보고하며 선배나 동료들이 해야
   할 일도 미리 말해둔다.
③ 급한 일로 결근해야 할 때는 출근시간까지 그 사유를 전화 등으로 보
   고·연락한다.
④ 장시간 결근 때는 기간 중 종종 연락을 취한다.
⑤ 유급휴가는 가급적 업무상황을 보아가며 한다.
⑥ 결근 후 첫 출근 시에는 여러 사람에게 두루 인사한다.

(2) 지 각

① 지각이 예상될 때는 우선 도중이라도 그 사유와 함께 연락을 취한다.

② 지각했을 때 당연하다는 표정은 있을 수 없다. 진심어린 미안한 태도로 인사한다.

③ 상습적인 지각은 승진에 영향이 있을 뿐 아니라 그것을 고치지 않는 한 결국은 그 직장에서 밀려나게 될 수도 있다.

(3) 조 퇴

① 가급적 일찍 상사, 기타 책임자에게 보고하여 허락을 얻는다. 미루다가 조퇴시간이 다 되어서야 말하는 것은 좋지 못하다.

② 하던 일 중 계속해야 할 사항은 선배나 동료에게 부탁해 둔다.

③ 조퇴의 이유는 사실대로 말한다.

10) 회의·집회매너

(1) 일반사항

① 회의·집회의 목적을 확실히 알아둔다.

② 출석 전에 목적·의제에 관해 연구·검토하고 자신의 생각이나 의견을 정리해 둔다.

③ 시작시간 1~2분 전에 출석하여 분위기 등을 미리 파악한다.

④ 회의·집회에 불참 또는 지각 시에는 그 뜻을 사전에 연락한다.

(2) 회 의

① 자신의 의견·주장을 명확하게 발언한다.

② 의견이나 주장은 항상 건설적이고 생산적이어야 한다.

③ 이해관계·면목·감정 등에 사로잡힌 발언이나 태도는 극히 삼간다.

④ 회의 중에 졸거나 하품, 잡담 기타 회의진행에 방해 또는 비협조적인 언동이나 태도를 취해서는 안 된다.

⑤ 회의는 사회자의 지시에 따라 질서 있게 진행되도록 협력한다.

⑥ 자신의 의견이나 주장이 부결되었다 하여 불만을 품고 퇴장하거나 욕설하는 것은 극히 비민주적이다. 의결된 사항에 대해서는 자신의 뜻과 상반되어도 따라야 한다.

(3) 집 회

① 집회는 업무촉진·합리화·자기계발·친목·인간관계의 촉진 등 진취적이어야 한다.

② 집회는 사전에 반드시 회사에 알린다.

11) 경조사 매너

(1) 타인의 경조

① 경조에 맞은 당사자의 입장에서 생각하고 행동하라.

② 진심으로 축복 또는 애도하는 자세가 중요하다.

③ 상대나 그 관계자들에게 불쾌감을 주거나 신경을 곤두세울 언동은 금해야 한다. 자신은 그렇게 생각하지 않는 것도 경·조사 때는 엉뚱하게 해석되는 경우가 많다.

④ 경조관련 의식에는 가급적 참석토록 한다.

⑤ 경조의식 참가 때는 성격에 따라 차림새에 유의하여야 한다.

(2) 자신의 경조

① 자기 또는 친척의 경조는 가급적 조용히 떠들썩하게 행동하지 않는다.

② 자신의 기분을 남에게 강요하지 않는다.

③ 경조 인사를 받으면 진심으로 고맙게 여기고 답례한다.

④ 금전, 노역 등으로 폐를 끼치지 않는다.

⑤ 자신과 관계되는 경조일 때는 업무나 근무시간 등을 생각해서 가급적 폐가 되지 않도록 한다.

(3) 선물 및 축하금

선물이란 상대방에게 보내는 사람의 후의와 감사 혹은 우정을 담는 표현이라 할 수 있으니 마음이 전해지지 못했을 때는 그 뜻을 상실하게 되는 것이다.

① 선물매너
① 선물로 받은 것은 되돌려 보내지 않는다.
② 선물은 상대방의 교양, 취미를 사전에 파악하여 알맞은 것으로 선택한다.
③ 자기의 경제력을 감안하여 분수에 맞는 선물이 되도록 하여야 한다.
④ 자기가 선물로 받은 것을 다시 남에게 선물해서는 안 된다.
⑤ 선물은 그 자리에서 펴보는 것이 에티켓이다.

② 선물해서는 안 되는 것들
① 출산한 집이나 신경이 과민상태인 병자를 위문할 때는 물건을 네 개로 가져가지 않는다. 4자는 사(死)자와 오해되기 때문에 피하는 것이 좋다.
② 호흡기 질환을 가진 환자에게는 꽃을 가져가지 않으며, 다른 환자에게도 흰 꽃만은 가져가서는 안 된다.
③ 결혼하는 사람에게 검은색 옷감을 주는 것은 미망인을 연상케 하므로 피해야 한다.
④ 이성 간에는 내의나 잠옷을 선물하는 것은 오해를 부른다.

③ 포 장
① 선물을 할 때는 반드시 포장을 하는 것이 좋다. 또한 리본을 곁들여 사용하면 더욱 좋다.

② 조사(弔事)에는 흑, 백, 회색을 사용한다.

③ 포장을 할 경우 카드를 첨부시키면 좋다. "생일을 축하합니다!", "베풀 어주신 후의에 감사합니다!" 등 간단한 글과 자신의 이름을 써 놓는다.

④ 축하금

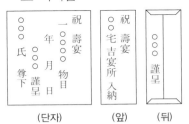

(단자)　(앞)　(뒤)

① 봉투나 단자를 쓸 경우에는 깨끗하게 성의를 다한다.

② 액수는 자기의 처지에 알맞게 분수에 넘치지 않도록 한다.

축의금과 부의금 봉투에 사용하는 용어

- 結婚式(결혼식) : 祝華婚(축화혼), 祝華燭(축화촉), 祝盛婚(축성혼), 祝結婚(축결혼)
- 回甲宴(회갑연) : 祝壽宴(축수연), 慶儀(경의), 賀儀(하의), 壽儀(수의), 祝儀(축의)
- 年末年始(연말연시) : 歲儀(세의), 送舊迎新(송구영신), 菲品(비품), 歲饌(세찬)
- 送別(송별) : 餞別(전별), 惜別(석별), 精領(정령)
- 賻儀金(부의금) : 謹弔(근조), 賻儀(부의), 弔儀(조의)

---

⑤ 남에게 선물을 보낼 때 쓰는 용어

남에게 선물을 보낼 때는 '조품(粗品)'이오나(이지만, 으로서)와 같이 쓰고, 선물을 받았을 때는 '진품(珍品)'이라고 쓰며, 구체적으로 살펴보면 조품과 함께 쓰이는 용어는 미의(微意), 비품(菲品), 정표(情表), 조과(粗果), 조어(粗漁) 등이 있으며, 세의(歲儀)를 보낼 때는 송구영신(送舊迎新), 세찬(歲饌), 정령(情領), 박례(薄禮), 예정(禮呈), 약례(略禮), 촌지(寸志), 비의(菲儀), 미충(微衷)이라고 쓴다.

⑥ 남에게 증정(贈呈)을 할 때 쓰는 용어

존경하는 손윗사람에게 무엇을 증정하여 보낼 때는 '복정(伏呈), 복송(伏送), 봉정(奉呈), 봉송(奉送), 경정(敬呈)'이란 용어를 쓰고, 보통 사이나 친구에게는 '앙정(仰呈), 증정(贈呈), 송정(送呈), 기증(寄贈), 근정(謹呈)하나이다(하오니, 하오며).'와 같이 쓰고 손아래 사람에게는 '분정(分呈), 부송(付送), 기송(寄送), 위송(爲送)'이라 쓴다.

⑦ 선물을 받았을 때 쓰는 용어

'후의(厚意) (또는 진품(珍品), 귀품(貴品), 미과(美果)) 감사드립니다!'라고 쓴다.

(4) 문 병

불행히도 병석에 누워 신체의 자유를 잃고 정신적으로도 초조와 고독으로 우울한 처지에 놓여 있는 사람에게는 무엇보다도 따뜻한 간호의 손길이 필요하다.

① 문병시간
① 보통 10~15분, 길면 30분 가량 문병한다.
② 어느 때나 병문안을 짧게 끝내서 환자의 부담을 감소시킨다.
③ 문병시간은 병원에서 정한 면회시간 또는 오전 10시경이나 오후 3시경이 좋으며 환자의 식사시간, 안정시간, 의사의 회진시간은 피한다.

② 위로의 말
① "부상을 당하였다기에 무척 놀랐습니다. 이만하기 다행입니다."
② "친환(親患) 또는 내환(內患)에 계시다니 얼마나 걱정되십니까?"
③ "요새는 병환이 좀 어떻습니까? 차도가 좀 있다니 반갑습니다."

④ "요전보다 안색이 퍽 나아 보입니다. 이제 얼마 아니면 완쾌되겠지요."

(5) 조 문

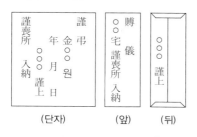

(단자)　(앞)　(뒤)

슬픈 일을 당하였을 때 서로 찾아보고 위로하는 것은 마땅히 하여야 할 바이다. 또한 흉사일수록 상대의 마음을 상하지 않도록 배려하는 마음가짐이 필요하다. 조문의 방법은 상가(喪家)의 상례(喪禮) 유형에 따라(종교 의식 등으로) 다르겠으나 일반적으로 다음의 예를 따르면 된다.

① 조문의 순서

조문의 순서는 다음과 같다.

① 영전에 꿇어 앉아 향을 피운다.
② 일어서서 재배(再拜)를 하거나 기도 또는 묵념을 한다.
③ 상주에게 인사를 한다.

② 분향요령

향에 불을 붙여 불꽃을 끈 후 향로에 꽂게 되는데, 이때 불꽃을 입으로 불지 않고 왼손을 흔들어 끈다.

③ 조문인사

① "돌아가셨다는 부고를 받고 놀랍고 믿어지지가 않았습니다. 얼마나 망극하십니까?"
② "병환이 위중하시다는 말씀을 들었습니다마는, 이렇게 돌아가실 줄이야 누가 알았겠습니까?"

233

③ "병환이 대단하시다더니 고생하시다 돌아가셨군요. 참 무어라 위로의 말씀을 드려야 할지 모르겠습니다."

④ 문상의 복장

유족은 물론 상복을 입지만 일반 문상객은 화려하지 않은 평복을 입는다. 이때 될 수 있으면 단색으로 하며 화려한 것은 피하는 것이 좋다. 요즈음은 검은 양복에 검은 넥타이를 매고 문상하는 경향이 많다.

⑤ 밤 샘

상가에서는 친척과 친지들이 모여 밤샘을 하게 되는데, 이는 유가족들의 슬픔을 위로하고 돌아가신 이의 추억담으로 돌아가신 이를 추모하는 의미이다. 이때 무엇보다도 주의할 사항은 지나친 웃음 등으로 엄숙한 분위기를 해치지 않아야 한다. 또 미리 상제에게 밤샘하겠다는 뜻을 알려 어려운 일이나 도울 일을 맡아 도와주는 것이 좋다. 화투나 카드, 지나친 음주는 자제해야 한다.

⑥ 조위금

상가에 전달하는 조위금은 액수보다는 정성과 성의를 나타내므로 전달과정에서 엄숙하고 성의 있게 하는 것이 중요하다. 봉투와 내면지를 쓸 경우에는 깨끗하게 성의를 다한다. 액수는 자기의 처지에 알맞게 분수에 넘치지 않도록 한다. (51)

12) 상사와 자동차에 동승할 때 에티켓

(1) 탈 때

① 부하가 차 뒷문을 열고 상사를 먼저 승차시킨다.

② 상사가 여럿일 때는 상급자부터 승차시킨다.

③ 직위가 같을 때는 연장자부터 먼저 승차시킨다.

④ 운전기사가 있는 승용차의 좌석순서는 뒷좌석의 오른쪽이 1석, 왼쪽이 2석, 운전석 옆이 3석이며 뒷자석 중간이 가장 말석이다.

⑤ 자가운전자의 승용차인 경우에는 자진해서 운전석 옆자리에 앉는 것이 통례이며 그곳이 상석이 된다. 그리고 뒷좌석의 오른편이 2석, 왼쪽이 3석 중간이 가장 말석이다.

⑥ 상석의 개념은 타인으로 방해받지 않고 편안한 자리라고 생각하면 된다.

[그림 6] 승차 시 좌석순서

(2) 주행 중일 때

① 상사의 몸에 기대거나 붙지 않도록 한다.

② 행선지, 길 안내는 상사만이 알고 있을 경우를 제외하고는 부하직원이 말한다.

③ 상사의 질문 또는 말이 있을 때만 대답하고 부하직원 쪽에서 불필요한 말을 먼저 하지 않는다.

④ 부하직원이 앞좌석일 때 뒷좌석의 상사가 말을 걸어도 돌아보고 답하지 말고 앞을 향한 채 대답한다.

⑤ 요금·팁 등은 부하직원이 지불한다.

(3) 내릴 때

부하가 먼저 내려 차 문을 열어주거나 상사가 직접 열고 나오면 내릴 때까지 옆에 서서 기다리다가 상사가 내리고 나면 차 문을 닫는다.

13) 사람을 소개할 때 에티켓

① 동성 간의 소개는 원칙적으로 연하의 사람을 먼저 소개하고 연장자를 소개한다.

② 이성 간의 소개는 원칙적으로 남성을 먼저 소개한다. 단 남성이 연장자이거나 상사일 때는 여성을 먼저 소개한다.

③ 많은 사람을 동시에 소개할 때는 가장 가까운 곳에서부터 또는 가장 먼 곳에서부터 성명만을 소개한다. 경우에 따라서는 직업이나 직책을 함께 소개하는 일도 있다.

④ 많은 사람을 소개할 때는 한 사람씩 자기 스스로 소개시키는 방법도 있다.

⑤ 다른 사람에게 자기회사 직원을 소개할 때는 연장자 또는 직위 순으로 소개한다.

14) 타인에게 소개되었을 때 에티켓

① 신입사원 시절에는 상사·선배로부터 초면의 사람에게 소개되는 경우가 많이 있다. 그럴 때에는 가만히 있지 말고 소개하는 말이 끝나면 정중히 인사를 한다. 가만히 서 있으면 상대에게 실례일 뿐만 아니라 소개하는 사람에게도 결례가 된다. 소개하는 말이 끝나면 정중히 인사를 하며 "○○○라고 합니다. 잘 부탁드립니다"라고 말하고 명함을 건넨다.

② 소개받는 사람이 외부인이라든가 손님일 경우에는 소개하는 사람에게 평소에 도움을 받고 있다는 뜻의 말로 소개자의 품위를 높여준다.

③ 응접실 같은 곳에서는 상대로부터 "앉으십시오"라는 말이 있은 후 의자
　에 앉도록 한다.

15) 명함교환의 에티켓

　자기 명함을 줄 때는 반드시 일어서서 오른손으로 준다. 오른쪽이나 오른
손은 서양에서 경의를 표하는 것으로 인식되어 오고 있다고 한다. 회사 일로
명함을 올릴 때에는 자기 소속을 분명히 밝힌다. 이때 상대방에게 주는 인상
이 자기가 추진하는 업무의 성공여부를 결정한다고 해도 과언이 아니다. 명
함을 받을 때에도 일어서서 두 손으로 받아야 한다. 한 손으로 받는 것은 상
대에게 거만한 인상을 줄 수 있고 예의에도 어긋난다. 주고받는 자세만큼 중
요한 것은 상대의 명함을 그 자리에서 확인하는 일이다. 명함을 받자마자 보
지도 않고 바로 집어넣지 않도록 해야 하며, 상대가 명함을 내밀 때 딴전을
피우지도 말아야 한다. 상대방 명함을 손에 쥔 채 만지작거리거나 탁자를 툭
툭 치는 등 산만한 행동을 보여서도 아니된다. 또한 상대방은 명함을 내미는
데 "저는 명함이 없는데……"라고 말하는 것만큼 큰 실례도 없으므로 항상
명함을 소지하도록 한다. 마지막으로 명함은 상대방을 알 수 있는 가장 기본
적인 자료이므로 활용하는데 따라 효과적인 성과를 이룰 수도 있다는 점을
염두에 두자.

① 명함은 방문자가 먼저 건넨다.
② 2명 이상이 방문했을 때는 높은 직위자부터 차례로 건넨다.
③ 명함을 건넬 때는 "○○○입니다. 잘 부탁드립니다"라는 정도의 인사말
　을 곁들이는 것이 좋다. 명함 위쪽을 양손으로 잡든가 한 손은 명함 쥔
　손을 받치는 듯이 하며 건넨다.
④ 상대의 명함을 받을 때에는 양손으로 받으면서 머리를 약간 숙여 인사

하며 받는다.

⑤ 명함을 받으면 성명을 확인한다. 읽기 어려운 한자는 그 자리에서 읽는 법을 물어 후에 실례가 되지 않도록 한다.

⑥ 받는 명함은 그 날 중으로 만난 일자·소개자·만난 장소·기타 사항들을 메모하여 명함과 함께 두면 후에 편리할 때가 많다. (52)

16) 화장실 에티켓

① 근무의 연장임을 잊지 말고 늘 주위와 고객을 의식하고 주의한다. 화장실에서 고객의 흉을 보면서 직원끼리 비웃을 때 고객의 한 사람으로서 참으로 난감했던 경우가 많다.

② 특히 여성의 경우, 화장실을 사용할 때 물 내리는 소리를 적절히 사용하여 정숙한 면을 표현한다(물 낭비는 조심).

③ 세면대를 사용할 때 장시간 본인만 사용하지 않도록 유의하고, 사람이 많은 경우에는 신속하게 한쪽으로 비켜서서 함께 사용한다.

④ 세면대 사용 후에는 반드시 핸드페이퍼 등으로 손을 닦은 후 세면대의 물기를 닦아놓는다.

⑤ 큰소리로 동료를 부르거나 험담을 삼간다.

17) 휴게실 에티켓

① 공중전화의 통화는 가능한 짧게, 사적인 대화는 가급적 노출을 피한다.

② 사내행사나 사내계획, 회사에 대한 불평은 삼가고, 공중전화기나 자판기 등 시설물의 고장에 대해서도 지나친 불만표시나 낙서를 삼간다.

③ 음료자판기 이용 시 질서를 지키며 앞뒤 사람을 배려하며 선다.

④ 음료를 마실 때에는 자판기로부터 비켜서서 다른 이용자에게 불편이 없도록 배려한다.

⑤ 너무 큰소리로 말하거나 좌석을 많이 차지하지 않았는지 유념한다.

⑥ 흡연은 흡연구역에서만 하되, 연장자 및 상사 앞에서는 삼가고 자세에 유의한다.

⑦ 이용 후 테이블과 의자를 바로 놓고 뒤처리(빈컵, 재떨이 상태 등)가 깔끔하게 되었는지 확인한다.

18) 직장인과 인간관계

① 직장의 사람들과 조화를 이룬다.

② 상사에 대해서는 존경하는 마음을, 얘기를 할 때는 칭찬해 준다.

③ 같이 일하는 사람들의 일도 칭찬해 준다.

④ 만약 칭찬할 일이 없다 하더라도 나쁜 얘기는 하지 않는다(않도록 조심한다).

⑤ 직장의 상황이나 작업조건의 변화에 자신을 적응시킨다.

⑥ 남의 비평을 선의로 받아들이고, 말해 준 사람에게 감사한다.

⑦ 상대방의 입장에서 생각하고 상대방의 기분을 존중한다.

⑧ 남의 물건을 취급할 때는 자기 물건 이상으로 주의한다.

⑨ 예의바르게 "감사합니다.", "안녕하십니까?" 등 인사를 잊지 말고, 기분 좋게 한다.

19) 비즈니스매너, 세계적인 비즈니스맨들이 말하는 '직장생활 성공비결'

"Good manner is good business."라는 말이 있다. 말 그대로 좋은 매너가 성공적인 비즈니스를 만든다는 뜻이다.

남에게 호감을 주는 좋은 인상을 가질 수만 있다면, 그 사람이 하는 일은 좋은 결과를 가져올 수밖에 없다. 이와 반대로 타인에게 불쾌감을 주는 행동이나 좋지 않은 이미지를 갖고 있는 사람은 비즈니스의 성공확률도 그만큼 낮아질 것은 자명하다. 좋은 매너와 호감을 주는 이미지는 성공의 지름길이다. 세계적인 비즈니스맨들이 말하는 '직장생활 성공비결'은 다음과 같다.

(1) 국제비즈니스매너(An International Business Manners)

한 나라에는 그 사회의 질서 유지를 위하여 그 나라 국민들이 반드시 지켜야 할 법이 있듯이, 우리의 일상생활, 사회생활, 사교생활에 있어서도 각자가 따라야 할 행동기준이 존재한다. 이러한 행동기준 중에서 가장 중요한 것이 그 사회에서 전통적으로 존중되어온 예의범절, 즉 에티켓과 매너이다. 민족마다, 국가마다 다르고 또 시대에 따라서 그 시대 기준에 맞게 새로 생기고, 소멸하며 자꾸 변화한다.

오늘날 교통과 정보통신의 발달로 세계가 상대적으로 좁아지면서, 세계는 하나로 통합되는 경향으로 흐르고 있다. 이와 같은 국제화, 세계화, 개방화의 시대를 살면서 우리는 우리의 것만을 고집할 수도, 그렇다고 무턱대고 서양의 것을 그대로 따를 수만도 없는 실정이다. 그러므로 우리의 예절을 소중히 간직하면서, 국제화되어 전 세계에 널리 퍼져 있는 서양 예법을 우리 것으로 받아들이고 몸에 익히는 현명한 선택이 필요하다.

국제사회에서 한국, 우리 기업의 위상이 점차 높아지는 가운데 우리 비즈니스맨들이 국제적인 예절감각을 자연스럽게 갖춘다면 앞으로 국제적으로 활동하는데 도움이 될 것이다.

(2) 자신의 장·단점과 스타일 파악

공부 잘하는 사람들이 나름대로 전략과 비결이 있듯이, 성공한 비즈니스맨에게는 사회생활에 대한 나름대로 전략과 비결이 있다. 그렇다면 그들의 특징과 각자의 특징을 비교해 나름대로 장·단점부터 파악한 다음, 단점부터 고쳐간다면 훌륭한 비즈니스맨이 될 것이다.

(3) 직장에서 성공하기 위한 최고의 비결

① 세계적으로 가장 성공적인 비즈니스맨 100명이 말하는 비결은 예절 및 행동이 93%, 능력은 7%이다.

② 국내 기업체의 최고경영층이 응답한 비결은 예절 및 행동이 90%, 능력은 10%이다.

③ 어느 회사 설문조사에서 직장에서 함께 일하고 싶은 타입의 동료는 매사에 솔선수범하는 사람이 1위, 인간성 좋은 사람이 2위이다. (53)

20) 고객이 바라는 종사원매너

고객은 우리들에게 무엇을 바라는 것일까? 우리들은 항상 이러한 점을 생각하여 행동하도록 유의하자.

❶ 친절매너

종사원이 열의가 없다, 냉담하다고 하는 것은 고객의 불만 중 가장 큰 원인이다. 냉담한 응대를 예상하고 있는 중에 뜻하지 않게 따뜻하고 친절한 응대를 받았을 때의 호의는 참으로 인상에 남는 것이다.

❷ 신속매너

기다린다는 것은 누구나 좋은 일은 아니다. 설령 바쁠 때라 할지라도 조금만 마음을 쓰면 고객이 지루하게 느끼지 않게 할 수도 있다.

❸ 공평매너

신분 등으로 차별대우를 받거나, 아는 사람이라 해서 특별히 친절하게 대하는 것을 본다면 기분이 좋지 않을 것이다. 누구에게나 평등하게 인격을 존중하여 응대를 한다.

❹ 품위 있는 말과 태도매너

난폭한 또는 천한 말을 쓰거나 거친 태도, 거만한 태도를 보고 좋아할 사람은 없다. 품위 있는 말씨와 씩씩하고 예의바른 태도야말로 누구나 바라는 것이며, 그것은 또한 우리들의 회사를 훌륭하다고 상대방이 좋은 인상을 받게 되는 것이다.

❺ 고상한 교양매너

우리들의 품위 있는 교양을 익힘으로써 점점 좋게 남에게 호의를 주게 되는 것이다.

21) 음주매너

① 회식은 근무의 연장으로 생각하고 예의 바르게 행동한다. 특히 술자리에서 동료나 상사의 험담을 하지 않는다.

② 외국인과 동석한 자리에서 술잔 돌리기나 폭탄주 등을 강요하지 않는다. 특히 여사원에게 술 따르기를 강요하거나 성적인 농담을 하지 않는다.

직장생활을 하면서 술과 접할 기회가 많다 술은 인간관계를 깊게 하는 윤활유의 역할도 하지만, 공식적인 장소에서는 볼 수 없는 인생의 여러 모습들이 노출됨으로 해서 잘못하면 인간관계가 파괴되는 경우도 있다. 자칫하면 자제력을 잃어 예의에 어긋나는 일을 하게 되기 쉬우므로 항상 주석(회식자리나 모임)에서도 깍듯이 매너를 지키며 조심하는 마음가짐이 필요하다. 아울러 과음이나 숙취로 인하여 다음날 지각·결근을 해서는 안 된다.

주석(술자리)에서는

주석에서의 실수가 본인의 직장생활에 치명적인 오점이 될 수도 있으므로 유의한다.

① 회사경영방법이나 특정인물에 대한 비판을 하지 않는다.
② 직장이나 상사에 대한 험담을 하지 않는다.
③ 평상시 얌전하던 사람이 주석에서 이의로 말이 많아지면 빈축을 산다.
④ 잘난 체 지식을 늘어놓지 않는다.
⑤ 파티의 여흥에서 스타가 되려고 애쓰지 마라. 주석에서의 능력이 업무 면에서 평가되는 일은 없다.
⑥ 주법을 잘 지켜야 한다.

22) 수명(受命)과 보고 매너

(1) 업무명령(지시) 받는 법

업무명령(지시)은 일이 실시되는 실마리이다. 일반적으로 흔히 말하는 "하나를 듣고 열을 안다"면 별문제가 아니나, 가령 그렇다 해도 그 명령 내용은 충분히 음미되고, 필요한 것은 빼지 않고 명령 수령이 끝나야 한다.

① 명령을 받는 마음가짐은(명령 또는 지시 4원칙)
① 명령을 받을 때는 늘 메모를 준비한다.
② 끝까지 잘 듣고 질문한다.
③ 명령을 받은 뒤 간단히 복창한다는 것을 잊지 않는다. 곧바로 일에 착수한다.

② 의견이 있을 때는
① 자기 입장에서 공정히
② 겸허한 기분으로 솔직히

③ 사실 있는 그대로를 간결하게 상사의 지시를 구한다.

③ 명령을 받은 때

① 명령자는 무엇을 하고자 하는지 그 중심점을 재빨리 포착한다. 왜, 무엇을

② 올바르게 내용을 판단한다.

③ 시기를 놓치지 않고 실행으로 옮긴다. 언제, 어디서, 누가, 어떻게. 이로써 충분한가를 검토한다.

(2) 보고하는 법

① 보고의 원칙

① 명령, 지시받는 것을 끝내면 즉각 보고한다.

② 보고는 먼저 결론을 말한다. 필요가 있다면 이유, 경과 등의 순으로 간단히 말한다.

③ 보고는 적당히 끊어서 요점을 강조하되, 추측이나 억측을 피하고 사실을 분명하게 말한다.

④ 필요하면 자료를 준비한다.

⑤ 복잡한 내용, 기록으로 남길 필요가 있는 것, 관계부서에 알릴 필요가 있는 것은 문서로 보고한다.

⑥ 중간보고는 힘써 행한다. 현상, 경과, 예상, 예정 등을 빠짐없이 보고한다.

⑦ 보고는 당연히 지시한 사람에게 한다.

② 보고서 작성의 마음가짐

① 상대가 어느 정도 아느냐를 생각한다.

② 쉬운 표현을 쓴다.

③ 복잡한 내용은 도표를 사용한다.

④ 내용은 항목별로 쓴다.

⑤ 흥미를 갖게 한다.

⑥ 필요하면 결론을 먼저 작성한다.

③ 보고를 필요로 하는 4가지 경우

① 지시받은 일이 끝났을 때

② 장기적, 계속적 업무의 경우는 그 진행사항을

③ 지시받은 일이나 이미 승인된 작업계획이 도중에 그대로 진행되지 아니
할 때

④ 자기가 담당하고 있는 업무와 관련이 있는 정보가 손에 들어왔을 때

④ 보고에는 구두로 하는 보고와 문서에 의한 보고의 두 종류

보고내용이 특히 긴급을 요하는 경우는 우선 구두로 보고하고 나중에 보고
서를 작성하면 된다.

(3) 전달하는 방법

직장 내·외의 사람에 대해서는 상사대신 연락을 취하기도 하고 직장 내·
외 사람으로부터의 연락사항을 상사에게 전하는 일이 항상 많이 있다. 이때
연락수단으로 전화, 면접, 문서에 의한다. 여기서는 전화와 면접에 의한 연락
시의 주의와 유의사항에 대해서 기술한다.

① 전하는 내용을 정확히 듣는다

② 요점을 확실히 파악한다(5W 1H 원칙에 입각하여)

예를 들면

① When(언제) : 7월 2일(월) 오전 10~12시까지

② Who(누가) : 임원 및 각부서 팀장

③ Where(어디서) : 9층 회의실

④ What(무엇을) : 임시간부회의

⑤ How(어떻게) : 대표이사 이하 전 임원 참석하게, 기획실장의 사회로

③ 정보전달의 유의사항

정보를 보내는 사람, 받은 사람 간에 제삼자가 기재해 있을 때는 정보전달에 사실을 사실로서 상대의 감정을 감정으로서 명확하게 전달하는 것은 상당히 어렵다. 왜곡, 탈락, 각색, 애매한 표현 등이 종종 있기 때문에 엄중하게 주의해야 한다.

❶ 자기 나름대로 해석해서는 안 된다.

자기가 수발하는 정보는 사실인가, 상대를 자기 나름대로 생각, 감정, 추측이 들어 있지 않은가를 끊임없이 주의한다. 예를 들면 "상대편의 마음이 내키지 않는 모양입니다"라고 상사에게 전했을 때 그 상대가 그와 같은 의사를 표시했는지 전달자가 그렇게 느꼈는지 상사는 분간할 수 없다. 이럴 경우 "부탁드리러 올라갔을 때 서류를 읽고 있으면서 아무 말도 하지 않았습니다"라고 사실대로 말하여 상사가 질문할 때 "아무 대답이 없었기 때문에 저로써는 받아들일 생각이 없는 것으로 느껴졌습니다"라고 대답하면 된다.

❷ 단정하지 않는다.

상사의 부재중에 방문한 손님이 돌아간 후 "어떤 사람이었지?"라고 상사로부터 들었을 때 "뭐라고 할까요, 별로 느낌이 좋지 않은 사람이었습니다"라고 대답하는 것은 단정이 들어 있다. 몇 가지의 사실을 열거한 후 "…… 이렇게 말하는 것을 볼 때 그렇게 느낌이 좋은 사람 같이 보이지는 않았습니다"라고 대답해야 한다. 단정은 정보를 받는 사람에게 정보를 믿게 만들기 때문이다.

23) 종사원이 지켜야 할 직장에티켓

① 약속시간을 꼭 지킨다.

② 지시받을 때 꼭 메모를 한다.

③ 항상 밝은 소리로 대답한다.

④ 언제나 수동적으로 적당히 일하고 있는 것은 아닌지 되돌아본다.

⑤ 끝까지 듣지도 않고 "할 수 없다"는 대답을 하지 않는가?

⑥ 상사에게 보고는 빠를수록 좋다.

⑦ 보고요령을 숙지하고 있어야 한다.

⑧ 회식자리라 해서 멋대로 행동해서는 안 된다.

⑨ 개인적인 일을 직장에서 하지 않는다.

⑩ 사내행사에 이유 없이 불참하지 않는다.

⑪ 동료의 어려운 일을 모른척해서는 안 된다.

⑫ 부서에서 중요한 일이 발생했을 때 도움이 되는 행동을 해야 한다.

⑬ 평소에 자신의 건강을 위해 노력한다.

⑭ 업무 마무리를 철저히 한다.

⑮ 주변동료들에게 피해를 주지 않는다.

⑯ 여사원은 사무실에서 화장을 하지 않는다.

⑰ 보기 흉할 정도로 직원들끼리 다정한 태도를 취하지 않는다.

⑱ 무신경한 말로 타인에게 상처를 받게 해서는 안 된다.

⑲ 상대방의 이름을 묻지 않고 연결해서는 안 된다.

⑳ 직장의 이미지를 손상하지 않는다.

24) 여사원에 대한 매너

남자사원에게 있어서 여사원의 존재는 그녀들이 갖고 있는 상냥함, 세심한 배려 등으로 인하여 업무에 직접, 간접으로 영향을 미치므로 여사원과의 접촉은 남자사원들과 접촉하는 것과 마찬가지로 인격을 존중하고 상호존경의 마음을 갖는 것이 중요하다. 최근에는 성희롱관련 교육 및 법적인 제도가 마련되어 있어 더욱 관심을 가져야 한다. 따라서 아래의 몇 가지 사항들에 유의하여 보다 밝고 명랑한 사내 분위기를 조성하도록 힘써야 할 것이다.

① 여직원의 외모 및 몸단장에 관한 화제를 삼간다.
　　예 "오늘 화장은 아주 매력적이군."
　　　"아주 날씬해 보이는데."
② 반말이나 지나친 농담 및 외설스런 화제는 삼간다.
③ 업무상의 실수에 대해서 여성임을 비하시키지 않는다.
　　예 "여자이니 할 수 없군."
④ 특정한 여사원의 장단점을 화제 삼지 않는다.
⑤ 개인적인 심부름을 시키지 않는다.
⑥ "미스 김"보다는 "김 ○○씨"로 호칭한다.
⑦ 정해진 자신의 업무외의 공적인 일에 대해 남·여 직원을 불문하고 협동하는 자세로 임한다.
⑧ 특정한 여사원과 친하게 지내지 말고 공평하게 대한다.

25) 신입사원의 직장예절

사회 초년생에게 요구되는 것은 젊은이다운 신선함과 정열이다. 그러나 그것 이상으로 중요한 것은 사회인으로서 가져야 할 기본적인 상식을 아는 것이다. 사회에서 상식을 모르고서는 더 이상 발전할 수 없다.

비즈니스맨인 이상 아무리 신입사원이라고 해도 그는 바로 '회사의 얼굴'을 대표하는 것이다. '상식이 없다'는 말을 듣게 된다면 회사의 평판을 떨어뜨리는 것이 되며, 그 자신은 회복할 수 없는 이미지를 갖게 되었음을 의미한다.

(1) 옷차림과 자세

① 올바른 자세는 상대에게 좋은 인상을 준다

자세를 바르게 하는 것만으로도 모습이 바뀔 수 있다. 값비싼 유명상품으로 치장을 했어도 웬일인지 품위 있어 보이지 않는 사람이 있는 반면, 그렇지 않아도 당당한 인상을 주는 사람이 있다. 이 차이는 인격의 차이도 있겠지만 대부분 그 사람의 자세에 원인이 있는 경우가 많다. 아무리 돈을 퍼부어도 행동거지나 자세가 꼴불견이라면 주위에선 부정적인 이미지를 갖기 쉽다. 그렇다고 예의범절을 배우라고 말하는 것은 아니다. 약간의 자각과 주의를 기울인다면, 자세의 교정은 가능해진다. 거울을 통해 몇 가지 자신의 자세를 체크해 보고 올바른 자세를 찾는 것이 좋다. 번거로운 듯해도 그러는 가운데 몸은 익숙해진다.

② 자신의 자세를 체크하는 몇 가지 방법

① 머리 : 머리를 흔드는 것은 꼴불견이다. 시선이 고정되지 않을 뿐만 아니라 좋은 인상을 줄 수 없다. 머리에서부터 발끝까지가 하나의 선으로 연결된 듯한 느낌으로, 동시에 턱과 지면이 평행을 유지하도록 한다.

② 어깨 : 긴장감을 갖는 것은 좋지만 어깨에 지나치게 힘이 들어가면 보는 사람이 피곤하다. 좌우의 어깨 높이가 같도록 몸을 수시로 풀도록 한다.

③ 양손 : 대기할 때는 손을 서로 포갠다. 남자는 왼손이 앞에 가도록 하고, 여자는 오른손이 앞으로 가도록 포갠다.

④ 발 : 발의 움직임은 의외로 눈에 잘 띈다. 똑바로 서 있는 경우, 양발 뒤꿈치를 붙이고 발끝은 60~90° 정도로 벌린다.

⑤ 등 : 등을 쭉 펴는 것은 기본이다. 옆에서 몸을 봤을 때 귀, 어깨, 허리, 무릎, 복사뼈, 뒷꿈치가 일직선이 되도록 한다.

⑥ 허리 : 몸의 중심을 배와 허리에 둔다. 배의 근육을 등에 붙이는 기분으로 바싹 조이도록 한다.

③ 옷차림은 청결이 중요

옷차림에도 주의해야 한다. 고가품으로 치장하기 보다는 청결한 것이 훨씬 낫다. 신입사원이라면 옷에 그다지 돈을 쓸 수 없을 것이고, 당연히 몇 벌 되지 않는 양복을 교대로 입을 것이다. 이때의 청결감은 양복의 가격 이상으로 중요하다. 특히 셔츠의 소매, 호주머니, 구두 등 눈에 띄지 않는 곳에도 세심한 주의를 한다.

14 기타 매너

1) 장애인에 대한 예절

① 장애인도 일반 사람들과 똑같다. 정신지체인을 만났을 때 지능이 부족하다고 반말을 하거나 어린 사람 대하듯 하지 말고 실제 나이에 맞게 존칭을 사용한다.

② 사람들이 각기 다르듯 장애인 역시 각각 다른 인격을 가진 인격체란 것을 잊어서는 안 된다.

③ 장애인을 만났을 때는 자연스럽게 대하고, 도와주기 전에 우선 도움이 필요한지 의사를 물어본다.

④ 시각장애인이 가지고 다니는 흰 지팡이는 그들의 눈이므로 지팡이를 잡고 있는 손을 붙잡으면 안 된다.

⑤ 장애인을 도울 땐 그가 무엇을 원하는지 잘 듣고 행동한다. 보행이나 대화 시 장애인이 지시하는 대로 도우며, 음식 먹는 일을 도와서는 안 된다.

⑥ 출입문이나 엘리베이터에서 지체장애인을 만나면 팔이나 휠체어를 잡

아주는 것보다 문을 열어주거나 잡아주어, 그가 무사히 통과하도록 배
려한다.

⑦ 장애인을 처음 볼 때 주춤거리거나 빤히 쳐다봐서는 안 된다.

⑧ 장애인이라고 무조건 동정이나 자선을 베풀어선 안 된다. (54)

2) 친구에 대한 예절

친구를 사귄다는 것은 선별적으로 대인관계를 갖는 것이다. 일반적인 대인
관계와는 달리 친구는 자기의 이상과 환경에 맞추어 골라서 지속적으로 대인
관계를 갖게 된다.

좋은 친구를 사귀고 싶으면 먼저 자기가 좋은 친구가 되어야 한다. 상대가
좋은 친구인가 아닌가를 따지기 전에 자신이 상대에게 좋은 친구인가 아닌가
를 항상 먼저 생각하고 친구를 대해야 한다. 친구 간의 공통예절은 다음과
같다.

① 친구는 이해를 떠나 참마음으로 사귀어야 한다.

② 친구 간의 말과 행동은 믿음이 있어야 한다. 눈앞에서는 친구라 하다가
도 보이지 않는다고 친구가 아니라 부인한다면 그것은 거짓이고 위선
이다.

③ 기쁨은 함께 하고 어려움을 나누어 도와준다. 친구의 기쁨을 시기하고
어려움을 모른 체하는 것은 친구를 진실되게 사귀지 않기 때문이다.

④ 친구의 장점을 본받고 잘못은 깨우쳐 준다. 친구의 잘못을 걱정하고 바
로 잡는 것은 친구가 아니면 할 수 없는 것이다.

⑤ 친구 간에는 서로 공경하며 존중하고 예절을 지킨다. 가까운 사이일수
록 예스럽게 존중하는 것이 참사람의 도리이다. 말을 함부로 하며 아무
렇게나 대접해도 되는 것이 친구라고 생각하면 그것은 자기 자신을 함

부로 아무렇게나 대접하는 것과 같다.

⑥ 이성친구 앞에서는 옷차림과 몸가짐에 더욱 단정함을 지켜야 한다. 추한 옷차림은 혐오감을 주고 흐트러진 차림새는 경계심을 일으키며 무례한 몸가짐은 빈축을 산다. (55)

3) 차량매너

우리나라의 승용차 대수가 1,748만 대로 2.85명당 자동차 1대를 보유하고 있다고 한다(2010. 3). 그런데 운전매너는 자동차 숫자 증가에 반비례하고 있는 실정이다. 하지만 엄연히 운전에도 매너가 있다.

'동방예의지국'이라는 말이 있듯이, 우리 민족처럼 예전부터 예를 중시한 민족도 드물 것이다. 그런데 자신을 알아보는 사람들 앞에서는 누구나 몸가짐을 조심하지만, 내가 누군지 모르는 상황이 되면 사정이 180° 달라지는 일이 흔하다. 특히 운전할 때 자주 이런 모습을 볼 수 있는데, 운전하고 있는 동안 운전자는 익명의 상황에 놓이면서 무심코 차창 밖으로 침을 뱉거나 담배꽁초를 내던지거나 쓰레기를 버린다. 또한 교통신호나 정지선을 지키지 않는 경우가 허다하다.

음악하는 사람들은 '악기를 생긴대로 연주한다'는 말을 즐겨 쓴다. 그 사람의 마음가짐이 그대로 드러난다는 뜻이다. 같은 맥락에서 도로를 달리는 차를 보고 '인격이 다닌다'는 표현을 할 수 있겠다. 돌아서는 뒷모습에서도 그 사람의 인품을 엿볼 수 있다고 하는데, 운전자의 인격은 그가 어떻게 차를 모는가를 보면 알 수 있다. 눈여겨보는 사람이 없다고 자기 자신에 대한 자존심을 버린다면 21세기를 살아가는 문화인으로서의 자격미달이 아닐까 생각된다. (56)

앞서 직장상사와 자동차에 동승할 때 에티켓과 한두 가지 중복되는 부분도 있으나 전반적인 차량매너를 종합적으로 기술하면 다음과 같다.

① 승용차에도 상석이 있다. 택시와 같이 운전사가 있는 차에서는 운전사와 대각선의 뒷좌석이 1석, 그 옆이 2석, 운전석 옆자리가 3석이며 4명이 탈 경우에는 뒷좌석 가운데가 말석이다.

② 자가용의 차주가 직접 운전할 때에는 운전자의 오른쪽 좌석에 나란히 앉아주는 것이 매너이나, 운전자의 부인이 탈 경우는 운전석 옆자리가 부인석이 된다.

③ 지프류의 차일 경우(문이 두 개)에는 운전석의 옆자리가 상석이고, 버스에서는 운전기사의 뒤쪽 창문자리가 상석이다.

④ 승용차에서는 윗사람이 먼저 타고 아랫사람이 나중에 타며, 아랫사람은 윗사람의 승차를 도와준 후 반대편 문을 이용하여 탄다. 여성의 경우도 마찬가지로 배려한다.

⑤ 승용차에서 내릴 때는 아랫사람이 먼저 내린 후 윗사람의 하차를 도와주도록 한다.

⑥ 상석의 위치에 상관없이 여성이 스커트를 입고 있을 경우엔 뒷좌석 가운데에 앉지 않도록 배려해 주는 것이 매너이다.

⑦ 손수 운전을 할 때 라디오나 음악은 동승자의 의견을 반드시 물어본다. 또 전화를 받을 때는 반드시 양해를 구한다.

⑧ 동승자가 전화를 받거나 질문할 때는 라디오 볼륨을 줄인다.

⑨ 경적은 위급한 상황에서만 사용하며, 운전법규를 지키는 것과 방어운전은 운전매너의 기본이다.

⑩ 기본 수신호를 익혀 매너를 표현하며, 어떤 경우에도 사람이 항상 우선이다. 어린이·스쿨버스·여성·노약자에 대한 보호는 운전매너의 필수이다.

⑪ 자동차 안에서 담배를 피우지 않으며, 또한 자동차 안에도 쓰레기통을 준비하여 자동차 바깥으로 휴지·담배꽁초 등을 버리지 않는다. 타인의 자동차를 사용할 때는 더욱 청결에 유의한다.

⑫ 운전 모습은 그 사람의 인격이고 수양의 척도이다. 내면의 천박함을 난 폭한 운전매너로 들어내지 않는다.

⑬ 운전 중에는 신경이 예민해지므로, 동승자는 자극적인 대화를 자제한다.

⑭ 소방도로에는 절대 주차하지 않으며, 일시정차 시에는 자신의 휴대폰 번호와 방문처를 차에 남겨둔다. (57)

(1) 자동차매너

여성과 동승할 때 승차 시에는 여성이 먼저 타고, 하차 시에는 남성이 먼저 내려 차문을 열어 준다. 윗사람과 함께 탈 때에도 마찬가지이다.

운전기사가 있을 경우, 자동차 좌석의 서열은 뒷자리 오른편이 1석이며 왼쪽과 가운데, 앞자리 순이므로 서열에 맞춰 앉고 대개 운전석 옆 자리에 앉는 것은 피한다. 그러나 자가운전자의 경우 자진해서 운전석 옆자리에 앉는 것이 통례이며 그곳이 상석이 된다. 그리고 뒷좌석의 오른편이 제2상석, 맨 왼쪽이 제3석, 중앙이 말석이 된다("13. 직장에티켓과 매너, 12) 상사와 자동차에 동승할 때 에티켓" 참조). 자동차 속에는 동승한 사람이 있을 경우 담배를 피우지 않는 것이 예의이다. 특히 담배를 피우지 않는 여성과 함께 탔을 경우에는 절대로 피워서는 안 된다.

(2) 기차이용매너

기차 안은 공공장소이므로 사람들이 많이 다니는 출입구나 통로에 기대어 서 있거나, 큰 가방을 놓아 다른 사람에게 폐가 되는 행위를 해서는 안 된다. 기차 내에서 큰소리로 웃고 떠들거나 마구 먹고 휴지나 과일 껍질을 바닥에 버리는 것도 삼가야 한다.

기차에서는 두 사람이 나란히 앉는 좌석에서는 창가 쪽이 상석이고 통로 쪽이 말석이다("13. 직장에티켓과 매너, 12) 상사와 자동차에 동승할 때 에티켓" 참조). 네 사람이 마주 앉는 좌석에서는 기차 진행방향의 창가 좌석이 가장 상석이고, 그 맞은편이 두 번째 상석, 가장 상석의 옆이 세 번째, 그 앞좌석이 말석이 된다. 침대차에서는 아래쪽의 침대가 상석이다. 침대차에서는 특히 다른 사람의 수면에 방해가 되지 않도록 정숙하게 있는 것이 중요하다.

(3) 대중교통매너

자리가 정해져 있지 않은 버스나 전철 등의 대중교통 수단을 이용할 때에는 노약자나 여성에게 자리를 양보하는 것이 에티켓이다. 버스나 전철 등이 너무 붐빌 때, 동행한 여성이 있다면 먼저 여성이 편안히 탈 수 있도록 도와준 후에 타는 것이 예의이며, 승차 후에도 여성이 자리를 잡고 난 후에 앉는 것이 예의이다. 다른 승객이 동행여성에게 자리를 내주었다면 그녀를 대신해 목례 정도로 사의를 표하는 것이 당연하다.

또한 대중교통 이용 시에는 음식물을 가지고 타서는 안 되는데, 특히 엎지를 위험이 있는 음료수나 냄새가 나는 음식물은 절대 금물이다. 큰소리로 떠들며 웃는 것도 자신은 즐거워서 그러는 것인지 모르겠지만 타인에게는 피해를 주는 일이므로 조용조용히 대화하도록 한다.

휴대폰 역시 무음이나 진동으로 하여 타인에게 피해가 되지 않도록 한다. 장거리 버스의 경우, 손님들이 대부분 잠을 청하기 때문에 휴대폰 컬러링소리는 단잠을 자는 승객에게는 큰 실례가 된다.

(4) 비행기이용매너

비행기를 타고 내릴 때에는 윗사람 또는 상급자가 마지막으로 타고 먼저 내리는 것이 올바른 순서이다. 기내에 들어가면 지정된 좌석에 앉도록 하며, 무거운 휴대품이나 작은 가방 등은 자신의 좌석 아래에 놓고 오버 코트 등 가벼운 것은 선반에 넣는다. 너무 무거운 것을 선반에 놓으면 비행기가 흔들릴 때 떨어질 위험이 있다. 이·착륙시 안전벨트를 잊지 말고 착용해야 하며, 금연에 대한 사항은 철저히 지켜야 한다. 이때에는 기내방송 및 좌석 앞 표시 등에 나타난 지시를 따르면 된다. 안전벨트 착용 및 금연에 대한 사항은 자신은 물론 다른 사람의 안전과도 관련되는 것이므로 철저히 지켜야 한다.

장시간 여행의 경우, 간편한 옷차림을 하거나 슬리퍼를 신는 것은 괜찮으나, 양말을 벗는다든지 하는 지나친 행위는 삼가한다. 발이 피로해서 신발을 벗는 것은 무방하나 그 발이 타인에게 보인다거나 벗은 채로 기내를 돌아다녀서는 안 된다. 기내의 화장실이나 세면장은 남녀 공용이다. 그러므로 이용할 때에는 밖에서 '사용 중(occupied)' 혹은 '비어 있음(vacant)' 표시를 확인하고, 사용할 때에는 반드시 안에서 걸어 잠가 '사용 중(occupied)'라는 표시가 나타나도록 한다. 세면대는 되도록 짧게 사용하고 사용 후에는 타월로 물기를 닦아 다음 사람을 위해 깨끗이 해주는 것이 상식이다. 비행기에서는 객석 양측 창문가 좌석이 상석이고, 통로 쪽이 차석, 상석과 차석 사이의 좌석들이 하석으로 되어 있다. 목적하는 공항에 도착 시에는 비행기가 완전히 멈출 때까지 안전벨트를 풀지 말고 앉아서 기다린다. 특별한 이유가 없는 한 출입구에 가까운 좌석의 승객부터 순서대로 내리도록 하며 순서가 되지 않았는데 먼저 좌석에서 일어선다든지 하는 것은 자제해야 한다.

4) 흡연매너

세계적으로 금연에 대한 관심이 확대되고 있으며, 우리나라에서도 점차 흡연에 대한 규제가 엄격해지고 있다. 물론 프랑스처럼 아직까지도 어느 정도 관대한 나라도 있지만, 최근 들어 흡연에 대한 매너는 그 어느 때보다 중요시되고 있다.

① 흡연은 반드시 흡연장소에서만 피우고, 엘리베이터·전철·버스·승용차 등 협소한 공간에서는 금연한다.
② 식탁에서는 식사가 다 끝난 후 담배를 피우는 것이 매너이다.
③ 초대된 자리에서는 안주인이 담배를 피워도 좋다는 허락이 있을 때만 피운다.
④ 상대의 얼굴 쪽으로 연기를 내뿜는 것을 삼가며, 상대 머리카락·옷 등에서 담배냄새가 나지 않도록 주의한다.
⑤ 재는 반드시 재떨이를 이용하며, 식기·컵·병 등에 재를 털지 않도록 유의한다.
⑥ 손님이나 윗사람이 담배를 꺼내 물면 불을 붙여주는 것이 매너이다.
⑦ 불을 붙일 때는 라이터를 다른 쪽에서 미리 불을 붙여 가스냄새가 제거되고 불이 적당할 때 두 손으로 공손히 권한다.
⑧ 상대를 만나자마자, 사무실 방문 시 의자에 앉자마자, 바로 담배를 피우는 것은 매너에 어긋난다.
⑨ 어린이가 있는 곳에서는 담배를 삼간다. (58)

5) 휴대폰매너

우리나라는 IT(정보기술) 강국답게 휴대전화의 보급률이 세계 최고 수준에 이르며 각양각색의 휴대폰은 새로운 기능을 추가하며 진화하고 있다. 휴대폰의 사용이 일반화되면서 이와 관련한 에티켓을 지켜 상대에게 불쾌감을 주지 않도록 해야 한다.

① 공공장소에서는 휴대폰을 사용하지 않는다.
② 극장이나 공연장에서 나름대로 에티켓을 지킨다며 고개를 숙인 채 소리를 낮추어 통화하는 경우가 있는데, 어떤 경우이건 이는 주위사람에게 큰 결례이다.
③ 영화나 공연 내용을 카메라 폰으로 촬영하는 것은 위법이다.
④ 버스나 전철, 기차 등 대중교통 수단을 이용할 때는 휴대폰을 사용하지 않는 것이 원칙이다. 불가피한 경우는 벨소리를 진동으로 하고 통화 시에는 주위에 방해가 되지 않도록 조용한 소리로 짧게 통화한다.
⑤ 카메라 폰을 이용하여 인물, 대상 등을 무단 촬영하는 것은 법에 저촉되는 행위이다.
⑥ 항공기와 병원에서의 휴대전화 사용은 삼가한다. 각종 전자기기의 오류를 발생시킬 수 있다.
⑦ 장례식이나 조문 시는 휴대폰 사용을 삼간다. 고인과 상주에 대한 결례가 된다.
⑧ 수업 중에는 휴대폰을 꺼두는 것이 원칙이다. 불가피한 경우에는 진동으로 한다.
⑨ 상대와의 대화 중에 휴대폰은 집중력을 분산시키는 결례이다.
⑩ 집 밖에서는 휴대폰은 진동으로 하고, 통화 시에는 소리를 낮추어 주위 사람들에게 소음 공해가 되지 않도록 한다.

6) 서신매너

컴퓨터와 통신의 발달에 따라 이제 편지는 향수를 불러일으키는 것이 되어

버렸다. 전화와 팩스, e메일, 휴대폰이 있어 연락이 수월해지고 컴퓨터 통신이 대중화된 지금, 애써 편지를 쓰는 수고를 들일 필요가 없는 것도 사실이다. 그러나 아무리 과학화된 시대라 하더라도 예나 지금이나 말로 전하기엔 어려운 또는 마음속에 묻어 두었던 말을 자연스럽게 전달할 수 있는 방법 중에 편지만큼 좋은 것이 없는 듯싶다. 편지는 말이 아닌 글로써 자신의 의사를 표현하는 것이므로 글을 쓰는 사람의 개성이 그대로 나타나게 된다. 편지를 보면 그 사람의 인격이나 교양을 엿볼 수 있게 되는 것이다. 그러므로 편지를 쓸 때에는 충분히 예의를 갖출 필요가 있다.

편지는 의외로 그 목적과 쓰임새가 다양하며, 아울러 그에 맞는 격식도 적절하게 지켜야 한다.

(1) 편지의 종류

① 친구 간의 편지

친구 간이니 만큼 서로 대화하듯이 일상의 소식을 전하는 것이 주된 목적이므로 특별한 격식을 차릴 필요는 없다. 그러나 아주 친한 사이가 아닌 다음에야 이름만 서명하는 것은 실례이다.

② 업무용 편지

구구절절한 사연은 자제하고 용건을 간결하게 적어 쉽게 알 수 있도록 하는 것이 중요하다. 또한 다른 편지와는 달리 손으로 직접 쓰는 것보다 컴퓨터로 작업을 보내는 것이 더욱 좋다.

③ 감사편지

진심에서 우러나오는 감사의 뜻을 꾸밈없이 적도록 한다. 선물을 받거나 은혜를 입은 날로부터 2~3일 내로 신속하게 보내야 한다.

④ 사교편지

사교에 관한 것은 다소의 격식(formal)을 갖추는 것이 좋다.

⑤ 소개편지

사무적 혹은 사교적인 일로 자기가 아는 사람을 제3자가 만나고 싶어 할 때가 있다. 소개편지란 그런 경우 제3자를 그 사람에게 홀로 보내어 소개 시킬 때 작성하는 것이다. 여기에는 반드시 책임이 따라야 하며, 상대방에게 실례가 되지 않도록 각별히 주의해야 한다. 소개편지는 겉봉을 봉하지 않은 상태에서 건네주는 것이 예의이며, 편지를 받은 사람이 그 자리에서 봉투를 봉해 가져간다. 사교적인 소개편지는 상황에 따라 다르다. 남성이 여성에게 소개될 때는 직접 편지를 가져가지만 남자끼리거나 여성이 소개될 경우에는 대개 우편을 이용한다.

(2) 편지에티켓

① 편지는 개인의 소유물

아무리 가족이라 하더라도 타인의 편지를 개봉하거나, 개봉해 놓은 편지를 읽는 것은 매우 예의에 벗어나는 일이다. 편지는 신문처럼 많은 사람이 읽어주기를 바라는 것이 아니라 지극히 개인적인 것이라는 점을 마음에 새겨두고 있어야 한다.

② 개인적인 내용은 엽서를 피한다

엽서는 포스터보다 약간 개인적인 것에 지나지 않으므로 너무 개인적인 내용은 엽서를 피하는 것이 좋다.

③ 편지에 쓰이는 약어

① P.T.O, Please Turn Over(T.O) : 뒷면을 보세요.

② N.B(Nota Bene, Take Notice) : 비고, 주의

③ P. S(Postscript) : 추신(이 부분은 손으로 적는 것이 상식이다)

④ Personal, Private : 친전(직접 펴볼 것). 이것은 집으로 보낼 경우 피해야 할 표현이다. 그 집 식구들이 남의 편지를 뜯어볼 만큼 예의 없는 사람 이라는 인식을 줄 수 있기 때문이다.

7) 국제서신매너

국제서신은 펜팔처럼 국제적으로 친분을 나누는 교우관계를 위해서도 필요한 것이지만 비즈니스맨에게는 업무상 꼭 필요한 절차가 될 수 있다. 따라서 국제서신을 쓸 때에는 충분히 예의를 갖출 필요가 있으며, 사적인 이유로 쓰는 편지라 하더라도 문법이나 철자가 틀리지 않도록 기본 형식을 지키는 것이 매우 중요하다.

(1) 영문편지의 구성

① 발신인의 주소와 날짜

발신인의 주소와 날짜 표기는 첫 페이지 상단 우측에 적는다. 날짜는 반드시 전체를 쓴다. 즉 September를 Sep.로 표기하는 것은 상용문서 이외에는 실례가 되는 일이다.

② 머리말

첫머리에 수신자의 직함이나 경칭을 표기한다. 머리말 뒤에 쉼표를 찍는 개인편지와는 달리 사무용 편지에서는 콜론(:)을 찍는 것이 예의이다.

① Sir., Dear Sir(Madam) : 잘 모르는 사람이나 경의를 표할 사람에게 사용한다. 단체나 회사 앞으로 쓸 경우에는 'Dear Sirs'라고 표기한다.

② Dear Mr., My dear Mr. : 지인이나 친구에게 사용하는 사적인 표현이다. 부인에 대해서는 'My'를 쓰지 않는다.

③ Dear, My dear : 매우 친밀한 사이에만 사용되는 표현이다. 군인 혹은 기타 관직명을 이용하는 경우 My dear Governor, My dear General이라고 표현한다.

④ 외교문서는 불어를 사용하는 것이 관행으로 되어 있다. 공식문서에서 고위직에 있는 사람에게 사용하는 약식 및 정식 머리말은 각각 정해져 있다.

③ 본 문

용건을 간략하고 알기 쉽게 서술한다.

④ 맺음말

본문 말미에 적는 인사말로 각각의 경우에 따라 일정한 어구가 정해져 있다.

① Yours truly, Yours faithfully, Yours sincerely : 모르는 사람에 대한 표현이다.

② (Yours very) truly, (Yours very) sincerely : 지인이나 친구에게 사용한다.

③ (Yours) affectionately, Loving yours, Devotedly, with love : 매우 친밀한 친구나 친척에게 사용한다.

④ 지위가 높은 관료에게는 'I have the hono(u)r to remain Your Majesty's most obedient servant' 등과 같은 정식 맺음말이 정해져 있다.

⑤ 외교문서에는 일정 형식의 맺음말을 사용하도록 되어 있으므로 미리 알아두어 이에 맞춰 사용하도록 한다.

⑤ 서 명

서명은 자신의 손으로 직접 적는 것으로 그 편지에 대해 모든 책임을 지겠다는 의미가 내포되어 있다.

❶ 서명방식
- 자신의 성명 전부를 적거나 본명만 적는다. 단, 법률상의 문서나 정식 문서인 경우 성명 전체를 적어야 한다.
- 본명은 약자로 하고 성(姓)으로 서명한다.
- 서명에는 경칭을 약자로 하여 붙이지 않는다.

❷ 공문서, 비즈니스 문서에서의 서명
- 자신의 성명을 모두 적든가 본명을 약자로 하고 성만 적으면 되는데, 서명 밑에 반드시 타이프로 성명 전체를 표기하도록 한다.
- 미국 공문서의 서명 서식 : 서명 밑에 반드시 관직명을 표기하는데 콤마(,)는 사용하지 않는다. 대리인이 서명하는 경우에는 'For'를 붙인다.

⑥ 수신인의 주소, 성명

수신자에 대한 경칭, 이름, 직책 등은 첫 페이지의 왼쪽 아래에 적는 것이 원칙이나, 상업 문서에서는 왼쪽 상단에 적는데 오른쪽의 날짜보다 조금 내려온 위치가 좋다.

⑦ 겉봉 적기

이름과 주소를 적는데 발신인과 수신인 모두를 앞면에 적는 것이 좋다. 수신인의 주소를 가운데에, 발신인의 주소를 왼쪽 상단에 적도록 한다.

8) 게임과 스포츠맨십

어느 유명한 테니스 선수가 라이벌과 선수권 시합을 하게 된 일이 있었다. 그런데 막상 결전의 순간이 되자, 그녀는 기분이 좋지 않다는 이유로 시합을 거절했다. 이로써 그녀의 평판은 땅에 떨어지고 죽을 때까지 지는 것을 두려워한 '불쌍한 선수'라는 말을 들었다.

게임에 있어 선수의 기량 못지않게 훌륭한 스포츠 매너에 높은 가치를 부여하는 것은 왜일까? 그것은 바로 선수의 인격과 교양이 경기 중 여실히 드러나기 때문이다. 인성교육 중에 스포츠가 포함되는 것은 경기에서 요구되는 공명정대, 명예, 극기심, 규칙존중 등이 규모 있는 조직생활에도 마찬가지로 요구되기 때문이 아닐까 한다.

게임에 흥미를 가질 수 없다면 참여하지 않는 것이 좋다. 게임에 몰두하지 않는 것은 남에게 폐를 끼치는 것이다. 그리고 시합이나 경기에 참가했거든 아무리 점수 차가 나고 힘이 든다 하더라도 끝까지 해내는 것이 중요하다. 이겨서 기쁘더라도 너무 겉으로 드러내지 않으며 상대방을 격려해 주고, 진 경우에는 기분 좋게 그것을 인정하고 심판의 잘못이나 상대방의 책략 등 패배의 원인을 남의 탓으로 돌리는 비겁한 행동은 하지 않는다.

여성과 함께 경기를 하게 됐다면 여성에게 플레이를 먼저 시작하도록 한다. 그러나 이런 경우 여성은 남성이 경기 중의 허다한 일들을 다 해주리라는 기대를 갖는다면 잘못된 생각이다. 남녀가 테니스를 함께 치더라도 공은 자신이 직접 주워야 하며, 골프를 칠 때엔 캐디가 없는 이상 각자의 도구는 각자가 책임지는 것이 운동 규칙인 것이다.

응원석에 앉았다면 더욱 공정해야 한다. 상대 플레이어에게 조소나 야유를 보내는 것은 금물이며, 큰소리로 심판을 비평하는 것도 무례한 행동이다. 상대편이라도 잘한 것은 칭찬해주고, 부상 등으로 잘못된 경우에는 염려하고 독려해주는 것이 진정으로 스포츠를 사랑하는 태도이다.

이처럼 함께 기뻐하고, 격려하고, 하나가 되는 스포츠의 매력은 승부보다도 깨끗한 페어플레이를 중시하는 신사의 정신에 있다고 할 수 있다.

9) 공공장소에서의 매너

공공장소란 말 그대로 여러 사람이 사용하는 곳이므로 타인의 시선을 의식하지 않을 수 없는 곳이다. 따라서 이런 곳에서 바르게 행동하고 조화를 이루는 자세는 인격 그대로를 나타내는 것이며, 사회인으로서의 바른 모습이다. 무엇보다 타인들 속에서 행동할 때 가장 근본이 되는 것은 '두드러지지 않는 것'이다.

(1) 거리에서의 매너

서로 아는 남녀가 만났을 때, 먼저 인사를 하는 것은 여성이다. 이는 원래 영미식 매너이지만, 최근 유럽과 미국에서는 남성이 먼저 인사를 하는 경우도 많다고 한다. 결국 그 순서가 서로를 인정해 주는 인사 자체가 중요하다는 것을 의미한다. 여성과 함께 길을 걸을 때에 남성은 차도 쪽에 선다. 이때 남성이 여성의 팔을 잡는다든지, 여성이 남성의 팔에 매달리듯이 걷는 것은 보기에도 좋지 않을 뿐더러 예의에도 어긋난다.

공공장소에서는 가능한 한 이야기를 삼가는 편이 좋으며, 길을 가며 담배를 피우거나 침을 뱉는 행위도 삼간다. 또 남성의 경우, 셔츠의 윗 단추를 풀어헤치고 걷는다거나 넥타이를 매는 행위, 여성의 경우에는 길에서 화장을 고친다거나 하지 않는다. 또 길을 가다 아는 사람을 만난 경우, 그 자리에 서서 이야기하기 보다는 길가로 비켜서서 이야기하는 것이 좋다.

(2) 연극, 음악회, 오페라 관람매너

영화나 연극, 오페라 관람 등의 문화생활을 통해 얻는 감동과 즐거움은 크다. 그러나 아무리 괜찮은 영화나 연극을 보았다 하더라도 관람시간 내 극장에서 불쾌감을 느꼈다면 그 만족은 반으로 줄어들 것이다. 이런 장소는 누구나 즐겨 찾는 곳이고, 또 즐거워지고자 찾는 곳이므로 매너는 더욱 잘 지켜져야 한다.

먼저 극장에는 영화나 연극이 시작되기 전에 도착한다. 늦게 도착한 경우에는 한 곡이 끝난 다음 또는 그 막이 끝날 때까지 밖에서 기다렸다가 막간을 이용해 들어가도록 한다. 남녀 동반인 경우 남성은 여성이 자리에 앉고 난 후에 앉는데 통로 쪽에 남자가 앉도록 한다. 여럿이 함께 왔을 때에는 남녀 번갈아서, 남녀가 두 사람씩이면 맨 안쪽에 남자, 이어 여자 둘, 그리고 남자가 앉는 것이 좋다.

관람이 시작되면 필요 이상의 사담을 삼가한다. 뒷자석의 관람객을 위해 모자를 벗거나 조금 내려앉는 배려를 해주는 것도 훌륭한 매너이다. 끝으로 휴식시간(연극의 경우)이 끝나기 2~3분 전에 자리로 돌아와 미리 앉는 것이 다른 관객뿐 아니라 출연자를 위해서도 지켜야 하는 기본 매너이다.

15 직장예절 매뉴얼

(1) 활기 넘친 직장생활은 밝고 올바른 인사로부터 시작된다

인사를 하는 것은 사회인으로서 최소한의 예절이다. 윗사람에 대해, 동료에 대해, 또는 후배에 대해 각기 밝고 올바르게 인사를 하는 일로부터 직장생활이 시작된다.

(2) 직장에는 직장에 어울리는 복장과 몸단장이 있다

복장이나 몸단장은 그 사람의 정신상태를 나타낸다. 놀러 가는듯한 복장, 더러운 와이셔츠, 더러운 구두, 헝클어진 머리…… 이것은 아침에 일하러 가는 마음으로 집을 나서지 않은 증거이다.

(3) 직장 여성에 어울리는 헤어스타일과 화장을 한다

화려한 머리형과 진한 화장은 분위기와 주위 사람들에게 기분 상으로 직장의 질서를 어지럽히는 근원이 된다. 곁에서 화장이나 향수 냄새가 몹시 풍겨

온다면 집중력과 능률이 떨어진다.

(4) 지각은 중대한 규율위반이자 계약 위반이다

회사와 사원은 노동계약에 의해 맺어져 있다. 취업 규칙에 정해진 취업 시간은 노동계약 가운데 가장 기본적인 부분이다. 하루의 출발부터 계약을 위반한다면 문제가 있다.

(5) 1분 지각이나 30분 지각이나 마찬가지다

지각은 몇 분 늦었는가가 문제는 아니다. 규칙을 지킬 수 있는지의 여부, 즉 근무시작 시간에 업무를 시작할 수 있는지의 여부가 문제이며, 그것을 할 수 없는 사람은 모두 같은 죄를 짓고 있는 것이다.

(6) 부득이한 지각은 근무시작 전에 연락함이 원칙이다

사고에 의한 전철의 지연 등, 지각에는 부득이한 사례도 있다. 이런 경우에는 최대한 빨리 연락하는 것이 중요하다. 원칙적으로는 출근시간 전에 연락하도록 한다.

(7) 여유 있는 출근으로 하루를 시작한다

업무시작 시간을 회사에 나오는 시간이라고 착각하고 있는 사람이 있다. 업무시간이란 글자 그대로 업무를 시작하는 시간이다. 여유 있는 출근은 직장의 규율로서 당연한 일이다.

(8) 점심식사 후 오후의 업무 개시도 정확하게 해야 한다

점심시간에 오락이나 운동을 하는 것은 나쁘지 않다. 그러나 정도가 지나쳐 오후의 업무에 나쁜 영향을 미친다면 문제이다. 휴식시간 종료 후의 재출

발도 여유를 가지고 정확하게 한다.

(9) 퇴근시간까지는 전력을 다한다. 퇴근준비를 미리 하는 것은 규칙 위반이다

퇴근시간이 다가오면 시계를 계속 들여다보거나 일손을 멈추고 퇴근 준비에 착수하는 사람이 있다. 30분 전부터 이렇게 한다면 회사의 생산성은 크게 떨어진다.

(10) 잔업으로 인건비를 낭비하지 않는다

잔업에는 할증 임금을 지불해야 하므로 회사의 부담은 더 크다. 그런 만큼 효율적으로 추진해야 한다. 늘어지게 오랜 시간 잔업을 한다면 회사는 어려워진다.

(11) 숙취상태의 출근은 하지 않는다

숙취상태로 정신이 혼미하다. 아직 술 냄새도 남아 있다. 이런 상태로 회사에 출근하는 것은 몰상식한 일이다. 일을 할 수 없고 주위 사람들에게도 피해를 준다. 술기운이 있는 근무는 절대로 금한다.

(12) 무단결근은 언어도단이다. 연락은 반드시 일을 시작하기 전에 한다

연락도 없이 본인이 출근하지 않는 경우, 직장에 미치는 피해는 너무나 크다. 혼자 사는 사람은 만일의 경우를 위해 연락 수단을 마련해 두어야 한다.

(13) 갑작스런 휴가 청원은 피해를 준다

"내일 연차휴가를 하도록 해 주십시오"라고 바로 전날 요구하는 사람이 있지만, 이는 몰상식한 일이며 규칙에 위배되는 일이다. 다음 날의 업무계획이 어긋나고 대응책도 어렵다. 휴가 청구는 최소한 3일 전에 해야 한다.

(14) 아픈 몸으로 출근하는 것은 미덕이 아니다

"감기 정도로 쉴 수 있는가"라며 무리하게 출근하는 사람이 뜻밖에 많다. 그 의욕은 평가할 만하지만, 결과적으로 직장에 커다란 피해가 되는 경우도 있다. 몸이 아플 때는 쉬면서 치료에 전념해야 한다.

(15) 근무시간 중의 개인전화는 하지 않는다

근무시간 중의 개인전화는 원칙적으로 금지이다. "걸려오는 건 어쩔 수 없다"는 태도로 태연히 통화하는 사람도 있지만, 가급적 걸지 않도록 가족이나 친지에게 부탁해 두는 것도 예의이다. 휴대폰은 근무시간동안 전원을 꺼두는 것이 매너이다.

(16) 개인전화는 공중전화를 이용한다

직장에 있는 전화는 회사에서 업무용으로 설치한 것이다. 개인적으로 사용한다면 그 목적에 어긋난다. 우선, 개인으로 건 전화요금을 회사에서 부담하는 것은 부당한 얘기이다. 개인전화는 휴식시간에 공중전화로 한다.

(17) 개인용무의 무단 외출은 징계 대상이다

휴식시간이라도 사무실 외부로 나갈 때에는 허가를 받는 것이 원칙이다. 휴식시간 중이라도 긴급 용건이 발생하는 경우가 있기 때문이다. 근무시간 중의 무단 외출은 말할 것도 없다. 징계 처분에 해당되는 것이다.

(18) 회사의 소모품을 개인 용무로 사용하지 않는다

개인 용무로 회사의 복사기를 사용한다. 회사의 편지지와 봉투로 친구에게 편지를 쓰고 우표까지 슬쩍한다. 회사의 도서를 자택으로 가지고 간 다음 돌려주지 않는다. 이 또한 규율 위반의 전형이다.

(19) 직장에 쓸데없는 사물(私物)을 가지고 들어오지 않는다

직장에 일상 휴대품 이외의 사물을 가지고 들어오는 것도 규율 위반 가운데 하나이다. 큰 것은 실제로 업무에 방해가 된다. 부득이한 사정이 있을 때는 상사의 허가를 받도록 한다.

(20) 업무에 지장을 초래하는 부업은 하지 않는다

취업 규칙에는 무단으로 하는 이중취업을 금지하는 규정이 있다. 위반하면 징계나 해고가 일반적이다. 가령 허가를 얻더라도 업무에 지장을 초래하는 것이 명백하다면 즉각 취소된다.

(21) 외부에서 직장의 험담을 하면 회사의 신용을 잃게 된다

사원은 회사의 명예나 신용을 떨어뜨리는 행위를 해서는 안 된다. 이 규율을 어기면 징계 처분을 받는 것은 당연하다. 그리고 결국 스스로 자기 목을 죄는 결과도 된다.

(22) 사생활에서도 사원이라는 긍지와 자부심을 지녀라

한걸음 밖으로 나서면 회사와는 관계가 없어지는 것으로 생각하는 사람이 있다. 관계가 없어지는 것은 퇴직하고 회사를 물러났을 때뿐이다. 사원의 신분인 이상 사생활면에서도 사원으로서의 긍지를 가져야 한다.

(23) 언어 사용이나 호칭상의 규율을 지켜라

언어 사용이나 사람에 대한 호칭에는 각각 직장에 따라서 정해진 규율이 있다. 유치한 대화 방법이나 언어 사용으로 웃음을 사거나 상대방을 불쾌하게 해서는 안 된다.

(24) 직장은 일하는 자리, 연인 찾기에 열중하지 말라

업무를 등한시하고 좋아하는 이성에게 접근하거나 남녀 간에 연인 같은 대화를 하는 광경을 간혹 본다. 회사는 일하는 자리라는 사실을 잊지 말아야 한다.

(25) 회의나 협의 등의 시작시간은 정확하게 지켜라

정해진 시간을 지키는 것은 직장의 불문율이다. 회의 등 많은 사람들이 관계되는 경우에는 한 사람의 지각이 그 몇 배의 시간 손실을 초래한다. 시간을 지킬 수 없는 사람은 직장인으로서 실격이다.

(26) 약속시간은 엄수한다. 늦어질 때는 사전 연락을 취한다

약속시간의 엄수는 비즈니스 사회의 불문율이다. 어기면 신용을 잃는다. 사생활면에서 신용을 잃는 것은 멋대로 해도 되지만, 업무상일 경우에는 본인보다 회사의 문제가 되므로 일은 중대해진다.

(27) 외출처로부터의 귀사시간도 엄수한다. 늦을 경우 연락을 취한다

예정된 시간이 되어도 외출처로부터 돌아오지 않는 사례는 뜻밖에 많다. 연락하고 귀사 예정시간을 변경하는 것은 좋다. 연락 없이 늦어지면 여러 가지 지장이 발생한다.

(28) 사전 연락 없는 갑작스런 직행귀가는 규율 위반이다

근무시작 시간 직전에 "오늘 ○○사로 직행합니다." 또는 퇴근시간 직전에

271

"방문처로부터 직접 퇴근하겠습니다." 이들 모두 규율 위반이다. 상사가 예정했던 일이 어긋나고 만다.

(29) 자리를 비울 때는 상사 또는 동료에게 알린다

자리를 비울 때는 상사 또는 동료에게 알리는 것이 상식적인 규율이다. 비록 단시간이라도 소재불명이 되어서는 안 된다. 직장 내에서 소재 불명은 명확한 규율 위반이다.

(30) 작업 생략은 회사도 본인도 큰 손해를 본다

익숙해지면 고의로 도중에 손을 빼고 허울만 갖추려는 사람이 생긴다. 중대한 사고로 이어질 우려가 있다. 그런 경우 손을 뺀 사실이 발각되면 징계나 해고 처분을 당한다.

(31) 근무 중 장시간 잡담은 태업에 해당된다

근무 중의 잡담은 당연히 금지이다. 단시간이라면 기분전환의 한 방법으로서 관대하게 보아줄 수도 있지만, 장시간은 허용될 수 없다. 분명히 태업이 된다.

(32) 난잡한 환경은 생산성의 적이다

자기 작업공간을 정리 정돈해 두는 일은 사원으로서의 의무이다. 회사에 환경 개선을 요구하기 전에 우선 자기 의무를 다해야 한다. 난잡한 환경에서는 능률이 오르지 않는다.

(33) 회사용품의 낭비는 회사의 이익을 줄인다

회사용품의 낭비가 만연하고 있다. 용지를 절제 없이, 볼펜이나 연필은 계속 새로운 것을 쓰고 화장지도 필요 이상으로 쓴다. 이것은 회사의 이익을 계속 줄이는 것이다.

(34) 회사의 돈이야말로 신중하게 처리하고, 속임수 지출은 해고 대상이 된다

당연한 말이지만, 회사에 지출을 요구할 때는 금액을 정확하게 해야 한다. 약간의 금액이라도 착오나 거짓은 허용되지 않는다. 부정 청구는 즉시 해고 대상이 된다.

(35) 중요한 서류를 책상 위에 방치하지 말라

중요한 서류를 책상 위에 놓은 채 자리를 뜨는 사람이 있는데, 이는 경솔한 행동이다. 방문객이 훔쳐보고 중대한 손해가 발생할 수도 있다. 자리를 떠날 때는 반드시 다른 사람이 안 보는 곳에 두어야 한다. 회사 노하우(Know How) 관리가 중요하다.

(36) 회사 기밀을 외부에 누설하지 말라

회사에는 사외에 알리고 싶지 않은 정보가 많이 있다. 회사의 내부 정보는 경솔하게 사외에 누설하지 않는 것이 원칙이다. 특히 회사 극비정보는 가족에게도 절대로 입 밖에 내어서는 안 된다.

(37) 근무 중의 금연은 시대적 추세이다

공장은 물론 사무실에서도 담배를 피우는 광경은 보기 어려워졌다. 근무 중의 금연을 새로 직장 규율에 포함시킨 회사도 많다. 애연가는 여기에 신체를 적응시키는 도리 밖에 없다.

(38) 업무명령에 대한 부하의 거부권은 없다

사원은 회사에서 결정한 직후 명령계통 아래서 일을 해야 한다. 상사의 지휘명령에 대한 거부권은 없다. 따르지 않는 경우에는 당연히 제재를 받는다.

(39) 명령과 지시는 원칙을 지키며 정확하게 받아라

명령과 지시를 올바로 받는 일은 업무의 첫걸음이다. 이 첫걸음을 잘못하면 여러 가지 지장을 초래한다. 직장의 업무 전체에 큰 영향을 미치는 경우도 있다. 신중하고 정확하게 해야 한다.

(40) 상사에 대한 보고나 연락을 게을리하지 말라

보고는 직장 전체의 운영을 원활히 하기 위한 중요한 요소이다. 보고의 질에 따라서 직장 효율이 달라진다. 보고방법에도 원칙이 있다. 항상 정확한 방법으로 보고를 하자.

(41) 선물이나 접대를 받으면 반드시 상사에게 보고한다

거래처로부터 추석 또는 연말에 선물이 전달되었을 때, 또는 식사 등을 접대 받았을 때는 반드시 상사에게 보고 해야 한다.

(42) 회의에서 침묵을 지키는 것은 직무태만이다

회의에 참석해서 입을 다물고 말하지 않는 사람이 있다. 무엇 때문에 참석한 것인가. 참석한 이상 듣고 발언하는 것이 의무이다. 침묵을 지키는 것은 직무태만이다.

(43) 명함은 함부로 뿌리지 않는다

명함은 회사용품 가운데 한 가지이다. 용도도 업무로 제한된다. 술집에서 뿌리는 것은 규율 위반이다. 그것을 뿌린 결과 쓸데없는 전화가 회사에 번번이 걸려온다면 더욱 책임은 무겁다.

(44) 안전의식은 업무에 불가결하다. 주의를 게을리하지 않는다

안전의식은 한 순간이라도 소홀히 할 수 없는 중요한 의식이다. 안전의식을 잃은 행동은 규율 위반이라는 비난을 받는다. 부주의로 중대한 사고를 일으킨다면 되돌릴 수 없다. (59)

16 외국인에 대한 매너

외국인과 만날 때 주의해야 할 것은 형식상 매너에 지나치게 구애를 받아서는 안 된다는 점이다. 국제적으로 활동을 많이 하고 있는 사람들은 각국 비즈니스 관습의 상이함을 잘 알고 있을 뿐 아니라 한걸음 더 나아가 그 상이함을 배우거나 즐기려하는 경우도 있는 것 같다. 그러므로 우리는 우리들의 관습에 대하여 자부심을 갖고 당당하게 외국인과 만나는 자세가 필요하다.

1) 악 수

우리나라에서도 악수는 일상생활 중에 상당히 보편화되어 있기는 하지만 그 정확한 방법을 몸에 익히고 있는 것 같지 않다. 악수는 상대의 눈을 마주보고 미소를 지으며 허리를 곧게 펴고 손을 마주 잡으며, 사회적 신분이 높은 사람이나 연장자 또는 여성이 먼저 청해야 한다. 또 반드시 오른손과 오른손으로 악수를 해야 한다.

2) 명함의 교환

흔히 악수나 인사를 교환한 후에는 서로 명함을 주고받게 된다. 이때 영문 자로 표기된 명함을 준비하여 교환토록 하는 것이 상대방에 대한 깊은 배려를 표시하는 것이 될 것이다. 부득이 영문명함이 아닌 경우에는 자신의 이름, 전화번호 등은 영문·아라비아숫자 등으로 외국인이 알아볼 수 있도록 표시를 해주어야 한다.

3) 외국인이 싫어하는 동양인의 버릇

다른 사람의 앞에서 태평하게 손가락으로 코, 귀, 입 등을 후비는 일이다. 이것은 외국에서는 절대 해서는 안 되는 일로, 어릴 때부터 엄격하게 교육을 받아 온 사항이기 때문에 매우 싫어하는 것이다.

4) 소 개

사람을 소개할 때는 여성이나 연장자에게, 남성이나 연소자를 먼저 소개한다. 즉 남녀 간의 소개는 먼저 남성을 여성에게 소개하고 그다음 여성을 남성에게 소개하는 것이 올바른 순서이다. 소개를 받았을 때는 반드시 의자에서 일어나 바른 자세로 소개를 받아들이도록 한다.

5) 화제의 선택

외국인과의 대화에서는 어떤 화제를 선택하느냐 하는 것이 대단히 중요하다. 우리나라에서는 무심코 출신지, 출신교, 나이들을 묻는 등 그것이 좋은 이야기 거리가 되지만, 이러한 것은 상대방이 먼저 이야기를 꺼내지 않는 한 이쪽에서 먼저 꺼내서는 안 된다. 특히 서양인들은 개성을 존중하며 개인의 사생활(프라이버시)을 보호받기 원하므로 비록 처음 대면하여 인사를 나눌 때에도 다음과 같은 질문은 반드시 삼가야 한다.

외국인들이 선호하는 화제

- 상대국의 역사
- 한국의 역사
- 문화, 예술, 음악관련 내용
- 관습, 음식관련 내용
- 스포츠, 날씨, 여행, 시사, 뉴스 등 가벼운 이야기

외국인에게 삼가야 할 질문

- 몇 살입니까?
- 결혼하셨습니까?
- 출신지는 어디입니까?
- 직업은 무엇입니까?
- 수입은 얼마나 됩니까?
- 인종문제, 종교문제에 관한 것

6) 기타 일반적 유의사항

① 외국인과 식사는 자택 또는 공관에 초대해서 직접 만든 우리의 고유음식, 요리를 접대하는 것이 레스토랑 등을 이용하는 것보다는 외국인들을 더 기쁘게 한다.

② 외국인과 만나기 전에는 상대국의 관습, 역사적 사건, 특색 등을 사전에 조사하여 사고방식의 차이 등을 파악해두면 접객 시에 당황하지 않고 의사소통이 쉽게 된다.

③ 접대 시에는 상대방이 좋아하는 것을 솔직하게 물으면 외국인들은 대개 자기가 좋아하는 것을 분명히 말하므로 사양치 말고 물어야 한다.

④ 외국인의 경우 식사시간을 천천히 즐기므로 여유가 없는 것처럼 행동하지 말고 느긋하게 접객하도록 한다. 예정시간이 조금 지나더라도 너무 신경 쓰지 않는 태도가 바람직하다.

⑤ 우리나라에서는 접대 손님에 대하여 약간 비굴하게 보일 정도로 굽실거리는 태도를 취한다. 그러나 외국인에게는 맞지 않는다. 당당하게 대화하고 너무 겸양하지 말 것이며 서로 당당하게 대응해야 한다.

⑥ 상대가 부부인 경우에는 접대하는 측도 여성(여직원 또는 직원부인도 좋다)을 참여시켜 이것저것 돌봐주는 것이 좋으며, 이런 경우에는 항상 '레이디 퍼스트'를 염두에 두어야 한다.

글로벌 시대의 매너
사례분석

Part_3

01 글로벌 시대의 매너

1) 외국인의 지하철 매너

머칠 전 토요일 오후 의정부에서 서울로 퇴근하는 전동차 안에서의 일이다. 책을 읽고 있는데 같은 의자에 떨어져 앉아있던 외국인 남성이 맞은편에서 졸고 있는 사람을 계속 보고 있었다. 잠시 후 그 외국인은 맞은편 바닥에 떨어져있는 승차권을 주워 졸고 있는 젊은 대학생 차림의 남성 옆자리에 놓았다. 얼마 뒤 그 젊은이가 깨어나 주위를 두리번거리다가 오른쪽 옆자리에 놓여있는 승차권을 집어 들었다. 그제야 외국인은 안심했다는 표정을 지으며 다음 정류장에서 내렸다. 바닥에 떨어진 승차권을 주워 주인을 찾아주는 것에 만족하지 않고, 졸음을 방해하지 않으려는 그 외국인의 세심한 배려가 얄미울 정도로 돋보였다.

아쉬운 것은 지하철 내 풍경이 모두 이와 같지는 않다는 점이다. 한 예로 객차와 객차 사이를 통과한 뒤 문을 닫지 않아 노약자 좌석에 심한 바람이 들어오게 하는 경우가 많다. 조금이라도 타인을 배려하는 마음이 있었다면 한 번이라도 뒤를 돌아볼 여유가 있었다면 그런 일은 없을 것이다. (60)

사례분석

- 상황 : 의정부에서 서울로 가는 지하철 안, 외국인 남성이 졸고 있는 승객의 승차권을 주워서 옆자리에 놓아 둠. 졸던 승객이 깨어나 두리번거리다 옆자리에 놓인 승차권을 집어들자, 외국인은 안심했다는 표정으로 다음 정거장에서 내림.
- 매너 : 바닥에 떨어진 승차권을 주워 주인에게 돌려주는 것에서 한 발짝 더 나아가 졸음을 방해하지 않으려는 세심한 배려

2) 미국인의 기차 안 쓰레기 수거

지난해 오전 6시 서울발 부산행 새마을호를 타고 S사 신규 개발상품에 대한 수출 자문에 응하기 위한 양산 출장길에 경험한 일이다.

내 옆 좌석인 6호차 54번에 앉아있던 50대 초반으로 보이는 미국인이 동대구역에서 하차했다. 그는 내리기에 앞서 좌석 앞에 달린 그물망 안에서 초콜릿 포장지와 빈 우유팩을 차곡차곡 접어 자기 서류가방에 넣었다. 자리에서 일어선 그는 나를 바라보면서 영어로 "좋은 여행 되십시오"라고 인사까지 했다. 나도 얼떨결에 영어로 "좋은 하루 되세요"라고 응대했다. 아마 그 미국인은 평소 자기 쓰레기는 자기가 정돈하는 그런 일상이 생활화돼 있었던 것 같다. 더불어 중간 역에서 타는 다른 승객이 자기가 앉았던 자리를 찾을 경우 보다 즐거운 여행을 할 수 있도록 배려해 우유팩 등을 자기 서류가방에 도로 넣었을 것이다.

쓰레기 그물망에 넣은 휴지 등은 종착역에서 열차 직원들이 치우기 때문에 도중 하차시 승객이 넣어 가는 것은 우리들에게 그리 흔치 않은 일이다. 일상생활에서 항상 남을 배려하고, 자신의 가장 가까운 주변을 정리하고 정화해 가는 작은 실천이 세계인이 되는 지름길이 아닐까? (61)

사례분석

- 상황 : 서울발 부산행 새마을호 기차 안, 50대 미국인이 동대구역에서 하차
- 매너 : 좌석 앞에 달린 그물망 안의 쓰레기를 자신의 서류가방에 넣어 가지고 내림. 다른 승객의 보다 즐거운 여행을 위한 깊은 배려

3) 일본친구의 샤워매너

만만찮은 일거리인 화장실 청소를 할 때면 문득 6년 전 우리 집에 묵고 갔

일본의 북알프스산

던 일본인 친구가 떠오른다. 집에 온 손님이기에 저녁에 샤워를 하라며 욕실로 안내했다. 잠시 뒤 그 친구가 샤워를 마치고 나왔을 때였다. 뒷정리를 하기 위해 욕실에 들어갔는데 정말 깜짝 놀라지 않을 수 없었다. 도무지 금방 샤워를 하고 나온 욕실이라고는 믿기 어려울 만큼 세면대·샤워장·변기까지 물기 하나 없이 깨끗이 정돈돼 있었던 것이다.

집주인인 나 자신도 샤워 후에 그 정도로 깨끗이 정리하진 않는데, 그 외국인 친구의 행동에 마치 한대 얻어맞은 느낌이 들었다. 적어도 그 친구가 '화장실 에티켓'만큼은 확실히 지킨 것이었다.

최근 국제적인 각종 대회를 위해 공공시설의 화장실 개선공사가 한창이다. 물론 정비된 실내장식과 최신시설을 갖춘 화장실이 좋은 인상을 주는 것은 사실이다. 하지만 외국인들에게 훨씬 더 좋은 인상을 주는 것은 다름 아닌 '화장실을 사용하는 우리들의 태도'라는 점을 잊고 있는 듯하다. 최신형 세면대 위에 나뒹구는 수많은 머리카락, 새하얀 변기 주변에 지저분하게 고인 물기……

6년이 지난 지금까지도 나에게 감동을 주는 것은 바로 한 외국인의 교양있는 조그만 행동이었다. (62)

 사례분석

- 상황 : 대한민국의 가정집에 묵고 간 일본인이 샤워 후 욕실 청소
- 매너 : 금방 샤워를 하고 나온 욕실이라고 믿기 어려울 만큼 물기 하나 없이 깨끗이 정돈되어 있음. 욕실을 사용하는 다른 사람을 배려하는 마음

4) 일본인의 등산매너

지금도 산행할 때면 하계휴가 기간에 친지 10여 명과 일본 북알프스를 등반했을 때의 일이 떠오른다. 3박 4일의 험난한 산행이었다. 산을 타면서 그곳 주민들과 자주 마주쳤다. 놀라운 것은 지나치는 사람들이 모두 서로에게 나직한 목소리로 "안녕하세요", "안녕" 하고 인사를 주고받는다는 사실이었다. 어른 아이 예외가 없었다. 우리도 얼떨결에 못하는 일본어와 가벼운 미소로 답례했다.

한참을 가는데 앞쪽에 젊은 엄마와 초등학생쯤 보이는 어린이가 함께 가는 모습이 보였다. 우리 일행은 발자국도 요란하게 저벅저벅 삼삼오오 걸어갔고, 그 엄마와의 거리가 좁혀졌다. 그러나 여전히 거리가 떨어져 있었는데, 그 젊은 엄마가 허리를 굽혀 아들에게 뭐라고 얘기하는 것이었다. 그러자 갑자기 아이가 엄마 뒤로 붙어 '한 줄로' 선 채 걷는 것이었다. 그 길은 폭이 10여 미터여서 비켜 줄 필요조차 없었다. 그럼에도 뒤에서 바삐 오는 사람들을 위해 한 줄로 서는 것이었다. 이런저런 생각 속에 능선을 타고 가파른 길을 올라가며 우리는 하산하는 사람들과 마주쳤다. 그리고 그때마다 마주친 사람들은 길이 넓건 좁건 일제히 한 줄로 서서 우리가 지나갈 때까지 기다려줬다. 그냥 내려와 스쳐지나가도 되는데…… (63)

사례분석

- 상황 : 친지 10여 명과 일본 북알프스 등반 때, 마주치는 주민과 앞서가는 일본인 젊은 엄마와 초등학생
- 매너 : 산행시 마주치는 주민마다 서로에게 나직한 목소리로 인사 / 바삐 가는 사람들을 배려해 길이 넓어도 한 줄로 선 채, 일행들이 지나갈 때까지 기다림

5) 질서의 출발점은 '폐 끼치지 않는 것(일·독·미)'

"애, 거기 서 있으면 다른 손님에게 폐가 되지 않니?" 상점 문 앞에 멍하게 서 있던 아이 손을 황급히 잡아끈 뒤, 아이의 어머니는 "실례합니다"를 연발하며 고개를 숙였다. 일본 어딜 가서도 쉽게 볼 수 있는 풍경이다.

최근 일본의 한 계곡에서 눈사태로 조난당한 사람이 기적적으로 구출됐다. 구사일생으로 구출된 조난자가 맨 처음 한 말은 "구출해 주셔서 감사합니다"는 말이 아니라 "여러분께 폐를 끼쳐 죄송합니다"였다.

일본의 시민교육은 '메이와쿠(미혹)'라는 단어 한마디로 집약된다. '메이와쿠'란 우리말로 하면 '남에게 끼치는 폐' 정도에 해당하는 말이다. 모든 경우마다 일일이 에티켓을 배우지 않더라도 '남에게 메이와쿠가 되지 않도록'이라는 대원칙에 따라 움직이도록 하는 것이 일본인의 시민 예절교육이다.

일본에서는 아이들을 꾸짖을 때도, 에티켓을 지키지 않는 사람에게 제재를 가할 때도 반드시 '다른 사람에게 폐를 끼친다'는 점이 강조된다. 레스토랑에서 아이들이 큰소리로 떠들 경우, 일본의 웨이터는 부모에게 '(레스토랑 자체에서는 개의치 않으나) 다른 손님들에게 폐가 되므로' 조용히 해 줄 것을 요구한다. 버스에서는 "버스 안에서의 휴대전화 사용은 의료기기를 착용한 사람에게 폐를 끼칠 수 있으므로 삼가 주시기 바랍니다"라는 방송이 쉴새없이 흘러나온다.

요시다 하지메(20) 씨는 이른바 '매너'는 어렸을 때부터 부모님께 '남들에게 폐가 되지 않느냐!'는 말을 들으며 배웠고, 조금이라도 폐가 되면 '스미마센'이란 말을 하도록 들었다며 "그러나 구체적으로 어느 때가 폐가 되는지는 생활하면서 자연히 배우는 것 아니겠냐"고 말했다.

'남에게 폐를 끼치지 않는 것'은 단순한 에티켓의 원칙을 넘어 일본인의 생활원칙으로 되어 있다. 부모를 비롯하여 다른 사람들에게 전혀 폐를 끼치지 않고 혼자 살아갈 수 있게 되면 일본에서는 그때야 성인으로 대접받는다.

이타바시구 쓰쓰지 보육원 엔도 보육사(33)는 아이를 키우는 기본원칙에 대해 "내 자식만은 남에게 폐를 끼치는 사람으로 만들지 않으려는 것이 보통 일본인들의 교육방침이다"라고 말했다.

독일에서는 공동주택에 사생활 침해 규정이 있다. 그 중 하나가 "밤 10시 이후에는 음악을 크게 틀지 못한다"이다. 누구든 이를 어기면 주의·경고를 받고, 심할 경우 경찰에 스피커를

호주 시드니 오페라하우스

빼앗기게 된다. 토요일 오후 빨래를 베란다에 내걸어서는 안 되는 규정도 있다. 관광 미관을 해쳐 동네 품위를 떨어뜨리기 때문이다. 만일 이를 어길 경우 처음에는 경고를 받지만, 그 이상이 되면 빨래걸이를 시설 관리인에게 압수당하는 일이 벌어진다.

미국 노스캐롤라이나주 채플힐 메리스크록스 초등학교 4학년 한 교실의 자율 독서시간, 9세 된 어린이 21명의 자세가 그야말로 제각각 자유분방하다. 카펫이 깔린 교실 바닥에 벌렁 드러눕거나 모로 누운 학생, 엎드려 있는 학생 등 그러나 교사가 없어도 떠드는 학생은 단 한 명도 없었다. 모두들 입은 다물고 눈으로 책을 읽고 있을 뿐이었다. 교실 옆 사무실에 있는 담임교사 브래디 맥다니엘 씨는 "책을 어떤 자세로 읽든지 다른 사람이 독서하는데 훼방놓지는 말라고 했다"고 말했다 한다.

욕 등 저질언어도 남에게 폐를 끼친다는 차원에서 통제된다. 미국에서는 욕을 '화장실용 언어(bathroom language)'라 부른다. 화장실에서 혼자 중얼거리면 상관없지만 다른 사람이 듣는데 해서는 안 된다는 뜻이다. 미국 버지니아주 폴스처지시 벨리브룩 유치원에서는 어린이들이 남에게 나쁜 말을 사용하면 곧바로 경고조치 당한 뒤 다른 원생들로부터 일정시간 격리된다.

서구에서는 남에게 폐를 끼치는 것을 용납하지 않기 때문에 폐를 끼쳤을

경우 "죄송합니다.", "실례합니다." 등 용서를 구하는 언어가 자동적으로 입에서 튀어나온다. 호주 시드니에 사는 교포 김윤성(47) 씨는 "얼마 전 집 앞에서 차량 접촉사고를 냈는데, 차에서 내리자마자 상대편 운전자가 오히려 미안하다고 말하면서 경찰과 보험회사에 뒤처리를 맡기자고 해 감동했다"며 "우리나라 같으면 십중팔구 언성부터 높였을 것"이라고 말했다. (64)

서울의 호텔에 근무하면서 대한민국 사람들은 아이들한테 너무 관대하다는 생각이 들었다. 한 번은 호텔에 아이가 뛰어 들어오면서 회전문에 손이 끼인 적이 있었다. 이 아이는 부모보다 앞서 혼자 먼저 뛰어들어오다 손이 끼인 것이다. 다행히 크게 다치지는 않았지만 자칫 큰일날 뻔한 사고였다. 그때 부모들 가슴이 무척 아팠으리라 생각한다. 문제는 그 사고 직후 부모들의 반응이 매우 실망스런 것이었다. 무턱대고 호텔 쪽을 나무라는 것이다. 안전시설이 허술하다는 둥 다시는 이 호텔에 오지 않겠다는 둥 하면서 호텔측만 비난했다.

사실 호텔 같은 공공장소에 갈 때는 아이들이 부모의 통제 아래 움직여야 한다. 어른들에겐 안전한 물건이나 시설이 아이에겐 위험할 수 있기 때문이다.

아이와 관련한 일은 호텔 내 식당, 특히 뷔페에서 자주 일어난다. 아이들이 온 식당을 휘젓고 뛰어다니는 일이다. 무엇보다 뷔페엔 포크나 접시 같은 자칫 아이들에게 흉기가 될 만한 물건들이 여기저기 널려 있기 때문에 사고로 이어지기 쉽다. 또 음식을 먹으면서 크게 소리내는 것도 사소하지만 고쳐야 할 글로벌에티켓이다.

대한민국에서 우리나라 사람끼리라면 그것이 문화이기 때문에 용인될 수도 있다. 그러나 한국을 처음 방문하는 외국인들은(한국인이 외국을 방문할 때도 마찬가지지만) 그들만의 기준이 있다. 그 기준으로 볼 때 한국 사람들이 당연한 문화(앞에 열거한 몇 가지 잘못된 문화들)라고 여기고 있는 것들에 대해 내가 경험한 똑같은 강도의 충격을 받을 것이다. 세계적인 기준에 비춰봤을 때 좋지 않은 문화 혹은 관습이라고 여겨지는 부분은 고쳐야 한다. (65)

- 교육방침 : 내 자식만은 남에게 폐를 끼치지 않는 사람으로 만드는 것이다.
- 눈사태에서 구출된 조난자 첫 말 : "여러분께 폐를 끼쳐서 죄송합니다."

- 공동주택 사생활 보호 : 밤 10시 이후에는 음악을 크게 틀지 못한다.
- 토요일 오후 : 빨래를 베란다에 내걸어서는 안 된다.

- 초등학교 자율독서 시간 : 어떤 자세를 취하든지 용인되나 타인에게 방해되어선 안 된다.
- 유치원 어린이가 남에게 욕을 하면 경고조치 후 일정시간 격리시킨다.

[그림 7] 남에게 폐를 끼치지 않는 일·독·미의 에티켓 교육

6) 비 오는 날 미국시민의 매너

1년 전 남편의 미국 유학길에 우리 가족도 동행했다. 비가 억수같이 내리던 어느 날 밤늦게 딸의 학교 준비물을 사고 돌아오는데 왼쪽 뒷바퀴에서 이상한 소리가 났다. 그런데 뒤에서 비상등을 켠 차가 계속 따라오면서 나에게 차를 세우라고 신호하는 것이었다. 한편으로 겁이 났지만 비상등을 켜고 차를 세웠다. 상대는 그 장대비를 맞으면서 다가와 "뒷 타이어에 문제가 생겼으니 이 상태로는 운전 못한다"며 내가 원한다면 타이어를 교체해 주겠다고 제안했다. 나도 차에서 내려 뒷바퀴를 살펴봤는데, 그 짧은 순간임에도 옷이 흠뻑 젖고 말았다. 상대는 나의 대답을 기다리며 서 있었다.

나는 조금만 가면 우리 아파트에 도착하니 그냥 가보겠다고 말했다. 그러자 "내가 비상등 켜고 뒤에 따라가 줄 테니 천천히, 아주 천천히 운전하라"고 신신당부했다. 아파트 앞에 도착하자 그는 차에서 내려 다가온 뒤 "정말 다행이다. 좋은 저녁 보내라"면서 흠뻑 젖은 모습으로 인사를 하고 돌아갔다.

남의 일을 자기 일처럼 배려해주고 도와주는 그들의 모습, '차 세우라'는 말에 겁부터 먹고 의심한 것이 미안했다. (66)

사례분석

• 우리는 너무 피해의식에 빠져 있지는 않나요? 나의 피해의식은 어떤 것이 있는지 적어
봅시다. 또한 그런 생각을 가지게 된 동기가 무엇인지도 생각해 봅시다.

나의 피해의식은?	피해의식을 가지게 된 동기
1. 2. 3.	1. 2. 3.

피해의식은 열등감으로 나를 뒤엉키게 하여 원만한 사회생활을 방해한다. 따라서 피해
의식의 원인을 찾아 이해하고 해결함으로써 그 피해의식에서 벗어나야만 한다. '기우(杞
憂)'라는 말을 들어 보았는가? 옛날 '기'나라 사람들이 하늘이 무너질까 걱정하였다는 것
에서 유래된 고사성어로 '쓸데없는 걱정'이라고 해석한다. 피해의식도 기우와 마찬가지
로 상대는 그렇게 생각하지 않음에도 불구하고 자신이 앞서서 생각하고 판단함으로써
더욱더 악화된다.

7) 공정함이 몸에 배어 있는 영국식 질서

80년대 초 영국에서 수학하고 있을 때였다. 아내와 함께 영국 관광회사가
주선하는 이탈리아 단체여행을 8일간 하게 되었다. 이탈리아에 도착한 첫날
아침 우리는 누구보다 일찍 관광버스에 올라 제일 앞 전망 좋은 자리를 잡
았다.

둘째 날이 되자 이상한 모습을 보게 됐다. 첫날 우리 바로 뒷좌석에 앉았던
영국 할머니들이 버스에 오르시더니 우리 바로 뒷자리가 비어 있는데도 제일
뒷자리로 가시는 것이었다. 첫날 그 할머니들 바로 뒤에 앉았던 분들이 우리
뒷자리에 앉았다. 사흘째 되는 날에야 우리가 맨 뒷자리에 가서 앉자, 전날
우리 뒤에 앉았던 분들이 우리 자리에 앉는 것이었다.

알고 보니 누구나 골고루 전망 좋은 자리에 차례대로 앉아갈 수 있는 공정
한 질서를 발휘하고 있는 것이었다.

그 후 영국인들이 추구하는 공정(fairness)한 질서를 또 한 번 목격하게 되었다. 런던 근교에 살며 워털루 역까지 기차로 통근하던 해 겨울이었다. 아침 출근시간에 함박눈이 내렸다. 영국 철도는 동력선이 바닥에 깔려 있어 눈이 쌓이면 운행을 중지하도록 되어 있다. 눈이 쌓이자 기차는 워털루 역이 빤히 보이는 곳에서 정지했다.

기다리기를 1시간 30분. 아무도 1시간 30분 동안 꿈쩍하지 않고 열차 안에서 대기하고 있었다. 더 놀라운 것은 30분 정도 지나자, 앉아있던 사람들이 서있는 사람에게 자리를 양보하는 것이었다. 그 후 30분 정도 지나자 다시 앉아있던 사람들이 서있는 사람에게 자리를 양보했다. (67)

사례분석

- 상황 1 : 이탈리아 단체여행을 8일간 하는 영국인들
- 매너 1 : 관광버스의 전망 좋은 자리를 차례대로 앉아갈 수 있도록 서로 배려하는 마음

- 상황 2 : 눈이 쌓여 열차 안에서 1시간 30분 대기
- 매너 2 : 앉아있던 사람들이 서 있는 사람에게 30분 간격으로 서로 자리를 양보

---

8) 독일의 식당문화

항공사 스튜어디스 시절, 독일 프랑크푸르트의 한 지정호텔에 처음으로 묵었을 때 일이다. 그때 그 호텔에 머무는 우리 직원들에게는 호텔 내 아침뷔페가 제공되었다. 유럽은 물가가 비쌀 뿐 아니라 미주지역과 달리 한식당도 그리 찾기 쉽지 않았기 때문에 호텔측 배려에 감사했다. 회사에 대한 이미지 문제도 있고, 또 신입 교육시절 각종 식사예절에 대해 배운 경험이 있던 터라 우리는 능숙하게 웨이터의 안내에 따라 자리를 잡고 차가운 에피타이저(전채요리)류부터 차례로 음식을 담아서 먹기 시작했다.

그런데 계속해서 음식을 먹다 보니 그 전에 다 먹은 접시가 회수되지 않은 채 식탁 위에 그대로 즐비하게 놓여있는 게 아닌가. 꽤 시간이 지났는데도 웨이터는 커피나 물의 리필 서비스만 해 줄 뿐 다 먹은 접시를 치워줄 기미는 전혀 보이지 않았다. 알고 보니 접시 위에 먹다 남은 빵 한 조각이나 고기 한 덩어리라도 있으면 절대 그 접시를 회수하지 않는 게 그들의 식사 에티켓이었다.

그 사실을 알고 우리가 접시를 깨끗이 비우자, 그제야 웨이터는 친절하게 웃으며 접시를 회수해 가는 것이었다.

창밖으로 아름다운 정원과 호수가 보이고 깨끗한 식당 내부와 다양한 메뉴들, 무엇보다 철저한 매너의식으로 무장된 단정하고 상냥한 웨이터의 서비스까지 무엇 하나 나무랄 데 없는 아침식사였다. (68)

사례분석

- 상황 : 독일 프랑크푸르트의 호텔 내 아침 뷔페식당
- 매너 : 접시 위에 먹다 남은 빵 한 조각, 고기 한 덩어리라도 있으면 절대로 접시를 회수해 가지 않으므로 접시를 깨끗이 비워야 한다. 특히 환경보호정신이 엄격한 선진국일수록 음식물 쓰레기를 철저히 교육시킨다. 우리의 먹거리는 자연에서 잠시 빌려다 쓰는 것임을 늘 명심해야 한다.

9) 미국인의 실수에 대한 매너

얼마 전 가족과 함께 미국 콜로라도주의 파이크스 피크에 올랐다. 해발 약 4,300m의 정상까지 왕복 3시간의 여정으로, 세계에서 가장 높은 톱니기차 여행이라 탑승객에게 감동을 준다.

정상까지 올라간 뒤 내려오는 열차에 탑승했다. 한 600m쯤 내려왔을 때 갑자기 기차가 멈춰 섰다. 그리고는 정상을 향해 거꾸로 올라가는 것이었다. 열

차 내 안내방송이 나왔는데, 잘못 승차한 사람이 있어 내려주기 위해 되돌아 간다는 것이었다.

정상까지 자동차 등을 이용해 다른 등산로로 오르는 사람이 있는데, 그 중 한 명이 구경삼아 열차에 탔다가 미처 내리지 못했던 것이다. 정상까지 되돌아가자 그 사람은 손을 흔들며 유유히 내렸다. 그때 열차에 탑승했던 그 어떤 여행객도 그를 비난하거나 기막히다는 표정을 짓지 않았다. 조용히 보내줬고 우리 열차는 아무 일 없었다는 듯 아래로 천천히 내려왔다.

우리나라에서 이런 일이 생겼으면 어떻게 되었을지 생각해봤다. 여기저기서 야유를 보내거나, 빈정거리는 손가락질을 할 수도 있었을 것이다. 파이크스 피크를 내려오면서 남의 실수에 관대한 덩치 큰 사람들의 태도에 적지 않은 감동을 받았다. (69)

사례분석

- 나는 남의 실수에 대해 관대한가?
- 나는 남에게 야유를 보낸 적은 없는가?

10) 볼리비아 인디오의 식탁매너

남편이 볼리비아주재 대사관에서 근무할 때의 일이다. 부임 당시 가정부 월급이 15달러, 그 당시 우리 돈으로 만 오천 원에 불과했다. 집도 컸고 행사다 파티다 바빴기 때문에 요리를 맡는 가정부와 청소를 돕는 파출부와 운전기사, 금요일마다 오는 정원사도 고용했다.

운전기사를 포함한 이들은 자기들끼리 부엌에 딸린 식탁에서 따로 식사를 했다. 그런데 이들의 식사매너가 나에게는 충격적이었다. 모두 인디오들로 운전기사를 빼고는 글씨도 쓸 줄 모르는 말하자면 하류층 원주민들인데도 먹는 소리나 그릇 부딪치는 소리를 내지 않았다. 얘기를 나누면서 먹지만 큰소리를 내지 않고 조용히 화기애애하게 식사를 했다. 시장 상인들이나 시골 마을의 원주민들도 마찬가지였다.

우리는 아직도 식사할 때 쩝쩝 소리를 내고, 입안에 음식을 넣은 채 말하고, 포크와 나이프를 휘두르며 식사한다. 음식을 시킬 때도 옆자리의 외국손님들이 먹고 있는 것을 손가락으로 가리키며 "저 사람 먹는 걸루요"라고 주문한다. 외국사람들은 손가락질 당하는 것을 몹시 싫어한다. 또 주문할 때 웨이터가 조금만 늦게 오면 "이 집은 뭐 이래!" 하면서 큰소리로 웨이터를 불러댄다. 메뉴판을 들고 있는 이상 웨이터는 오지 않는다. 메뉴를 정하고 메뉴판을 내려놓으면 그때 주문 받으러 오는 법인데도 거꾸로 상대방을 나무란다.

서양음식을 많이 접해야 하는 국제화 시대이므로 기본적인 테이블매너는 알아야 한다. 가난하고 못 배운 인디오들도 테이블매너가 체화(體化)된 세상 아니까. (70)

위의 사례를 통해 알 수 있는 테이블매너를 적어보자.

① 식사 때 먹는 소리나 그릇 부딪히는 소리를 내지 않는다.
② 음식을 입안에 넣고 말하거나, 포크와 나이프를 휘두르며 식사하지 않는다.
③ 음식을 시킬 때 옆좌석 손님 쪽을 손가락으로 가리키지 않는다.
④ 큰소리로 종사원을 부르지 않는다.
⑤ 메뉴를 정하고 메뉴판을 내려놓으면 종사원이 주문을 받으러 온다.

11) 캐나다 휘슬러 스키장의 고객매너

캐나다 벤쿠버의 휘슬러 스키장에서 있었던 일이다. 우리나라의 스키장 경우 리프트를 탈 때면 국민성이 그대로 나온다. 러시아워의 자동차처럼 누가 먼저 앞머리를 들이미느냐에 따라 순서가 정해지기 때문이다. 더군다나 부모가 자녀들에게 서슴지 않고 새치기를 시킬 땐 아연해진다.

캐나다 휘슬러 스키장

휘슬러 스키장에 간 날은 일요일이어서 많은 사람이 줄을 서 있었다. 그런데 4인승 리프트가 진행요원도 없이 우리나라보다 훨씬 빠르게 진행되길래 가만히 보았더니, 두 사람이 일행이면 중앙에 서고, 양쪽에는 혼자 온 사람이 한 사람씩 줄을 서는 게 아닌가. 그리고 세 사람이 일행이면 한 사람이 좌우에서 교대로 서는 것이었다. 그러니까 혼자 온 사람은 양 바깥쪽 줄에 서서 순서대로 탑승하는 것이다. 우리나라는 일행이 아니면 같이 타지 않고 일행하고만 타려고 한다. 그러니 한 좌석 또는 두 좌석은 빈자리로 운행되기 일쑤여서 자연히 비싼 리프트 요금을 지불하고도 제대로 못 타는 어리석음을 범하고 있는 것이다. 뿐만 아니라 진행요원이 있어도 빨리 타려고 리프트 입구는 난장판이 된다. 스키 시즌인 지금 우리나라도 나란히 질서 있게 리프트를 탔으면 하는 마음이 간절하다. (71)

• 캐나다 벤쿠버 스키장 리프트 탑승 매너
  4인승 리프트의 경우

  ◯◯◯◯

  ◯●●◯　두 사람이 일행이면, 중앙에 선다. 양쪽에는 혼자 온 사람이 줄 선다.

  ◯●●●　세 사람이 일행이면 한 사람이 좌우에서 교대로 줄 선다.

• 우리나라 스키장 : 일행이 아니면 같이 타지 않는다.
  한두 좌석이 빈자리로 운행되어 에너지가 낭비된다.

12) 헝가리 소년의 매너

몇 해 전 남편이 헝가리에서 근무하게 되어 함께 머물렀다. 국제전화는 회사전화를 쓰지 않고 공중전화를 이용했다. 어느 날 서울에 있는 자녀들에게 전화를 걸기 위해 전화카드를 들고 공중전화 부스로 갔다. 길 옆으로 정원이 매우 아름다운 집들이 있었다. 평소 습관대로 그날도 낮은 담장 너머로 훤히 내다보이는 풍경들을 기웃기웃 넘겨다보며 걸어갔다. 그때 자전거를 타고 가던 열 한두 살쯤 돼 보이는 소년과 눈이 마주쳤다. 그 소년은 가던 길을 멈춰 서고 나를 바라봤다. 그러다가 미소 띤 얼굴로 조심스럽게 다가와 "집을 찾으세요. 뭐 도와드릴 일은 없습니까?"라고 친절하게 물었다.

나는 카드를 보여주며 전화하러 가는 길이라고 했다. 그러자 가까이 있던 전화부스를 가리키며 안심이라도 했다는 듯이 환하게 웃어 보이고는 가던 길을 힘차게 달렸다.

사라져 가는 그 소년의 뒷모습을 보면서 나는 생각했다. 남을 배려하는 마음, 몸에 배인 친절과 미소, 그런 것들은 어른이 된 어느 날 갑자기 나타나기보다는 어렸을 때부터 만들어지고 다듬어진다는 것을.

지금도 가끔씩 그 소년의 친절했던 미소가 떠오르면 그곳에 다시 한 번 가보고 싶다. 그리고 참으로 기분 좋아진다. (72)

사례분석

• 헝가리 소년의 남을 배려하는 마음에서 무엇을 느낄 수 있는가?

13) 일본인과 영국인의 매너

(1) 일본인의 매너

몇 해 전 일본에 잠시 머물면서 '1일 관광회원'이란 제도를 이용하여, 하루

시간을 내서 도쿄 시내를 관광하게 됐다. 일행 중에는 일본 시골에서 온 교사들과 중년 내외가 포함돼 있었다. 일왕이 산다는 왕궁길 주변에서 경관을 살펴보고 기념촬영 하는 순서가 있었다. 우리 부부는 다른 경관을 살펴보다 기념촬영에 다소 늦었다. 촬영준비가 다 끝나고 얼마간 시간이 흐른 뒤에야 뒤늦게 기념촬영이 있다는 사실을 알게 됐고 허둥지둥 달려갔다. 급한 마음

일본 왕궁

에 도착해보니 가운데에 빈자리가 있었고, 우리는 그냥 그 빈 의자에 앉았다.

사진촬영 후 생각을 가다듬고 보니 우리가 앉았던 그 빈 의자는 일본인들이 우리 일행을 위해 비워둔 것이었고, 그들은 서서 기념촬영을 했던 것이다. 작은 일이었지만 남을 배려하는 일본인의 마음이 나를 무척이나 감동시켰다. (73)

(2) 영국인의 매너

7년 전 우리 내외는 회갑기념으로 유럽관광을 갔었다. 여러 나라를 둘러본 뒤 마지막으로 방문한 영국에서 있었던 일이다. 근위병 교대식을 구경하기 위해 버킹엄궁으로 찾아갔다. 시간이 빨랐는지 교대식은 시작되지 않았고, 관광 안내원은 우리를 근처에 있는 공원으로 안내했다. 공원을 대충 구경하고 돌아와 보니 교대식이 이미 시작돼 있었다. 많은 외국 관광객들이 철책 주위에 빽빽이 둘러서 있었고 근위병을 제대로 볼 수 있는 장소가 남아있지 않았다.

마음이 급해진 나는 카메라를 들고 이리저리 뛰며 허둥대다가, 조금 괜찮다 싶은 곳으로 뛰어 들어갔다. 그랬더니 거기 서 있던 사람들이 내가 사진을 잘 찍을 수 있도록 양쪽으로 비켜서며 공간을 내주는 것이 아닌가. 이럴 수가 있을까 싶어 깜짝 놀랐다. 그러면서도 그들이 비켜준 그 사이로 들어가 마음

버킹엄궁 근위병 교대식

껏 사진을 찍었다. 사진 찍는데 걸린 시간이 그리 짧지 않았음에도 사진을 다 찍고 돌아 나오는 순간까지 기다려주는 것이었다. 너무 감격한 나머지 고맙다는 인사말도 잊고 돌아서 나왔다.

급한 밥에 체한다던가. 너무 허둥대서 그런지 그때 그 사진들은 한 장도 제대로 찍힌 것이 없었다. 그러나 남을 배려하던 그 분들의 교양과 여유로움은 지금도 눈에 선하다. 내가 그들 입장이었다면 과연 그렇게 배려할 수 있었을까? 얼마 남지 않은 여생이지만 귀감으로 삼고 살고 싶다. (74)

사례분석

• 남을 배려하는 일본인과 영국인의 여유로움에서 느끼는 점은 무엇인가?

14) 로마의 서비스정신

몇 년 전 겨울, 아버지와 유럽 배낭여행 갔을 때 일이다. 낭만의 나라 정열의 도시 이탈리아 로마에서 아버지와 난 가죽 전문점에 들어갔다. 우리 옷차림은 말 그대로 지저분한 운동화에 세탁하지 않은 허술한 청바지 차림이었다. 옷을 고르는데 한 점원이 사뿐히 다가와 줄자로 내 몸 치수를 재고, 웃음으로 상냥하게 각각의 가죽옷에 대해 설명해 주었다.

그 뿐 아니었다. 다른 가죽 전문점을 구경한 뒤 묵고 있던 호텔로 가려고 가게를 나섰는데, 길을 몰라 가게 앞에서 헤매게 됐다. 그러자 점원이 사장에게 뭐라고 말을 하더니 우리에게 다가와선 친절히 어디에서 몇 번 버스를 타

면 되는지 가르쳐 주었다. 그는 직접 우리를 안
내했고 정류장까지 와서야 다시 가게로 돌아갔
다. 난 그동안 경험하지 못했던 그들만의 서비
스정신과 실천의지를 느낄 수 있었다.

우리의 경우 그렇지 못한 경우가 많다. 대부
분의 상점은 외국인이든 내국인이든 손님의 겉
모양을 보고 판단할 때가 있다. 어떻게든 물건
을 팔려고 온갖 미사여구를 구사하다가도, 만약
물건을 사지 않고 나갈 경우 국적을 불문하고

로마 콜로세움

그들의 따끔한 눈초리와 뒤에서 들리는 곱지 못한 소리에 시달려야 한다. 따뜻
하고 독특한 이탈리아인의 서비스정신!

동방예의지국이라는 우리나라가 이래서야 되겠는가. 인간미 넘치는 서비
스정신, 그것만이 세계화 시대로 가는 길이 아닌가 한다. (75)

사례분석

• 길을 몰라 자기 가게 앞에서 헤매는 관광객에게 친절히 안내하는 이탈리아인의 서비스
   정신과 우리나라 서비스의 현 주소는 어떤 차이가 있나?

15) 은행원의 매너

서울 강남의 모 백화점에 볼 일이 있어, 일찍 일과를 마치고 백화점을 찾았
다. 불행히도 지갑에 돈이 없다는 것을 안 것은 도착한 뒤였다. 할 수 없이
지하 1층에 있는 현금인출기를 찾았다.

그곳 인출기에는 타 은행의 예금을 인출할 경우 수수료를 얼마나 내야하는
지 명시돼 있지 않았다. 예전에 1만원을 찾고 900원이라는 수수료를 낸 기억
이 있어서, 쉽게 돈을 찾을 용기가 나지 않았다. 그래서 바로 앞 외환은행에

들어갔다. 은행원에게 "요즘 은행마다 수수료를 얼마씩 받나요?"라고 물어봤다. 은행원은 "요즘은 타 은행 예금을 인출해도 500원만 받고 있습니다"라고 대답해 주었다.

그 말을 믿고 현금을 인출했는데, 현금인출기에서 나온 거래 명세표에는 은행원 말과 달리 '수수료 900원'이라는 글자가 찍혀 있었다. 속았다는 기분이 들어 다시 은행을 찾아 몹시 불쾌한 표정으로 방금 전에 대답해 준 은행원에게 설명과 다르다고 항의했다.

그 은행원은 내 설명을 듣고 선뜻 400원을 돌려줬다. 그리곤 "제가 한 말은 제가 책임을 져야지요"라고 말하는 것이었다. 400원이 결코 큰돈이 아니다. 그러나 '제 말에 책임을 진다'는 은행원의 말은, 발길을 돌리는 내 마음을 뿌듯하게 채워줬다. (76)

사례분석

• 자기의 말에 책임지는 은행원의 매너에서 느낄 수 있는 서비스정신은?

16) 현대백화점의 전화매너, 3분 내 통화 후 3초 뒤 끊기

"전화는 3번 울리기 전에 받고, 3분 이내에 끝내고, 상대방이 끊은 뒤 3초 뒤에 수화기를 내려놓읍시다."

금강개발산업 ㈜현대백화점의 강남구 압구정동 본사 직원 600여 명은 3월 한 달 동안 '글로벌에티켓' 운동의 하나로 '전화에티켓 333 캠페인'을 벌였다. 건물 곳곳에 캠페인 내용을 붙이고 회사 소식지에 내용을 실은 것은 물론, 홍보팀이 직원들의 실제 통화를 녹음했다. 그 이유는 직접 찾아오는 사람을 위한 친절함도 중요하지만, 많은 업무가 전화로 시작해 팩스로 끝나기 때문에 전화예절이야말로 회사 이미지에 절대적인 영향을 끼치기 때문이다.

직접 녹음한 이옥진(29) 대리는 "특히 상대방이 끊은 지 3초 뒤에 끊는 것은 버릇이 안 된 것 같았다"고 말했다.

홍보팀은 60분용 테이프 3개를 편집, 2주 동안 매일 10분 정도 사내에 방송했다. 무조건 '난데~'로 시작하거나 목소리가 작아 안 들리는 '불량사례'와 '모범사례'를 나누어 방송했다. 교육효과는 금방 나타났다.

2월에 들어서는 임직원들이 아침마다 1시간씩 인사교육을 했다. 최근에는 '살아있는 표정으로 인사하기' 운동을 벌이고 있다. (77)

사례분석

전화예절 333 캠페인이란?

• (3번) 울리기 전에 받고
• (3분) 이내에 끝내고
• 상대방이 끊은 뒤 (3초) 뒤에 끊는다.

---

17) 화장실 문화

미국에서 20년간 이민생활을 하다 현재 한국에서 직장을 다니는 교포인 나는 얼마 전 한 식당 화장실에 급히 들어가다 젖은 바닥에 미끄러졌다. 옷이 젖었음은 물론 손목과 엉덩이가 아팠다. 화장실에서 적당히 옷을 말리고 나오니 외국손님들은 이미 도착해 있었다. 약속시간을 맞추지 못한 나에게 실망한 눈치였다.

사정을 설명하니 그들은 '식당을 상대로 고소하라'고 했다. 처음엔 화가 나서 식당에 따지고 싶었으나 곰곰이 생각해보니 식당에 문제가 있는 것이 아니었다. 아직 내 자신이 우리의 화장실에 익숙하지 않았고, 물로 청소하는 것이 한국 스타일인 것을 알게 되었다.

선진국에선 화장실이나 건물 주위에 물기가 있으면 말리고, 그동안 "젖은 바닥 주의" 표지판을 설치한다. 미끄러져 다치면 가게에서 책임지고 보상한다. 그렇지 않으면 법정에서 더 많은 배상금을 지급해야 하기 때문이다.

배상하라고 촉구하는 것이 아니라 화장실 바닥의 물을 꼭 닦자는 것이다. 물청소도 영업이 끝났을 때 하고, 또 바닥이 젖어 있으면 주의 표시판을 세웠으면 한다. 이는 고객을 위한 아주 조그만 배려인 것이다. (78)

외국인 신발은 밑창이 가죽으로 된 것이 많다. 가죽은 물에 약하기 때문에 외국인들은 신발을 신고 물을 밟게 되는 것을 매우 꺼린다. 또 가죽으로 된 밑창은 고무 밑창보다 많이 미끄러워, 화장실 바닥에 물이 있으면 안전사고가 발생할 확률도 높다.

우리나라에서는 신발에 물이나 흙이 묻어도 현관에서 벗고 들어가니까 크게 상관없지만, 외국 사람들은 실내에서도 신발을 신고 생활하기 때문에 신발 더럽히는 것을 매우 싫어하는 편이다.

화장실은 결코 깨끗한 느낌을 주는 단어가 아니다. 따라서 화장실 바닥에 있는 물을 깨끗하다고 생각하는 사람도 없을 것이다. 화장실 바닥의 물을 밟은 신발을 그대로 신고 거실이나 침실로 가야 한다면 얼마나 불쾌하겠는가.

항공기 기내에서 승무원들은 자주 화장실에 들러 바닥이나 세면대에 있는 물기를 제거하도록 교육받는다. 화장실에서 발생할 수 있는 안전사고를 예방하는 동시에 손님에 대한 배려 차원에서이다. 우리나라에서도 항공기뿐만 아니라 관광객들이 찾는 장소에서는 화장실 바닥의 물기를 깨끗하게 닦아, 외국 관광객들이 다치거나 불쾌해 하는 일이 없어야 하겠다. (79)

사례분석

- 글로벌 시대에 걸맞는 서비스 환경(예, 화장실 바닥의 물기 제거)이 마련되어야 관광 선진국이 될 수 있다.
- 고객안전에 대한 세심한 배려가 고품위서비스로 연결된다.

글로벌에티켓과
매너

Part_4

01 외국인이 오해할 한국인의 습관

☐ 꾸중들을 때 상대방의 눈을 똑바로 바라보지 않는다

한국인들은 꾸중들을 때 연장자의 눈을 똑바로 보는 것은 예의에 어긋난다고 생각한다. 그러나 미국인들은 이런 경우 상대방의 눈을 똑바로 보지 못하는 사람은 상대방에 대한 존경심이 없을 뿐 아니라 정직하지 못한 사람이라고 생각한다. 한국인들은 외국인과 상담을 하는 도중 상대의 이야기를 경청하는 뜻으로 팔짱을 끼고 눈을 지그시 감으면서 고개를 꺼덕꺼덕 하기도 하는데, 이 또한 외국인들은 상대의 말에 관심이 없는 것으로 생각한다.

② 상대방의 주의를 끌기 위해 옷자락을 잡아끈다

한국인들은 주의를 끌기 위해 "실례합니다!"라는 말 대신에 상대방의 옷자락을 잡아끄는 행동을 하는 경우가 종종 있다. 이것은 미국인들에게는 자신만의 '영역'을 침해하는 매우 무례한 행동으로 간주된다.

③ 양복 차림에 흰 양말을 신는 것은 외국인들이 보기에는 이러한 행동을 매우 촌스럽다고 생각한다

흰색을 좋아하는 한국인들은 양복 차림에 간혹 흰 양말을 신기도 한다. 그러나 통상 외국인들은 양복을 입을 때 바지색깔에 맞춰서 양말을 신어야 한다고 생각하기 때문이다.

④ 동성 간에 손을 잡고 길을 걷는다

한국인들, 특히 한국여성들은 동성의 손을 잡는 것을 지극히 자연스러운 행동으로 생각한다. 손을 잡은 것이 친구들 간의 친밀감을 나타내는 것이라고 보기 때문이다. 그러나 미국인들은 동성애자로 오해할 수도 있다. 그래서

외국에서는 동성 간에 손을 잡고 길을 걷는 것은 피하는 것이 바람직하다.

⑤ 자신이 마신 잔으로 다른 사람에게 술을 권한다

한국 사람들은 흔히 자신이 마시던 잔으로 동석한 사람에게 술을 권하곤 한다. 그것은 상대방에 대한 진실된 우정의 표현으로 생각하기 때문이다. 그러나 외국인들은 어릴 때부터 다른 사람이 마시던 잔으로 음료를 마시는 것은 비위생적이며 바람직하지 않은 행동이라고 배운다.

02 한국인이 오해할 외국인의 습관

① 식사 중에 수저를 밥그릇에 꽂아둔다

한국인들은 수저를 그릇이나 접시 옆에 나란히 놓는다. 그러나 제사를 지내는 경우에 한해서 밥그릇에 숟가락을 꽂아둔다.

② 둘째손가락으로 사람을 가리킨다

미국인들은 상대방의 주목을 끌기 위해 흔히 손가락질을 한다. 그러나 이것은 한국에서는 매우 무례한 행동이다.

③ 사교적인 자리에서 코를 푼다

외국인들은 식사도중에도 자리에서 코를 쉽게 푼다. 한국인들은 남 앞에서 특히 식사도중에 코를 푸는 것은 아주 무례한 행동이라 생각한다.

④ 연장자의 이름을 부른다

서로 믿고 도울 수 있는 친숙한 관계가 되기 위해 많은 외국인들은 사업상의 모임이나 사교적인 자리에서 이름을 불러줄 것을 부탁한다. 한국에서는 아주 가까운 사이가 아닌 경우 이름을 부르는 것은 버릇없는 행동으로 큰 실례가 된다. 한국인들은 연장자의 이름을 부르지 않는다. 상대의 성에 직함이나 씨, 선생 등의 경칭을 붙여주는 것이 예의이다.

⑤ 연장자에게 한 손으로 물건을 주고 한 손으로 받는다

미국인들은 연장자에게도 한 손으로 물건을 주고 한 손으로 받는다. 한국인들은 이것은 무례한 행동으로 생각한다. 연장자에게 보통 두 손으로 물건을 주고받는다. 이것은 상대를 존중한다는 뜻을 나타내기 위한 것으로 상대방이 연장자일 경우는 반드시 그렇게 해야 한다.

⑥ 빨간 색으로 사람의 이름을 쓴다

한국에서는 죽은 사람의 이름을 쓸 때에만 빨간 색으로 쓴다. 미국에서는 어떤 색깔로 사람의 이름을 쓰든 문제가 되지 않으며 빨간 색은 교사들이 흔히 사용하는 색이다.

03 대한민국의 전통예절

1) 전통예절

예(禮)란 무엇인가? 예란 '사람의 본마음에서 우러나서 나보다 상대를 존경하고 나의 입장보다 상대의 입장을 먼저 생각하라'는 뜻이다. 다시 말해서 '더불어 사는 사람다움'을 말한다.

예전에는 수기치인(修己治人)이라 해서 나를 먼저 갈고 닦아 사람됨을 완성하는 인성교육인 수기(修己)의 교육을 어려서부터 강조하였다. 그럼으로써

다른 사람을 다스리는(대인관계) 치인(治人)은 저절로 형성된다고 생각하였다.

그러나 요즘은 나 자신을 먼저 극복하고 다듬는 교육보다는 다른 사람을 어떻게 다룰 것인가 하는 처세술이 교육의 거의 대부분을 차지하여 안타까움을 금할 수 없다. 그 결과 이러한 이기적 교육결과가 직업생활로 연장됨에 따라 희생을 바탕으로 한 기업문화가 불가능하게 되어, 최근에는 다시 각 학교마다 인성교육이 유행처럼 번지고 있는 실정이다.

예란 우리가 더불어 살아가면서 사람의 됨됨이를 평가하는 기준이자 척도가 되는 것인 만큼 어려서부터 몸에 익히고 느낄 수 있도록 가정예절의 중요함을 모두가 통감하고 개인예절과 사회예절을 함께 익혀 나가야 할 것이다. 자녀들이 학교에서 선생님을 대하기 이전에 가정에서 부모로부터 배우는 예의범절이 먼저라는 것을 항시 상기한다면, 아버지·어머니의 역할과 책임을 통감할 수 있을 것이다.

절은 상대에게 공경을 표시하는 동작이다. 절은 공경하는 대상에게 하는 것이므로 공경하는 사람은 물론 대상물에 대해서도 한다. 절은 '저의 얼'의 준말이라 한다. 절은 공경의 표시일 뿐만 아니라 자신의 얼을 성장시키는 일이므로 정성스러워야 한다는 의미다.

절은 동양 문화권에서 발달한 인사법으로 우리나라에서 상대에게 자신의 예를 표현하는 큰절하는 방법은 다음과 같다.

① 남자는 평상시 왼손을 공수하고 여자는 오른손을 공수한다. 단 흉사시에는 남자와 여자의 손의 위치가 바뀐다.
② 남자는 아랫배에 공수한 손을 올려놓고 여자는 공수한 손을 이마에 붙인다.
③ 무릎을 꿇는 순서는 왼쪽 무릎을 먼저 꿇고, 오른쪽 무릎을 나중에 꿇어 깊이 앉는다. 이때도 남자는 왼발이 오른발 밑으로, 여자는 오른발이 왼발 밑으로 포개지도록 놓는다.

④ 머리는 목과 등이 직선으로 펴지도록 내려서 45° 정도의 각도가 유지되도록 숙인다. 숙인 상태로 셋 정도를 센 후 천천히 몸을 일으킨다.

⑤ 일어설 때 남녀 모두 오른발을 먼저 세우고 이어 왼발을 세운다.

⑥ 일어서서 다시 공수하고 가볍게 목례를 한 후 어른 앞에 조용히 앉는다.

⑦ 덕담은 절을 하면서 하는 것이 아니고, 어른이 먼저 하신 후에 답례로 하는 것이 옳다. 덕담은 어른이 내리는 말씀이다. 인사말은 절을 다 한 후에 한다. (80)

2) 식사예절

우리나라 음식은 오랜 전통과 역사 속에서 발달해 오면서 지방에 따라 다양한 특색을 나타내며 그 지방만의 독특한 음식문화를 자랑하기도 한다. 여러 가지 양념을 곁들이고 무엇보다 손끝에서 우러난 감칠맛을 지닌 한식과 그에 따른 식사예법은 누구보다도 우리가 먼저 지키고 바르게 알아두어야 외국인에게도 자신 있게 대접할 수 있을 것이다.

우리나라 음식의 상차림에는 반상, 면상, 주안상, 교자상이 있다. 반상은 평상시 어른들이 드시는 진짓상이고, 면상은 점심 같은 때 간단히 별식으로 국수류를 차리는 상이다. 주안상은 적은 수의 손님에게 약주대접을 위해 차리는 상이고, 교자상은 생일·돌·환갑·혼인 등 잔치 때 차리는 상을 일컫는다.

반상은 음식 수에 따라 3첩 반상에서 5첩, 7첩, 9첩, 12첩 반상이 있으며, 밥·국·찌개·김치·장류는 첩수에 넣지 않는다. 반상은 외상·겸상·3인용 겸상으로 차리는데, 외상의 상차림은 상의 뒷줄 중앙에 김치류 오른편에 찌개, 종지는 앞줄 중앙

5첩 반상

에 놓으며, 육류는 오른편과 채소는 왼편에 놓는다.

원래 우리나라 식탁의 기본 상차림은 외상으로, 잔치 때 수십 명의 손님이 찾아와도 일일이 외상으로 모셨다 한다. 근래에는 우리의 고유음

7첩 반상

식, 중국음식, 서양음식, 일본음식, 인스턴트 음식 등이 혼재되고 있어 식탁예절도 음식에 따라 약간씩 달라진다. (81)

그러나 외국 손님을 집에 초청하여 한식을 대접하는 경우, 여러 사람이 한 상의 음식을 먹는 교자상 보다는 우리 고유의 기본 상차림인 외상(일인용)으로 하거나, 아니면 서양식 식탁 위에 외상식으로 손님마다 제각기 음식을 따로 차리는 반상이 바람직하다.

1️⃣ 상차림

① 상을 차릴 때는 먹는 사람에게 편리하게 차린다. 기본음식인 밥은 양성이므로 먹는 사람의 왼쪽에 국은 음성이기 때문에 오른쪽에 놓으며, 숟가락은 국그릇의 오른쪽에 즉 숟가락은 안쪽, 젓가락은 바깥쪽에 놓는다.

② 기본 조미료는 상의 중앙이나 먹는 사람에게 가까이 놓고 특정음식과 관계되는 조미식품은 주된 식품과 가깝게 놓는다.

③ 국물이 있는 음식은 먹는 이에게 가까이 놓고 부피가 얇고 작은 것도 가깝게 놓는다.

④ 식어도 관계없는 음식을 먼저 차리고, 뜨겁게 먹는 음식은 먹기 직전에 상에 올린다.

2️⃣ 식사 전

① 어른이 자리에 앉으신 다음 아랫사람이 자리에 앉는다.

② 몸을 곧게 상을 향해 앉되 상 끝에서 주먹 하나가 들어갈 정도로 띄워 앉는다.

③ 아랫사람이나 주부 또는 보조하는 사람이 음식 그릇의 덮개를 연다.

④ 어른이 수저를 든 다음에 아랫사람이 수저를 든다.

③ 식사 중

① 숟가락으로 국이나 김치 등 국물을 먼저 떠먹은 다음 다른 음식을 먹기 시작한다.

② 넝쿨진 음식은 젓가락으로 집어먹고, 젓가락을 들 때는 숟가락을 먹던 밥그릇이나 국그릇에 넣어 걸쳐놓는다.

③ 어른이 좋아하시는 음식은 사양해 먹지 않으며, 멀리 있는 음식 또한 사양하고 가까이 있는 음식을 주로 먹는다.

④ 반찬은 뒤적이지 말고 한 번에 집으며 여러 번 베어 먹지 않고 단번에 한 입으로 먹는다.

⑤ 수저에 음식이 묻지 않게 깨끗하게 먹는다.

⑥ 보조접시에 음식을 덜어 먹는다.

⑦ 입안에 든 음식이 보이거나 튀어나오지 않게 먹는다.

⑧ 상 위나 바닥에 음식을 흘리지 않도록 주의하고, 마시거나 씹는 소리, 수저나 그릇이 부딪히는 소리를 내지 않는다.

⑨ 식사 중 어른이 물으시는 말씀에 대답하는 이외에는 잡담을 삼간다.

⑩ 음식에 타박을 해서는 안 되며, 식사 전후에 트림을 해서도 안 된다. 특히 상머리에서 이를 쑤시지 않는다.

④ 식사 후

① 물을 마실 때는 양치질을 하지 않는다.

② 너무 서둘거나 지나치게 늦게 먹지 말고, 다른 사람과 같은 시간에 식사

가 끝나게 조절한다.

③ 만일 먼저 식사가 끝나면 숟가락을 상 위에 놓지 말고 밥그릇이나 국그
   릇에 젓가락을 들 때와 같이 놓고 기다린다.

④ 식사 후 어른보다 먼저 일어나지 않는다. (82)

⑤ 절충식 한식디너

비즈니스와 사교의 영역이 넓어지고 외국인과의 대면이 자연스러워진 만
큼 그들에게 우리의 음식을 접대할 기회가 많아지고 있다. 그러나 외국인들
에게 무조건 한국식을 권하기 보다는 요리는 우리 것으로, 접대방식은 서양
식으로 하는 이른바 절충식이 바람직하다.

① 국을 대접하고자 할 때에는 건더기를 적게 해서 준비한다. 만두국의 경
   우 만두는 엄지손가락보다 조금 큰 정도로 조그맣게 빚고 두 서너 개
   정도만 담아낸다.

② 여름철에는 오이냉국을 대접하면 효과적이다.

③ 디저트로서 커피나 홍차 대신 인삼차나 수정과, 식혜 등을 준비해 두는
   것도 좋다.

한국 요리는 요리만을 먹기보다는 밥을 먹기 위한 반찬의 비중이 크므로
전반적으로 짜고 맵다. 따라서 외국 손님에게 대접할 때는 특별히 조리법에
신경 써서 접대해야 한다. 무엇보다 마늘을 많이 넣지 않도록 주의해야 한다.

⑥ 한국식 뷔페디너

손님을 많이 초대할 때는 한국 요리도 뷔페 스타일로 대접하는 것이 좋다.
전채에서부터 고기요리, 음료와 후식까지 골고루 한꺼번에 차리고 밥도 곁들
여 놓는다. 외국인 손님이 있는 경우라면 볶은 밥이나 김밥을 보기 좋게 말아

서 내놓는 것도 좋은데, 이때에는 수저와 함께 포크도 준비하는 센스를 발휘하도록 한다.

'상다리가 부러지게'라는 우리만의 표현이 있듯이 한 번을 먹더라도 거하게 차려먹는 식습관은 접어두고, 뷔페로 준비할 때에는 맛있고 자신 있는 요리 4~5가지 정도로 요리의 수를 줄여 장만하는 것이 좋다. 마지막으로 청결하고 말끔한 식탁 분위기를 만들어 손님이 즐겁게 식사할 수 있도록 접대하는 것에 가장 신경을 쓰도록 한다.

7 한국의 식사매너

① 출입문에서 떨어진 안쪽이 상석이므로 윗사람이 앉도록 하며, 식탁에는 곧고 단정한 자세로 앉는다.

② 손윗사람이 수저를 든 후 아랫사람이 따라 들고, 식사 중에는 음식 먹는 소리 등을 내지 않도록 한다.

③ 숟가락을 빨지 말고 또 숟가락과 젓가락을 모두 한 손에 쥐지 않는다.

④ 밥은 자기 앞쪽에서 먹어 들어가며, 국은 그릇째 들고 마시지 않는다.

⑤ 식사 속도를 윗사람에게 맞추는 것이 예의이며, 윗사람이 식사를 마치고 일어서면 따라 일어선다(윗사람이 수저를 놓으면 그때 수저를 상위에 놓는다).

04 일본의 에티켓과 매너

1) 일본의 에티켓

① 에스컬레이터에서는 오른쪽은 추월하러 걸어 올라가는 분들을 위한 공간이다.

② "반드시 왼쪽에 서 주세요." 이것은 일본의 매너이다.

③ 지하철에서는 조용히 탑승하고 있어야 한다.

④ 일본의 에티켓은 '상대에게 피해를 줘서는 안 된다'가 기본이다.

⑤ 엘리베이터 등도 노약자, 임산부, 유아를 동반한 일행에게 반드시 양보를 해주는 것이 좋다.

⑥ 현재 일본은 서양적인 것을 급속히 받아들이고 있기 때문에, 접대시 일본 전통예절을 따라주면 기뻐한다.

⑦ 인사를 나눌 때 명함교환은 기본이며 악수를 하기 전에 교환한다.

⑧ 인사는 절을 하는 것이 전통적인 인사이며 낮게 굽힐수록 좋다.

⑨ 인사시 악수가 보통이나 비교적 살짝 잡는다.

⑩ 이름은 잘 사용하지 않는다.

⑪ 인내·예절·겸손을 커다란 미덕으로 여기며 대단히 중요하다.

⑫ 선물하는 것이 문화에 깊이 배어 있으므로 미리 준비하는 것이 좋으며, 선물은 흰 종이로 포장하지 않고 흰 꽃도 선물해서는 안 된다.

⑬ 오래 쳐다보거나 자주 쳐다보는 것은 실례이다.

⑭ 등 뒤에서는 손뼉을 치지 않는다(대만도 마찬가지이다).

⑮ 화합을 중요시하므로 'No'라는 대답은 피하는 것이 좋다.

2) 일본의 대화매너

일본인들은 남의 부탁을 거절하거나 다른 사람의 생각을 부정하는 것에 상당한 부담을 느낀다. 어떤 사람에게 '이이에(아니오).', '이야데스(싫습니다).' 등의 말을 하는 것은 상대방과의 인간관계를 손상시킨다고 보기 때문이다. 그런 만큼 일본인들은 거절할 일이 있을 때 '다시 한 번 생각해 보겠다'는 등 애매한 표현을 쓴다. 분명하게 대답하지 않으면 '노(No)'라는 뜻으로 받아들이면 된다. 따라서 정확한 의사를 확인한답시고 두 번 세 번 물어보는 것은 실례가 된다.

일본 역사상 중세 말기인 1594년 가고시마 지방에 표착한 스페인 사람이 쓴 글에도 일본 국민의 예의범절은 월등하다고 표현되어 있다. 일본인이 예의가 바르다거나 형식을 중요시하는 것은 역사적으로 상·하 관계를 중심으로 하는 수직사회였기 때문이다. 이 점은 우리와 마찬가지여서 예절 면에서도 비슷한 점도 많다. 그러나 다른 점도 적지 않다. 예를 들어, 정좌하는 모습을 보면 우리와 달리 남녀 모두 무릎을 꿇고 앉는다.

3) 일본의 인사매너

일본 사람들의 인사예절을 보면, 그들은 인사할 때 상냥하기로 유명하다. 어릴 때부터 가정과 사회에서 그렇게 보고 배웠기 때문이다. 선 채로 인사를 할 경우 상체를 우리보다 훨씬 많이 굽힌다. 즉 두 손을 무릎에 대고 상체를 앞으로 쓰러뜨리듯 허리를 숙이는 것이다. 허리를 굽힐 때는 눈으로 상대방의 얼굴을 보아서는 안 된다. 허리를 숙이는 정도는 상대방과 비슷하게 하되 상대방보다 먼저 허리를 펴지 않도록 하는 게 좋다.

4) 일본의 명함매너

일본에서는 같은 한자라도 다른 음으로 이름을 읽는 경우가 많기 때문에 명함을 주고받는 게 일상화 돼 있다. 명함을 주고받는 예절이야 우리와 크게 다르지 않다. 소중한 물건 다루듯 반드시 두 손으로 명함을 주고받되 가벼운 목례를 하는 것도 좋다. 명함을 받자마자 명함 지갑에 넣는 것은 삼가해야 한다. 명함에 적힌 이

름이나 회사명 등을 읽어보거나 이와 관련해 인사 차원의 간단한 대화를 주
고받는 게 필요하다.

5) 일본 식당에서의 매너

일본 식당에서 손님들이 소곤소곤 대화하는 모습을 보면 참 인상적이다.
공공장소는 자기 집이 아니므로 목소리를 높이지 않는다. 아이가 음식점 등
에서 뛰어다니거나 떠드는 경우에는 부모가 엄하게 단속한다. 공공장소에서
아이가 울 때나 떼를 쓰면 부모는 그곳에서 또는 딴 장소로 데려가서 잘못을
지적하지만 큰소리를 내거나 하지 않는다.

6) 일본의 방문매너

일본인이 집으로 손님을 초대하는 경우 아주 친한 관계이거나 상당한 호의
의 표현이라고 보면 된다. 따라서 가족 구성원에 대한 선물이나 과일, 꽃 등
을 준비하는 건 기본이다. 다다미방에서 방석에 앉을 때는 무릎을 꿇는 게
정좌이지만 주인이 "편히 앉으세요!"라고 하면 남자는 책상다리로, 여자는
다리를 옆으로 내밀고 앉으면 된다.

7) 비용계산 시 매너

대개 일본 사람들은 식당이나 술집 등에서 비용을 각자 낸다. 이러한 문화
가 일반화된 것은 한 사람이 지불할 경우 '돈을 내는 사람은 경제적 부담을
안게 되고, 그 상대방은 대접을 받았다는 정신적 부담을 지게 된다'는 이유
때문이다. 조그만 선물이라도 받게 되면 그에 대한 답례는 꼭 하는 것도 일본
인의 이 같은 사고방식에서 비롯된다.

8) 일본 설날(오쇼가츠)의 예절

일본은 오쇼가츠는 우리나라의 설에 해당하는 날로 양력 1월 1일~3일까지의 일본 최대의 명절이다. 이 날은 연 초에 집집마다 조상신을 모시고 신년의 풍요를 기원하는 풍습으로 집문 앞에 장식한 소나무인 '가도마쯔'를 세운다. 일본은 '오조니'라는 일본식 떡국과 '오세치'라는 정월 특유의 음식을 먹으며 새해를 즐긴다.

이 기간 동안엔 '하쯔모데'라고 하여 신사나 절에 소원을 빌러 가기도 한다. 일본도 역시 아이들에게 '오토시다마'라고 하는 세뱃돈을 준다. 특별히 여기는 세뱃돈을 넣어주는 봉투가 있어 거기에 넣어준다.

9) 일본의 욕실 사용매너

일본 가정의 욕실은 대중목욕탕과 달리 한 사람씩 순서대로 들어간다. 가정에 따라 사용법은 조금씩 다르지만, 주의할 것은 기분 좋게 목욕할 수 있도록 뜨거운 물은 깨끗하게 사용해야 한다는 점이다.

더러운 상태로 그대로 욕조에 들어가지 말고, 밖에서 몸을 씻은 후 욕조에 들어가도록 한다.

욕실을 쓴 후 욕조의 뜨거운 물은 빼지 말도록 한다. 일본인들은 욕조에 들어가기 전에 몸을 깨끗이 씻고 나서 들어가기 때문에 특별히 불결하다고 느끼지 않는다. 그렇기 때문에 온 가족이 욕조에 받아 놓은 물을 가지고 목욕을 하는 것이다.

10) 일본의 식사매너

(1) 일반 식사매너

① 젓가락만 사용해서 식사한다

① 숟가락을 거의 사용하지 않고 젓가락만 사용한다.

② 카레라이스나 특별한 음식에는 숟가락이 쓰인다.

③ '미소시루'라는 된장국도 밑에 가라앉은 된장을 젓가락으로 휘저어서 입에 대고 마신다.

② 밥그릇을 왼손으로 들고 먹는다

밥은 젓가락으로 먹으며 밥그릇에 입을 대고 먹어도 괜찮다.

③ 각자 접시를 사용한다

식사는 각자 개인용으로 먹으며, 함께 먹어야 하는 것은 자신의 개인용 그릇인 '고자라'에 덜어서 먹는다. 가운데에 놓인 음식을 자기 접시에 덜어 와야 할 경우에는 젓가락을 먹던 쪽으로 집어오지 않고 반대쪽으로 뒤집어서 덜어온 후 그 젓가락을 다시 뒤집어서 사용했던 쪽으로 음식을 먹는다. 즉 젓가락은 양쪽으로 사용할 수가 있다.

④ 음식을 남기지 않는다

일본인은 가정에서나 식당에서 일본인의 식사에서는 남기는 음식이 별로 없다. 가정에서는 각자 자신이 먹을 만큼만 덜어서 먹고, 식당에서는 진열되어 있는 음식의 모양을 보고 선택하여 먹는 습관이 있다.

⑤ 개인용 밥상을 여러 개 차려 놓고 먹는다

단체로 연회를 열거나 결혼식 등 특별한 행사가 있을 때에 커다란 상이나 테이블 대신 작은 1인용 밥상을 줄지어 놓고 한 사람이 하나의 밥상을 받는다. 전통식 여관에서 식사할 때 4인 가족이라면 어린이들까지도 어른과 마찬가지로 하나의 밥상을 차려주므로 작은 밥상을 4개 줄지어 놓게 된다.

⑥ 일식에서는 일식 벽장 앞 중앙이 상석이며, 밥상 앞에서는 언제나 똑바른 자세로 앉아야 한다

⑦ 생선회는 겨자를 생선 위에 조금 얹고 말듯이 한 후 간장에 찍어 생선 맛과 겨자의 향을 즐기는 것이 원칙이다

우리처럼 처음부터 겨자를 간장에 풀어서 먹으면, 겨자의 향이 날아가 버리므로 바른 방법이 아니다. 생선회에는 무나 향초 잎이 곁들여 나오는데, 이것은 장식용이지만 입가심으로 먹어도 좋다. 두서너 가지의 모둠회인 경우에는 희고 담백한 생선부터 먹는 것이 바른 순서이다.

(2) 일본의 식사예절

일본요리의 특징은 해산물과 제철의 맛을 살린 산나물 요리가 많다는 것과, 혀로 느끼는 맛과 눈으로 즐기는 시각적인 맛을 중시한다는 것이다. 일본요리는 맛과 함께 모양과 색깔, 그릇과 장식에 이르기까지 전체적인 조화에 신경을 쓴다.

① 좌석의 상석은 문의 반대쪽 안쪽이다. 주빈이 상석에 앉고 주빈을 중심으로 윗사람이 좌우에 앉으며 주인은 주빈의 반대쪽, 문 쪽에 앉는다. 앉을 때는 주빈이 앉기 전에 다른 사람이 먼저 앉으며, 일어설 때는 주빈이 먼저 일어선다. 방석을 깔고 꿇어앉는 것이 원칙이다.

② 윗어른이나 주인이 자리에 오기 전에 자리에 앉아 있어야 하며, 식사 중에 자리를 뜨는 것이 실례지만 부득이한 경우에는 눈에 띄지 않게 한다.

③ 한 접시에 한 가지 음식만 담으며 반드시 개인접시를 사용한다.

④ 젓가락은 받침대 위에 가지런히 올려놓는다. 사용할 때는 두 손을 이용하여 길이를 맞춰 사용하고 다시 받침대에 올려놓는다. 식사가 끝나면 젓가락은 젓가락 싸개에 처음과 같은 상태로 넣으며 포장된 1회용 젓가락을 주로 사용한다.

⑤ 밥을 먹을 때는 밥공기를 왼손 위에 들고 밥 한 젓가락을 먹은 다음 밥공기를 상 위에 놓고 국그릇을 들고서 한 모금 마신다. 이때에 젓가락은 국그릇 안에 넣어 적당히 세워서 들고 먹는다.

⑥ 국을 먹을 때는 식기 전에 먹으며, 마실 때는 먼저 양손으로 그릇을 들고 마시고 다음에 건더기를 먹는데, 건더기는 국그릇을 다시 상 위에 놓았다가 젓가락을 오른손으로 고쳐 잡은 다음 조심스럽게 먹는다. 이때 소리나지 않게 주의하며 밥그릇에 국물을 부어 먹어서는 안 된다.

⑦ 먹는 소리나 그릇 소리가 나지 않게 먹는 것이 예의이지만 메밀국수를 먹을 때는 괜찮다.

⑧ 밥을 한 젓가락 먹고 원하는 반찬을 먹으며, 이때 반찬은 한꺼번에 이것저것 집어먹지 않고 반드시 밥으로 한 번 돌아왔다 간다.

⑨ 반찬을 밥 위에 얹어 먹어서는 안 되고, 밥을 더 먹고 싶을 때는 공기에 한술 정도의 밥을 남기고 청하는 것이 예의이다.

(3) 초밥 먹을 때의 매너

① 초밥(스시 : 壽司)

즉 초밥을 먹을 때 간장을 생선에 찍는지 밥에 찍는지를 보고 사람의 스시에 대한 조예를 먼저 가늠할 수 있다. 스시가 아무리 익숙하다고 해도 우리 음식이 아닌 이상 제대로 먹는 방법이나 식사 예절에는 서툴게 마련이다.

햄버거처럼 간단해 보이는 음식이지만, 살아 있는 음식이라 할 정도로 민감한 것인 만큼 제대로 된 맛을 즐기려면 기본 규칙을 알아두는 것이 현명한

식도락의 자세이다. 이를 위해서 처음부터 제대로 된 상식을 갖는 것이 중요하다. 이는 마치 골프나 스키 등 레포츠를 즐길 때 처음에 폼을 제대로 익히지 못하면 후에 실력이 늘지 않는 것과 같다.

출발자리를 안내받지 않고 자신이 앉고 싶은 자리(카운터)에 앉으면, 이는 자칫 프라이드가 강한 조리사의 기분을 상하게 할 수도 있다. 다른 음식과 달리 스시 카운터는 손님과 조리사의 커뮤니케이션이 이루어지는 장소로서의 의미가 크기 때문에 이를 존중하는 것이 보통이다. 스시를 먹을 때는 향수를 너무 짙게 뿌리지 않는 편이 좋다. 스시는 섬세한 맛을 음미하는 음식이기에 냄새에 민감하다.

　②　회전초밥(카이텐 스시 : 回轉すし)
회전초밥의 경우 손으로 먹는 경우가 더러 있다. 이것은 원래 일종의 핑거푸드이다. 우리는 밥과 국을 함께 먹는 습관이 있어 녹차보다는 장국이 나오는 경우가 많지만, 스시 맛을 제대로 즐기려면 녹차를 마시는 것이 좋다. 장국은 입안을 텁텁하게 하기 때문에 보통 일본인은 스시를 다 먹은 뒤 마지막에 장국을 먹는다. 그 대신 식사 중간에 목이 메면 녹차를 마시는 것이다. 녹차는 생선기름 등으로 탁해진 입안을 깔끔하게 정리해 주는 역할을 해 입안을 상쾌하게 해준다.

11) 일본의 음주매너

한국과는 달리 술을 권할 때에는 한 손으로 따라도 된다. 특히 맥주는 한 손으로 따르는 사람이 많다. 또한 한 손으로 받아도 실례가 되지 않는다. 특히 남자의 경우 오른손으로 컵을 들고 그냥 받는 사람이 많다. 한국의 예의범절에 어긋난다고 화를 내지 않도록 한다.

상대방의 잔에 술이 조금 남아 있을 때에 첨잔하는 것도 한국과는 크게 다른 점이다. 첨잔은 한국에서는 금기이지만 일본에서는 미덕이다. 이야기에 열중하여 상대방의 잔을 빈 채로 오랫동안 놔두어서는 눈치 없는 사람으로 오해받기 쉬우며, 잔이 비고 난 후 술을 따르는 우리와는 달리 상대의 술잔에 술이 조금 남아 있을 때 술을 채워주는 것이 일본식 주도임을 알아야 한다.

그리고 일본에서는 잔을 돌리는 법이 없으며, 술을 억지도 권하지 않는다. 상대방이 자기의 손으로 가려 덮거나 술잔이 가득 찬 상태로 그냥 두고 있을 때에는 더 이상 못 마신다는 의사표시가 된다. 또한 일본에서는 손윗사람 앞에서도 한국의 음주예절과 달리 몸을 옆으로 돌리지 않고 그대로 마신다.

일본 술(정종)을 마실 때는 상대방이 술잔을 건네며 권하는 경우가 있는데, 일본 술은 생각보다 빨리 취하므로 천천히 마셔야 한다. 일본 술은 보통 여름에 차게 해서 마시는 것을 '히야'라 하고, 추운 겨울에 데워서 마시는 것을 '아츠캉'이라 한다. '히야'는 보통 컵으로 마시지만, '아츠캉'일 경우에는 '톳쿠리'라는 병에 놓고 데워서 '오쵸코'라는 정종잔으로 마신다.

일본인과 술을 마시러 가더라도 미리 "오늘 9시부터 다른 약속이 있어서"라고 말해두면 한국에서처럼 2차, 3차까지 휩쓸려가지 않아도 된다. 어쨌든 자기의 예정을 분명하게 말해놓으면 그 이상의 무리는 강요하지 않는다. 각자가 자기 자신의 시간의 귀중함을 잘 알고 있기 때문이다.

05 중국의 문화와 매너

1) 중국의 문화

중국의 면적은 960만(9,597,000)km^{2}로 세계 세 번째로 크다, 한반도의 44배에 해당한다. 표준시는 북경시간을 사용한다. 중국은 전 인구의 92%가 한족이며, 그 외 55개의 소수민족이 있다. 55개 소수민족 중에서는 장족이 인구가 가장 많은 소수민족이다.

중국의 요리는 전국적으로 여러 계통이 있지만, 그 중에서도 유명한 것이 4대 요리이다. 광동성을 중심으로 남쪽지방에서 발달한 광동요리와 쓰촨성을 중심으로 산악지대의 풍토에 영향을 받은 쓰촨요리, 황허 하류의 평야지대를 중심으로 발달하여 상하이로 대표되는 상하이요리, 수도인 베이징의 고도를 중심으로 궁정요리가 발달한 베이징요리 등이 있다.

중국 사람들이 식사를 하는 광경은 왁자지껄하다. 워낙 먹는 것을 즐기는 민족이고 보니 먹는 장소가 가장 즐거운 곳이 된다. 그래서 열심히 요리를 즐기며 이야기꽃을 피운다. 그래서 점심시간도 중국의 경우는 두 시간이나 되며 저녁시간은 물론 제한이 없다. 충분한 시간을 가지고 즐기는 것이다. 그런데 그들이 식사하는 모습을 보면 한국과 다른 점이 있다. 한국인은 깨끗하고 정갈하게 먹어야 예의인 줄 알지만, 그들은 최대한 난장판이 되도록 먹어야 주인에 대한 예의가 된다. 그래서 식사가 끝난 뒤 탁자를 보면 마치 전쟁이 지나간 폐허와도 같다.

2) 중국의 에티켓과 매너

(1) 대인관계매너

일반적으로 중국인들은 한 번 좋은 관계를 가지면 끝까지 믿고 도와주지만, 반대로 한 번 원한을 사게 되면 좀처럼 잊지 않는다고 한다. 중국인들은 한국인과 마찬가지로 전혀 관계가 없는 사람에게는 상당히 무뚝뚝하다. 그러나 친구라든가 사업상 알게 된 사람, 다시 말해 계속 만나게 될 사람에 대해서는 매우 예의바르고 친절하다. 특히 아는 사람을 통해 소개를 받았을 경우에는 무척 호의적이며 상당히 적극적으로 도와주기도 한다.

중국인들도 한국인과 마찬가지로 손님을 환대하는 관습이 있다. 때로는 그

것이 지나쳐서 손님을 대접하기 위해 빚을 지기도 한다. 초대를 받아 방문할
때는 혼자 가는 것이 좋다. 사전 양해 없이 상대방이 잘 모르는 사람을 데리
고 가면 실례가 될 뿐 아니라 터놓고 이야기하려 들지 않을지도 모른다. 중국
인들은 일반적으로 아주 친해지기 전까지는 상대방에게 마음속 깊은 이야기
나 개인적인 문제를 털어놓지 않는다. 상대방이 대답하기 부담스러운 질문은
삼가는 것이 좋다.

(2) 식사초대의 에티켓과 매너

중국의 음식은 단순한 생명유지를
위한 방편만이라면, 이를 문화체계의
편입하여, '음식문화'로 지칭하기는
어려울 것이다. 중국의 요리가 많은
관심과 사랑을 받는 것도 단순히 중
국요리 자체 때문만은 아니고 음식

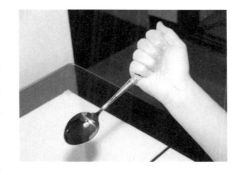

이 삶의 기초인 만큼 중국요리는 요
리 안에 많은 문화전통과 어우러져 있기 때문이다. 그러므로 중국에서는 식
사하는데 많은 예절들이 있다.

① 초대받을 경우에는 선물은 짝수로 준비한다.
② 가급적 벽시계나 탁상시계는 삼가는 것이 좋다. 시계를 뜻하는 종(鍾)의
   발음이 끝을 나타내는 종(終)의 발음과 같기 때문이다. 이는 중국에서는
   탁상용 시계나 괘종시계가 죽음을 상징하기 때문이다.
③ 선물은 되도록 가벼운 것으로 오래 기억될 수 있는 실용적인 것을 주는
   것이 좋다.
④ 외국화폐나 기념주화도 선물해서는 안 된다.
⑤ 중국인들은 손님을 초대하는 경우는 아주 드물며, 초대를 받은 경우는

    고급 과일이나 초콜릿 또는 쿠키 등을 부인에게 선물하면 된다.

⑥ 음식은 통상 12가지 이상 나오므로 되도록 자신의 식욕을 조절해서 먹어야 한다.

⑦ 식사 중 정치이야기는 금하는 것이 좋다.

⑧ 손님을 초대할 경우 손님에게 가장 멀리 떨어진 자리를 권하며 많은 음식을 준비하여 접대한다.

⑨ 중국인은 손님이 다 먹지 못하고 음식을 남기는 것을 자신이 음식을 충분히 준비한 것으로 간주하므로 굳이 음식을 비울 필요는 없다.

⑩ 식당에서 식사 초대를 받을 경우 지정해 주는 자리에 앉는다. 왜냐하면 음식값을 지불하는 호스트가 좌석으로 결정되기 때문이다.

⑪ 호스트가 착석 후 앉으며 호스트가 건배를 청하기 이전에는 건배 제의를 삼가해야 한다.

⑫ 음식을 맛있게 많이 먹어주며 음식이 맛있다는 칭찬을 한다.

⑬ 준비된 음식에는 적어도 한 번씩 손을 대는 것이 예의이다.

⑭ 밥을 많이 먹는 것은 아직 양이 차지 않았다는 뜻이 될 수 있으므로 주의해야 한다.

(3) 중국의 비즈니스매너

개인보다는 집단과의 조화를 중시하여 상호 협동적인 삶의 철학을 가진 중국인들은 물건을 팔고 사는 것이 생활의 수단일 뿐만 아니라 오히려 이를 통해서 삶의 기쁨을 찾는 여유를 가진 국민이다. 이들은 주인의식이 강해서 빈손으로 자립하고 무에서 유를 만드는 상술에 익숙한 국민들이다. 이들이 얼마나 현금주의사상이 강한지 알 수 있는 한 예가 있는데, 문병을 갈 때에도 과일이나 꽃을 사가지고 가는 대신 현금을 전할 정도이다.

중국인들은 어려서부터 숫자개념의 철저함과 돈의 중요성을 배우며, 절약하는 습성과 물건을 살 때에 흠을 잡아서까지 가격을 깎는데 익숙해지도록 교육을 받는다. 중국인들의 또 다른 특성은 현실을 중요시한다는 점이다. 이들은 현실에 처한 대로 일을 풀어 나아간다.

중국인들은 체면을 소중히 여긴다. 체면을 생명보다 더 중시하는 이들은 남을 속인 사실이 밝혀지면 죽기보다 더 견디기 어렵다고 생각한다. 그래서 이런 경우 상대방을 너무 질책하면 거래가 끊길 우려가 있으므로 간접적인 표현으로 대신하는 것이 바람직하다. 입이 무거운 이들은 상담 시 본심을 타인에게 노출하지 않도록 필요한 정보도 상대방보다 먼저 내놓지 않는다. 그리고 묻지도 않은 이야기를 함부로 하면 소인취급을 받으며 경시 당한다.

중국인들은 여유가 있는 국민이다. 중국요리 순서에 마지막으로 생선요리가 나온다. 비록 상에 오른 요리는 끝났지만, 유어(有魚)란 것이 여유이니 아직도 대접할 수 있다는 여유를 은연중에 자랑하는 것이다. 이것은 거래시 중국인들에게서 늘 볼 수 있는 수단과 일맥상통한다는 점에서 이 여유를 중국인 특유의 상술의 하나라고 해도 지나치지 않는다. 협상시 이들은 상대의 요구사항을 듣고 하나하나 답변해 나간다.

중국인들은 상담 시 히든카드를 내놓지 않는다. 히든카드는 마지막 단계에서 자기가 불리할 때 내놓는 것으로 인식되어져 있다. 계약이 유리하게 되어가면 히든카드는 다음번 기회에 사용할 수 있도록 유보해 둔다. 그러므로 이 히든카드 작전에 대부분의 사람들은 밀리기 마련이다. 특히 가격상담에서 많은 히든카드가 보여 지는데 이 히든카드는 마지막 한 장이 아니란 점에 유의할 필요가 있다. 그래서 이들과의 협상 시에는 시간적인 여유를 갖고 인내하며 이들의 거래관습에 적응토록 해야 한다.

중국인들은 사람을 믿거나 돈 버는 단위를 10년으로 한다. 이들은 상대를 믿는 데는 말보다 행동을 중시하고 일단 믿은 상대에게는 손해가 있더라도 우정을 갖고 계속 거래를 한다. 그래서 이들과의 약속은 손해를 보더라도 꼭 지켜야 한다. 이들은 믿기 전에는 비개방적이고 상대를 당황하게 하는 것을 싫어하며 간접적인 모호한 언어를 즐겨 쓴다. 또한 타인과의 관계에 있어서도 공식적인 것을 선호하는 편이다.

서양인들의 협정은 서면으로 이루어져야 하고 명시적이어야 하며 계약은 각 당사자의 상호 책임을 세부적으로 명시해야 하고 법적으로 효력이 있어야 한다는데 반해, 중국인들의 협정은 상호 이해에 기초해야 하며 서면에 의한 표현은 그렇게 중요한 것이 아니며 융통성이 있어야 한다고 생각한다. 그리고 분쟁은 법이 아닌 협상에 의해 해결되어야 한다고 생각하는 국민들이다. 거래관계는 상호 신뢰를 바탕으로 장기 거래관계를 설정하는 것을 선호하고 있다.

중국인들과의 협상에 성공하려면 우선 앞에서 언급한대로 시간적인 여유를 갖고 인내하며 신뢰감을 쌓고 구두로 약속한 것도 성실히 수행하는 노력이 중요하다.

(4) 음주매너

중국술은 제조방법 및 원료에 따라 종류가 다양하다. 그러나 일반적으로 중국 사람이 좋아하는 술은 죽엽청주와 '마오타이주'이다. 술은 종류에 따라 황주(黃酒), 백주(白酒), 포도주와 과실주로 나누어진다.

중국인은 술에 취해 실수하는 것을 몹시 싫어한다. 그래서 중국에서는 술에 취해 비틀거리는 사람을 구경하기 힘들다. 중국의 술중에는 50도 이상의 술이 많으므로 한국의 소주 마시듯이 마시면 술이 취하기 쉽다. 술고래라는 뜻으로 '하이량(海量 : 좋은 의미의 술고래)'과 '지우꾸이(酒鬼 : 나쁜 의미의 술고래)'가 있다.

중국인의 음주예절은 한국과는 상당히 다른 편이다. 중국에서는 술잔이 다비기 전에 첨잔하므로 한국의 습관과 틀리며, 잔을 돌리는 습관도 없다. 중국인이 건배를 외치며 술을 권해 올 때는 다 들이키는 건배의 의미로 중간에 내려놓으면 실례가 되며, 술이 약한 사람의 경우 음주 전 양해를 구해놓는 것이 좋다. 중국인 집을 방문했을 때 일반적으로 차를 대접하나 만약 술을 대접하면 주객의 사이가 보통이 아님을 의미한다.

(5) 중국의 차 매너

중국의 차 역사는 4천 년 이상이 된다고 한다. 어느 공공장소를 가더라도 찻잎만 있으면 언제든지 차를 마실 수 있도록 끓는 물이 준비되어 있다. 차의 종류에는 녹차, 홍차, 오룡차, 백차, 화차, 긴압차 등이 있으며 각 지방마다 고유한 차가 있어 지방 특산물로서 즐길 수 있다.

중국의 차 문화는 식사 시, 회의시를 막론하고 생활 깊숙이 파고들어 한국인들의 물 마시는 것과 비슷하다. 택시기사들도 보온통 혹은 유리

병에 차를 타서 마셔가며 운전할 정도로 차는 중국인에게 하루도 없이는 안되는 중요한 것이 되고 있다. 특별히 예의를 요하지 않지만 상대방의 잔에 물이 빌 경우 계속 따라주는 것이 예의이다.

(6) 중국의 흡연매너

한국과 같은 담배 예절이 없어 아들이 아버지와 맞담배를 할 수 있으며, 처음 사람을 만날 때, 담배를 권하며 피우지 않더라도 응해주는 것이 상대방의 호의를 받아들인다는 의사표시이다. 자기가 피기 전에 계속 다른 사람에

게 담배를 권한다. 보통 다른 사람에게 담배를 권할 때에는 중상급 이상의
담배를 권한다.

(7) 중국의 공식접대매너

중국 방문 시에는 일반적으로 식사향응을 받게 되는 바 비슷한 수준으로
접대가 필요하다. 접대 받을 때, 참가한 중국 인사들은 추진 중인 상담과 대
체로 종적·횡적 관계가 있음을 주의하여 접대 시 모두 초청토록 해야 한다.

중국인들은 상호 체면중시를 감안하여 상대측의 인간관계를 면밀히 파악
하여, 관계되는 자들에게 모두 공평하게 선물을 주거나, 기념조로 참가자 중
형식적인 최고 직위자 1명에게 간단한 기념품 등을 주는 것이 오히려 효과적
이다. 선물은 자연스런 자리에서 주도록 해야 한다.

(8) 중국의 종교활동매너

① 외국인은 중국 내 사찰, 교회 등 지정된 종교활동 장소에서 종교활동(예
배 등)에 자유로이 참여할 수 있으며, 성자치구 직할시 이상의 종교단체
의 초청이 있을 경우 지정된 종교 활동장소에서 설교, 강연 등의 활동을
할 수 있다. 또한 현급 이상의 종교기관이 지정한 장소에서 외국인을 대
상으로 하는 종교행사를 거행할 수 있다.

② 외국인이 중국 입국 시 종교관련 서적 또는 시청각 자료를 반입하고자
할 경우 중국세관의 규정에 따라 본인이 사용할 개인용품에 한해 휴대
가능하며, 중국사회의 공공질서에 유해한 종교용품은 반입이 금지된다.

③ 외국인의 중국 내 종교활동은 중국 국내법에 따라야 하며, 종교단체 및
조직 설립, 종교 활동장소(사찰, 교회 등) 설립, 종교관련 교육기관 설립,
중국 국민에 대한 선교활동 등은 금지되어 있다(이를 어길 경우 형사
처벌 가능).

06 프랑스의 문화와 매너

1) 프랑스의 문화

프랑스인은 남프랑스, 브르타뉴지방, 독일 인접지역 등 출신지역에 따라 성격도 틀리고 어느 정도 경제적 여유도 있는 만큼 이와 관련된 민감한 화제는 피하며, 영국·독일에 대하여는 우월의식과 열등의식이 복합화되어 있으므로 이를 자극하는 화제는 피한다.

프랑스 사회는 남녀평등 사상이 팽배하며, 특히 여성은 남성과 동등하다는 의식이 강하다. 여성의 사회참여가 활발하며, 힘든 잡역직에서부터 고급 직종에 이르기까지 여성들의 활동영역이 광범위하다. 그러나 다른 서구사회와 같이 결혼을 하게 되면 여성은 남편의 성을 따르게 되어 있다.

프랑스인 90% 이상이 가톨릭 신자인 정통 구교를 믿고 있으나 다른 종교를 믿고 있는 상대방의 종교를 존중한다. 크리스마스는 인사말과 함께 카드를 주고받으며, 또한 주위에 가까운 사람들에게 간단한 선물을 주고받는다.

2) 프랑스의 인사매너

① 프랑스인들은 보통 인사를 악수로 한다. 이 경우 손을 잡고 약간 흔드는 정도로 하는데, 너무 심하게 잡거나 흔드는 것은 예의에 어긋난다.
② 남의 집을 방문할 때에는 윗사람에게 먼저 손을 내밀어 악수를 하지 않는다.
③ 프랑스 남성들은 손이 더럽다거나 젖어 있을 때에는 팔목을 내밀기도 한다.
④ 방문한 가족과 인사할 때에도 악수를 한다.

⑤ 친한 사람들이나 어린이에게는 서로 **뺨**을 맞대고 인사한다.
⑥ 프랑스인들은 외국인이 프랑스어를 사용하는 것을 좋아하여 어려울 때
  에는 도와주려고 애쓰기도 한다.

3) 프랑스의 흡연매너

① 흡연은 지정된 장소에서만 한다.
② 프랑스에서는 사무실 내에서 흡연을 법률적으로 금지시킨 바 있다.
③ 무단흡연은 벌과금의 대상이 된다.
④ 여성 흡연율이 상당히 높으며, 거리에서 보행 중 흡연하는 여성을 흔히
  볼 수 있다.
⑤ 중·고등학교 학생들의 흡연율이 상당히 높다. 흡연을 할 때에는 담배
  연기가 남에게 피해가 되지 않도록 한다.
⑥ 엘리베이터 내에서는 절대 금연을 한다.
⑦ 한국과 달리 나이 많은 어른 앞에 젊은 여성이 담배를 피우는 경우도
  있다.

4) 프랑스의 생활매너

① 초대받은 경우 방문가능 여부를 반드시 통보해 준다.
② 예정된 시간보다 약 10분 정도 늦게 도착하는 것도 괜찮으나 되도록 시
  간을 지키는 것이 예의다.
③ 방문 시에는 간단한 선물을 준비하여 감사를 표시하는 게 좋은데, 이때
  장미나 국화와 같은 꽃을 가지고 가면 대부분의 프랑스인들은 좋아한다.
④ 고가나 고액의 선물은 피하도록 하고, 음료나 기호품은 가능한 한 선물
  품목에서 제외한다.

⑤ 초청을 받았을 경우에는 정장을 하는 것이 매너이다.

⑥ 주인의 안내로 집안으로 들어와 주인이 권하는 대로 자리배정이 되므로 임의로 앉지 않는다.

⑦ 프랑스에서는 남의 물건에 손을 대는 행위는 실례가 되는데, 상품을 고를 때에도 판매원이 가져다주는 것만을 차례로 만져보거나 입어보거나 하는 것이 매너이다.

⑧ 특히 과일이나 생선 또는 육류 등의 식료품을 살 때에는 판매원의 허락 없이 상품에 손을 대는 것은 금물이다.

⑨ 식사 전에 와인과 꼬냑과 같은 술이 나오기도 하지만 대신 과일주스나 미네랄워터를 마시고 싶다고 해도 괜찮다. 단 절대 과음해서는 안 된다.

⑩ 상대의 잔이 완전히 비지 않아도 술을 따라 채워도 되고, 포도주의 시음은 연장자나 그날의 주인이 보통 하게 되어 있으므로 초대받은 경우 그 집의 주인이 하게 된다.

⑪ 술잔은 절대 돌리지 않는다.

⑫ 프랑스인들은 맛있는 식사와 함께 식사 중에 재미있는 이야기를 나누는 것도 중요하게 생각하고 있고, 너무 이야기를 하지 않으면 실례가 되므로 대화에 적극적으로 참여하도록 한다.

⑬ 타인의 프라이버시를 대단히 중요하게 생각하므로 사적인 질문이라든가, 특히 정치와 금전에 관한 화제를 꺼리는 편이다.

⑭ 대화를 나눌 때에는 실례가 되지 않는 범위 내에서 하도록 조심하고, 반드시 안주인에게 음식솜씨가 좋다고 칭찬해 준다.

⑮ 식당 등에 초대되어 갔을 경우에는 일단 주최자가 식당으로 들어가기 전에 남녀 손님을 소개하고 정해진 자리 왼쪽부터 앉는다.

⑯ 항상 여성이 먼저 서브(serve)되도록 한다.

⑰ 식사 시 수프나 커피를 마실 때 소리를 내지 않도록 주의해야 한다.

⑱ 음식물을 되도록 남기지 말고 트림도 하지 않도록 해야 한다.

⑲ 재채기를 하거나 코를 푸는 것은 크게 예의에 벗어나지는 않지만 될 수 있으면 피하도록 한다.

⑳ 음식이나 계산서를 빨리 달라고 성가시게 독촉하지 않으며 박수를 쳐서 종업원을 부르지 않는다.

㉑ 식후에 나오는 커피에 설탕은 넣어도 우유, 크림을 넣지 않는 것이 정식이다.

㉒ 식사가 완전히 끝나면 주인은 손님에게 되도록 고급 담배를 권하는 것이 예의이다.

5) 프랑스의 결혼관습

결혼식은 한국과 달리 대부분 성당에서 치러지며 간소한 의식으로 진행된다. 프랑스인의 1/4이 이혼을 경험했다고 하나, 결혼의 결정은 오랫동안 사귀면서 서로를 충분히 파악한 후에 신중하게 한다. 근래에는 혼인을 하지 않고 동거만 하는 경우가 많아지고 있고, 독신자도 늘고 있다. 프랑스에는 공동묘지가 시내에 자리잡고 있다.

프랑스인은 결혼을 하지 않고 동거하는 것을 부정하다고 생각하지 않으며, 신혼살림에 필요한 간단한 물건들은 목록을 만들어 친지와 친구들에게 나누어주며, 사주고 싶은 선물은 사전에 확인하여 중복이 되지 않도록 한다. 이혼을 하면 특별한 사유가 없는 한 아이들은 엄마가 양육을 맡고 아버지는 양육비를 송금하여야 하며, 정기적으로 아이들과 식사를 하며 함께 놀아 줄 의무가 있다. 최근에는 이혼 이후 남성이 부담해야 할 경제적 비용 때문에 많은 프랑스 남성들이 이혼을 기피하거나 아예 결혼을 꺼리기도 한다고 한다.

현대 프랑스인들의 법적 결혼연령은 15세, 남자는 18세이다. 프랑스인들의 60%가 6월에서 9월 사이에 결혼하며, 45%가 6월에 결혼식을 올린다.

6) 프랑스의 파티매너

초청장을 필히 지참하고, 자기소개를 할 명함 등을 준비한다. 파티 주최의 목적에 맞게 몇 가지 화제를 생각하여 대화에 적극 참여해야 하며, 초청자 이외에는 추가 동반하지 않는다. 불참하게 될 경우 반드시 사전에 통보를 해주고, 과음은 하지 말며, 상대방에게도 무리하게 술을 권하지 않는 게 예의다.

파티나 공식행사에 참여할 경우 정장을 갖추는데, 주최 측에서 지정하는 복장이 있는 경우에는 이에 따른다. 그러나 회사나 상담 등 공식적인 모임에 품위 없는 복장은 하지 않도록 한다.

7) 프랑스의 비즈니스매너

비즈니스 수행 중에는 식수 또는 주스 등의 음료수는 제공될 수 있으나 주류 또는 음식제공은 피해야 한다. 차나 커피 한 잔도 없이 직접 상담에 착수하는 것이 당연하게 여겨지고 있다. 프랑스인은 비즈니스맨이라기보다는 전문 기술인에 가까워 상담 시 아주 구체적이고 세밀한 규격이나 제법 등을 전문용어로 논하는 경우가 많다.

프랑스 무역업체들은 독점거래 에이전트가 아닌 이상, 중간에 에이전트를 두고 상담하는 것을 거부하고 있다. 따라서 현지에 사무소나 현 법인체를 두지 못할 경우에는 독점거래 에이전트 등을 두는 편이 바람직하다.

프랑스는 각종 우편, 통신수단보다는 직접 방문 또는 초대 등 인적 교류를 통해 비즈니스를 하는 편이 훨씬 효과적이다. 이 경우에도 상담자료보다는 현품을 직접 보여주면서 상담하는 편이 유리하다. 비즈니스를 서두르지 말되 끈기 있는 접촉 및 인간관계 유지가 필요하다.

프랑스는 여권이 두드러지게 보장받고 있는 국가로서 여성들의 취업률이 높을 뿐더러 여성이 경영하는 기업체도 많은 여성들과 상담, 협상하는 경우가 비일비재하므로, 이에 대한 오해나 불쾌감을 갖지 않는 것이 바람직하다.

프랑스인은 원칙에 구애되지 않으면서도 협정서가 강조되거나 관료적인 면이 있어 잘못하면 사소한 실례로 인해 상담이 단절되는 경우가 있으므로 항상 방심하지 말아야 한다. 따라서 공식적 및 사회적 의례를 무시해서는 안 되며, 충동적인 행동은 삼가야 한다. 특별한 경우를 제외하고는 저녁 이후까지 비즈니스와 관련 상대를 붙잡아 두는 것을 프랑스인들은 무척 싫어하며, 특히 부부동반이 아닌 야간상담이나 행사는 이들이 가장 꺼리는 것 중의 하나이다.

종교적 습관은 열심히 따르고 있어, 이를 무시하지 않는 것이 바람직하며, 개인적인 사항을 화제로 삼지 않는 것이 좋다. 조직 중에는 신분제 및 학력에 따르는 직능제가 많고, 주어진 직능 이외의 업무는 안 하는 것이 관례이다. 또한 인맥이 매우 중요한 비중을 차지하는 사회이다.

비즈니스상 접대는 대부분 식당에서 이루어지며 일반적으로 부인이 초대된다. 자택에서의 접객행위는 상당한 우대로서 가능한 한 정장차림에 간단한 선물을 지참하는 것이 좋다. 식사는 대개 3~5시간 지속되는 것이 관례인데, 이에 대한 사전대비가 필요하다. 포도주가 반주로 반드시 곁들여지는 것이 통례이므로 포도주에 대한 상식을 다소 가지고 대화 소재로 활용하는 것도 좋다.

07 영국의 에티켓과 매너

1) 영국의 교통에티켓과 매너

영국의 교통 에티켓과 매너는 한국과 확연히 다르다. 영국은 다른 방향의 차 흐름을 방해를 해가며 앞서 가려 하지 않고 그 자리에서 자기 차가 들어갈 수 있는 공간적인 여유가 생길 때까지 여유롭게 기다린다. 누구나가 다 알듯이 영국의 교통은 사람위주로 되어 있어서 차가 다니는 길에 보행자를 위한 신호등이 없어도 차가 오지 않으면 언제든지 길을 건너도 상관이 없다. 그렇다고 고속도로까지 포함이 되는 것은 아니다. 한국에서는 오토바이가 인도를 다니는 것을 많이 보게 되는데, 영국은 그렇지 않다. 바퀴가 있는 것은 (vehicle만을 말함. 예를 들어 자동차, 오토바이, 자전거) 인도를 다닐 수 없게 되어 있으며, 오토바이 혹은 자전거라도 차와 똑같이 인증을 하여 차도에서 다녀야 하며 하나의 차선에서 정 중앙을 다니며, 그리고 뒤따르는 차가 함부로 그리고 위험하게 추월을 할 수 없다. 자전거 또한 그들의 수신호로 그들이 가는 방향을 뒤에서 오는 차에게 알린다. 앞차가 차선 변경으로 끼어들기를 할 때 뒤차가 헤드라이트를 깜빡 깜빡 거리면 양보를 할 테니 들어오라는 의미이다. 끼어든 후 미안하다는 표현으로 손을 들어주는 것은 기본적인 예의이다.

2) 영국의 생활매너

(1) 에스컬레이터(escalator)에서의 매너

에스컬레이터(escalator)에서의 질서는 선진국다운 면을 많이 볼 수 있다. 쇼핑센터에서의 에스컬레이터 이용을 제외하고는 서서 에스컬레이터를 이용할 사람은 무조건 오른쪽에서만 서야 한다. 언제든지 바쁜 사람을 배려하는 것이다. 만약 당신이 오른쪽에 서 있지 않고 왼쪽에 서 있으면 뒷사람으로부터 바로 "excuse me"라는 말을 들을 것이다.

(2) 문 앞에서의 에티켓과 매너

어디에서든지 문을 열고 출입을 하는데 문을 연후에 뒤에 사람이 오는지 확인한다. 이는 뒤에 사람에 오면 문을 잡아주기 위한 것이다. 영국에서 어떤 사람이 문을 잡아 주면은 항상 "thank you"라고 얘기를 해야 한다. 그리고 또 유의할 점은 문을 열고 건물에 들어가거나 혹은 나올 때 항상 뒤를 돌아보고 사람이 있다면 문을 잡아 주어야 한다. 간혹 한국 관광객들은 뒤도 돌아보지 않고 문을 놓는데, 영국에서는 가장 불친절한 행동 중에 한 가지로 꼽힌다.

(3) 침을 뱉지 말 것

영국에서 가장 지저분한 행위로 본다. 길에서 절대로 하지 말아야 하며, 그리고 담배를 피우다가 재떨이에 침을 뱉는 것도 주의해야 한다. 만약 커피숍(coffee shop)에서 담배를 피우고 난 후 재떨이에 침을 뱉으면 재떨이에 아무리 담배나 혹은 휴지가 가득 차있어도 절대로 비워주지 않는다.

(4) 한 줄 서기

영국에서는 어디를 가나 줄을 서서 차례를 기다릴 적엔 항상 한 줄로 서있다. 영화표를 구입한다든가, 공중전화 이용, 화장실 등 줄을 설 때에는 필히 한 줄로 서서 질서를 지켜야 한다. 한국에서는 줄만 잘 서면 본인은 늦게 왔음에도 불구하고 앞서 온 사람보다 먼저 끝나서 나가는 경우도 있지만, 영국은 그렇지 않고 먼저 와서 줄을 서서 기다리는 사람은 먼저 볼일을 볼 수 있는 질서가 사회적으로 자리를 잡고 있다.

(5) 코는 풀고, 재채기는 소리 없이 한다

한국에서는 밥을 먹을 때 혹은 어른 앞에서 그리고 강의 도중에 코를 푸는 것에 대해서는 아주 무례한 행동으로 인식을 하고 있지만, 영국은 정 반대이다. 영국 사람들은 어디에서든지 코를 푸는 모습을 자주 볼 수가 있다. 그렇게 행동을 하는 이유로는 콧물이 흐르지만 만약 풀지 않고 있을 경우 계속 훌쩍거려야 하는데, 이는 본인도 불편하며 그리고 주위에 있는 사람에게도 불쾌감을 준다. 차라리 코를 풀어서 본인도 편하고 주위 사람에게 불쾌감을 줄일 수 있기 때문에 아무 곳에서나 콧물이 나면 코를 푼다. 음식점 등에서의 코 푸는 습관은 처음 접하는 우리로선 이해가 가지 않지만, 예의에 어긋나는 행동이 아니다.

그리고 영국에서 재채기를 할 경우에는 입을 다물고 최대한 조용히 한다. 한국에서는 입을 최대한 크게 열고 시원하게 재채기를 하는 것이 보기 좋아 보일 수 있지만 영국에서는 그렇게 하면 많은 시선이 집중이 될 수 있다. 최대한 입을 다물고 조용히 해야 한다. 처음에는 힘이 들지만 코를 막고 입을 다물고 하면 가능하다. 그리고 친한 사람이 재채기를 했을 경우 "bless you"라고 말해주는 것 또한 잊어버리지 말아야 한다.

(6) 미신

영국 사람들은 사다리 밑으로 절대로 지나가지 않는다는 미신을 굳게 믿는다. 좋지 않은 일이 차후에 일어난다고 믿고 있기 때문이다. 또한 방 안에서는 우산을 절대로 펴지 않으니 꼭 조심해야 한다. 그리고 만약 본인이 길을 걸어 가다가 검은 고양이가 앞을 지나갈 경우 영국인들은 앞으로 자기에게 좋은 일이 있을 거라고 믿고 있다. 이건 단지 미신일 뿐이지만 영국인들과 생활을 과정에서는 조심하는 것이 좋다.

(7) 파티 초대매너(PBAB)

PBAB는 'Please Bring A Bottle'을 가리키는 약자이다. 영국에서 파티에 초대받는다는 것은 참 좋은 일이다. 이때 보통 주최인 이 초대장(nvitation card)을 보내는데, 맨 밑부분에 PBAB라고 쓰여 있으면 '자기가 마실 술은 본인이 챙겨서 가져오라'는 표현이므로, 술이 강한 사람은 많이 가져가는 것이 좋다. 마시다가 모자라서 남이 준비해 온 술을 빌리기 어렵기 때문이다. 친한 친구의 경우에는 가능할지 모르지만 일반적으로 그렇지 못하다. 그리고 RSVP는

'Responds Sil Vous Plait'란 뜻이며, 이런 문구가 있을 시는 초청 참여의사를 묻는 것이므로 필히 참여 여부를 사전에 알려줘야 한다(http://cafe. daum.net/ mannerconsultant/).

(8) 차(tea)매너

영국인은 차를 받아들인 시기는 비교적 늦었지만 훌륭한 차 문화를 꽃피웠다. 영국에는 애프터눈 티라고 하여 매일 오후 4~5시경 차 마시는 시간이 있다. 홍차를 중심으로 하여 캔디, 케이크, 비스킷4류가 나오고 토스트에 마멀레이드5, 기타 여러 가지 잼류와 같이 먹는 것으로, 가벼운 식사라고도 할 만하다. 그러나 끓이는 방법에는 엄중한 규칙이 있으며 일종의 의례화된 것이 있다.

용기는 보통 도자기제의 포트로 잘 데우는데, 특히 안쪽에 물이 묻지 않도록 끓는 물속에서 포트의 외면만을 데워 거기에 홍차를 넣는다. 다음에 끓는 물을 넣고 뚜껑을 닫은 후 2~3분 그대로 뜸을 들여 마신다.

우유를 먼저 컵에 따른 다음 홍차를 따르는 식과, 홍차를 먼저 부어 놓고 우유를 치는 2가지 방법이 있는데, 영국에서는 전자가 중산계급 이하의 풍습이고, 후자가 상류사회의 격식이다. 영국의 홍차 소비량은 한때는 일인당 연간 4.5kg에 이르렀으나 현재는 많이 줄어서 2.6kg이라고 한다. 그러나 이것만으로도 80%의 영국인이 매일 홍차 대여섯 잔을 마신다는 계산이 나온다.

차를 마시는 시간만으로도 다음과 같이 다양한 차가 있다.

---

4 비스킷이란 어원은 '두 번 구운 빵', 즉 프랑스어 비스(bis : 다시 한 번) 퀴(cuit : 굽다)에 유래한다. 본래는 밀가루와 물 또는 우유로 이스트를 넣지 않고 빵을 구워낸 것으로서 여행·항해·등산할 때의 보존식으로, 특히 전쟁할 때 군인들이 휴대식량으로 편리하게 사용하였다.

5 마르멜로라는 과일을 설탕 조림한 식품을 부르는 것이었으나, 최근에는 쓰임이 좀 확대되어서 감귤류 껍질을 이용하여 조리한 일종의 잼 비슷한 것이 되었다. 잼은 포도, 사과, 딸기, 귤, 오렌지, 수박 등 비교적 다양한 과일로 만드는 식품이지만 마멀레이드는 자몽, 유자, 오렌지, 귤 등 주로 귤제품을 쓴다.

① Early tea(Bed tea) : 아침에 잠자리에서 마시는 차이다. 영국에서는 남편이 부인에게 만들어 주는 것으로 되어 있고, 이것으로 애정의 정도를 가늠한다고 한다.

② Breakfast tea : 아침식사와 같이 마시는 차이다. 영국식 아침식사는 홍차와 토스트, 달걀, 베이컨, 과일 등이다. 차가운 우유는 미국식이다.

③ Elevenses tea : 오전 동안에 바쁘게 일하는 도중에 잠시 쉬면서 마시는 차이다. 간단하게 15분 정도로 마친다. 옛날에는 회사에 이를 전문으로 하는 tea lady가 있어서 왜건으로 차 서비스를 받았다.

④ Middy tea break : 오후에 간식을 먹으면서 마시는 차이다.

⑤ Afternoon tea : 사교를 목적으로 하는 특별한 Middy tea break이며 주로 휴일 오후 4시경에 한다. 멋있게 자리를 마련하고 샌드위치, 스콘, 케이크 등을 준비한다. 19세기 중엽에 영국의 베드포드 백작부인이 배고픔을 참지 못하고(당시 영국인들은 점심식사를 먹지 않았다) 오후에 차와 과자를 준비하고 친구들을 부른 것이 시초로 되었다. 이후에 영국에서는 "오후에 차 마시러 오세요!" 하면 친구가 되자는 뜻이 되었다.

⑥ High tea(Meat tea) : 원래는 영국의 노동자들이 일을 마치고 집에 돌아와서 오후 6시경에 고기나 샌드위치 등의 식사와 같이 마시는 차를 말한다. High는 high part of afternoon에서 유래되었다는 이야기도 있고 어린이용 의자인 high back chair에서 유래되었다는 이야기도 있다. Meat tea라고도 부른다. Low tea는 상류 계층에서 이른 오후(low part of afternoon)에 이야기를 나누면서 차와 가벼운 음식을 드는 것을 말한다.

⑦ After dinner tea : 저녁식사를 마치고 느긋할 때 마시는 차이다. 초콜릿 등 단과자와 같이 마시는 경우가 많고 위스키나 브랜디를 타서 마시기도 한다.

⑧ Night tea : 잠자리에 들기 전에 마시는 차이다.

3) 영국의 테이블매너

정통적인 디너 테이블 세팅의 경우는 테이블클로스, 냅킨, 양초를 같은 톤으로 통일한다. 가장 격이 높은 포멀(formal)파티의 경우 흰색이나 흐린 색을 사용한다. 테이블클로스도 흰색을 고집하기보다는 공간이나 그릇과 어울리는 것으로 준비하는 것이 중요하다. 테이블클로스는 약 50cm 정도 늘어뜨리는 것이 가장 품위 있어 보이며, 한쪽으로 쏠리거나 미끄러지는 것을 막기 위해 밑에 펠트로 된 언더클로스를 깔아주어야 한다. 언더클로스는 테이블 보다 약간 큰 정도의 사이즈가 적당하다. 언더클로스는 식탁에서 식기가 테이블에 부딪히는 소리가 나지 않게 하고 테이블 전면에 부피감을 주어 부드러운 느낌을 준다. 테이블클로스 위에 접시와 커틀러리(cutlery : 나이프, 포크, 스푼 등을 말함), 글라스를 놓는 방법이 중요한데 우선 식사하기 편하고 보기 좋은 형태로 하면 된다.

과거 영국에서는 테이블클로스를 사용하지 않는 경우가 많았다. 그것은 영국테이블 코딩의 큰 특징인데, 영국의 유명한 마호가니(mahogany) 가구 때문이다. 마호가니 테이블에 클로스를 씌우면 좋은 나무의 질이 보이질 않으므로 그릇이 놓이는 곳에만 매트를 깔도록 세팅하였다.

원래 디너(dinner)란 아침, 점심, 저녁을 막론하고 정식의 코스가 나오는 식사를 일컫는 말이었지만, 지금은 저녁식사만을 의미하는 말로 사용된다. 테이블 세팅은 그날 나오는 디너의 코스에 따라 달라지는데, 예전에는 11코스까지도 있었으나, 지금은 오드블6 → 생선 → 샤벳 → 고기 → 디저트 → 치즈

---

6 오르되브르(hors d'oeuvre) 또는 오드블은 메인요리가 나가기 전 칵테일이나 식전음료, 술과 함께 먹을 수 있는 한 입이나 두 입 사이즈의 에피타이저를 말한다. 카나페(canape)는 일종의 오픈샌드위치의 일종으로, 한두 입 크기의 빵 위에 치즈, 햄, 연어, 야채 등을 얹은 것이다.

까지 6코스 정도를 포멀한 것으로 인정한다. 흔히 TV 뉴스 등을 통해 볼 수 있는 '만찬'의 경우가 여기에 해당된다고 할 수 있다. 격식을 갖춘 정식 스타일은 한 테이블에서 식사를 마치지 않고 처음부터 마지막까지 식사를 하는 동안 테이블 장소를 두세 번 바꾸어 꾸며지게 된다. '오르되브르'란 말은 '작품 외', '메인 외'라는 뜻으로, 다른 장소에서 애피타이저로 샴페인과 함께 먹을 수 있는 전채요리를 말한다. 그리고 디저트 또는 치즈의 모든 코스가 끝나고 나면 차를 식당의 식탁이 아닌 거실 등으로 옮겨가 다른 분위기에서 마시는 것이 정식 스타일이다.

08 미국의 에티켓과 매너

1) 미국의 식사에티켓과 매너

① 보통 식사를 할 때 한국 사람들과 같이 한꺼번에 식탁 위에 음식들을 가져와서 먹지 않는다.

② 한국 사람들이 찌개를 먹듯이 한 그릇에 여러 개의 수저가 한꺼번에 들어가지 않는다. 한 사람당 그릇 한두 개를 준비하고 뷔페와 같은 형식으로 먹는다. 자신이 먹을 만큼만 식탁에서 가져가서 다같이 앉아 먹는다.

③ 식사를 할 때 소리를 내면서 먹는 것은 큰 실례이다. 미국 사람들뿐만 아니라 서양 사람들도 식사 중에 소리 내면서 먹는 것을 결코 좋게 생각하지 않는다.

④ 미국의 어린 아이들도 아주 소리 없이 음식을 잘 먹는다.

⑤ 음식을 천천히 먹으면서 서로 얘기를 나누는 것이 매너이다.

2) 미국의 대화에티켓과 매너

① 대화를 할 때 상대방의 눈동자를 똑바로 쳐다보면서 말을 한다. 그렇지 않으면 자신감이 없는 사람이라고 생각한다.

② 친절한 눈빛과 얼굴에 미소를 띠면서 상대방의 눈동자를 바라보면서 대화한다.

③ 서로 실수를 했을 때, 다른 사람이 "sorry" 하고 말하면, 같이 "sorry"라고 한다.

3) 미국의 레스토랑매너

① 고급 레스토랑은 넥타이를 매지 않으면 들어갈 수 없는 곳도 있다.

② 미국인의 초대를 받거나 공식적인 자리라면 반드시 넥타이를 매는 것이 좋다.

③ 샌디애고(San Diego)나 플로리다와 같은 해변 도시에 가면 맨발로 식당에 들어오지 못하게 하는 곳도 있다.

④ 식당에 가면 문을 열고 들어가서 입구에 서서 웨이터(waiter)가 올 때까지 기다린다. 웨이터가 오면 일행이 몇 명인지 이야기하면 자리로 안내한다.

⑤ 특별히 앉고 싶은 자리가 있으면 웨이터에게 부탁하면 된다.

⑥ 미국 식당에서는 금연석과 흡연석을 반드시 구분하므로 웨이터가 물어본다.

⑦ 대부분 좋은 자리나 창가의 자리는 금연석이다.

⑧ 기본적인 회화 예

- 웨이터 : How many……? (몇 명입니까?)
- 손님 : Three (세 명입니다)
- 웨이터 : Booth or table? (부스에 앉으시겠습니까, 테이블에 앉으시겠

습니까?)

- 손님 : Table, please (테이블에 앉겠습니다)
- 웨이터 : Smoking? (담배는 피우십니까?)
- 손님 : Non-smoking. (피우지 않습니다)

위에 나오는 부스(booth)는 의자가 바닥에 고정되어 있는 자리이다. 쿠션이 되어 있어 오랫동안 앉아 있기에 편하며 보통 벽 쪽에 있다. 요즘에는 담배를 피우지 못하는 식당이 늘어나고 있다. 따라서 이런 식당에서는 담배를 피우는지 물어 보지 않는다.

⑨ 자리에 앉으면 제일 먼저 식탁에 있는 냅킨(napkin)을 무릎 위에 가지런히 펼쳐 놓는다. 허리춤이나 목 부분에 끼워 넣는 수도 있는데, 공식적인 자리에서는 절대 안 된다.

⑩ 앉는 자세는 몸을 곧게 펴고 팔꿈치를 식탁에 올리지 않도록 한다.

⑪ 한국 사람들은 비교적 시끄럽게 이야기하는 편인데, 큰소리로 이야기하면 안 된다.

⑫ 한국 사람들은 식당에서 노래를 부르는 경우가 종종 있는데, 미국에서는 절대로 안 된다.

⑬ 고급 레스토랑에 갈수록 포크나 나이프 개수가 많은데, 이때에는 가장 바깥 쪽 포크(pork)와 나이프(knife)부터 하나씩 먹고 다 먹으면 접시에 올려놓는다. 보통의 미국 레스토랑에서는 포크와 나이프가 2개를 넘지 않으므로 별로 염려할 필요는 없다.

⑭ 음식을 먹고 있는 도중과 다 먹고 나서의 포크와 나이프는 앞서 다룬 내용과 동일하다.

⑮ 음식을 다 먹지 않은 경우에도 포크와 나이프를 가지런히 두면, 웨이터(waiter)가 지나가면서 "finished? (식사 다 하셨습니까?)" 하고 묻는다. 이때 "yes"라고 대답하면 접시를 치워준다.

⑯ 식사 도중에 입 가장자리에 음식이 묻으면 냅킨(napkin)으로 닦으면 된

다. 냅킨으로 입술을 톡톡 치듯이 가볍게 닦는다. 그러나 냅킨으로 땀을 닦으면 안 된다.

⑰ 식사 도중에 기침이나 재채기를 하는 것은 미국에서도 실례이다. 따라서 기침이나 재채기를 할 때에는 반드시 냅킨으로 입을 가리고 한 후에는 반드시 "excuse me(미안합니다)" 하고 이야기해야 한다. 미국 식당에서 코를 푸는 사람을 종종 보는데, 코를 푸는 것은 실례가 아니다. 우리나라와는 반대이다.

⑱ 식사 도중에 화장실에 갈 때에는 반드시 "excuse me"라고 이야기하고는 냅킨을 의자 위에 놓고 간다.

⑲ 시끄럽게 이야기하거나 웨이터(waiter)를 큰소리로 부르는 것은 큰 실례이다.

⑳ 웨이터가 올 때까지 기다리거나 웨이터와 눈이 마주칠 때 손을 반 쯤 들면 된다.

㉑ 나이프(knife)에 묻어 있는 음식을 입에 넣어 빨지 않는다.

㉒ 뜨거운 커피나 수프(soup)를 먹을 때 후루룩 소리 내지 않는다. 어떤 음식이든, 먹으면서 소리를 내지 않는다.

㉓ 커피를 포크로 젓지 않는다. 꼭 스푼으로 저어야 한다.

㉔ 빵을 먹으려면 바구니 안에 있는 빵과 버터(butter), 잼(jam)을 빵 접시(bread dish)에 하나씩 덜어 놓고 한 입에 들어갈 만한 크기를 손으로 뜯어 먹는다. 보통 자리 왼쪽이나 중앙에 빈 접시가 있는데, 이것이 빵 접시이다.

㉕ 오른손에 빵을 들고 왼손에 나이프를 들고 나이프로 버터나 잼을 발라 먹는다.

㉖ 포크(fork)와 나이프(knife)로 고기를 썰어 먹듯이 빵을 썰어 먹지 않는다.

㉗ 빵이 모자라는 경우에는 얼마든지 더 달라고 할 수 있는데, 이때 빵값을 따로 받지 않는다.

㉘ 뷔페(buffet)라고 발음하면 미국 사람은 못 알아듣는다. '버페이'라고 발음한다. 악센트는 '페'에 있다.

㉙ 뷔페에서도 일반 식당과 마찬가지로 수프(soup)나 샐러드(salad)를 먼저 먹고 디저트(desert)는 나중에 먹는다. 고급 식당에서는 접시를 두 가지 (hot dish, cold dish)로 구분하여 갖다 놓는다. hot dish는 더운 음식을, cold dish는 과일이나 샐러드(salad)와 같은 찬 음식을 먹는데 사용한다.

㉚ 팁을 주는 방법(tipping) : 식사값을 계산할 때에는 반드시 15%의 팁(tip)을 주어야 한다. 왜냐하면 대부분의 레스토랑 웨이터(waiter)들은 월급제가 아니고 팁에 의존하여 살기 때문이다.

㉛ 팁을 주는 방법은 현금, 신용카드, 호텔 방에 charge할 때 각각 다르다. 보통 식사를 마치면 웨이터(waiter)가 계산서(bill)를 가지고 온다. 이때 현금으로 식사값을 계산하는 경우에는, 웨이터에게 계산서와 함께 현금을 주면 영수증(receipt)과 함께 거스름돈을 가져온다. 이때 팁을 식탁 위에 두고 나오면 된다. 만약 잔돈이 충분하지 않으면 잔돈을 바꾸어 달라고 웨이터에게 부탁하면 된다.

㉜ 팁을 신용카드로 계산할 때에는, 계산서와 함께 신용카드를 주면 카드 영수증에 금액을 적어서 서명(sign)을 받으러 오는데, 자세히 살펴보면 합계란은 비어 있다. 합계란 바로 한 칸 위를 보면 팁(tip) 난이 있는데, 여기에 주고 싶은 팁의 액수와 합계란을 적은 후 사인(sign) 한다. 팁의 액수를 적을 때는 웨이터는 사라진다. 따라서 서명(sign)한 카드 영수증 아랫장('guest copy'라고 표시되어 있다)을 직접 챙겨서 나오면 된다.

㉝ 호텔방에 charge하는 경우 : 계산서 아래를 살펴보면 방 번호(room no), 성명(printed name), 서명(sign)을 하는 곳이 있는데, 여기를 채워 넣고 신용카드로 계산할 때와 마찬가지로, 팁과 합계란을 적은 후 서명(sign)을 하고 나오면 된다.

㉞ 보통 팁은 팁을 받는 사람에게 직접 주는데, 식당에서는 팁을 직접 주지

않는다. 팁을 주거나 액수를 적을 때 반드시 웨이터는 사라진다. 손님에게 부담을 주지 않기 위해서이다.

㉟ 여기에도 예외는 있다. 한국식당에 가서 손님이 한국에서 온 사람이라는 것을 알면 종종 '팁을 얼마 줘야 한다'고 강요하는 경우도 있다. 반면 어떤 한국식당은 한국에서 온 손님에게 아예 팁을 기대하지 않는 경우도 있다.

4) 미국 여행 시 주의사항

① 미국공항에 도착했을 때 말을 걸어 팁을 받아 챙기는 사기꾼을 조심해야 한다. 모르는 것이나 궁금한 것이 있으면 정복 차림한 사람들에게 묻는 게 좋다.

② 공항에서 차를 렌트할 경우, 지도를 활용하든가 내비게이션(navigation)을 활용하든 간에 초기 인터체인지 진입방법을 꼭 확인해야 한다. 이정표가 처음에는 낯설기 때문에 길을 잃어버릴 가능성이 높다.

③ 여권과 국제운전면허증은 꼭 가지고 다닌다.

④ 보행 신호등 : 한국에도 장애자 전용으로 간혹 있다. 미국의 경우, 길도 넓고 차도 별로 없는 사람들도 드문드문 있는 경우가 흔하기 때문에 도로 건널목 신호등의 경우, 필요할 때 파란불이 들어올 수 있도록 버튼이 있는 경우가 많다. 길 건너고 싶을 때, 버튼 눌러 신호 확인 후 길을 건너면 된다. 버튼 누르지 않을 경우, 신호가 한참만에 바뀌거나 아예 안 바뀌는 경우도 있다.

⑤ 모르는 길 물어볼 때, 정복차림 공무원들에게 물어보면 가장 편하다.

⑥ 일반인에게 물어볼 때는 몇 가지 주의할 점은, 일단 어느 정도 거리(5m)를 유지하고 소리를 좀 크게 "excuse me" 하고 상대방이 대답할 의사가 보일 때 다가가야 한다.

⑦ 갑자기 막 뛰어가면서 "hello" 외치고 길을 물어보면 강도로 오인받을 수 있다. 특히 밤길을 가다가 건너편에 있는 어떤 사람에게 길을 물어보려고 성큼 다가가면 일단 그 사람이 위협을 느낄 수 있으므로, 절대 주의해야 한다. 총을 꺼낼 수도 있다.

⑧ 햄버거를 살 때 : 맥도날드에서 주문할 때는 메뉴의 번호로 주문하는 것이 편하다. 햄버거를 더블로 시키면 다 못 먹을 수도 있다. 한국보다 1.5배는 더 크다.

5) 미국의 운전에티켓과 매너

① 두 개의 좌회전 신호에서 좌회전 화살표에 신호불이 들어와 있을 때 좌회전 하면 안 된다. 즉 좌회전 화살표에 불이 들어오냐, 불이 안 들어오냐가 중요한 것이 아니라, 불의 색이 빨강으로 들어오느냐, 파랑으로 들어오느냐로 좌회전을 판단해야 한다. 그리고 미국은 웬만한 곳은 모두 비보호 좌회전, 비보호 유턴이 가능하다.

② 미국에서는 운전하기가 한국보다 훨씬 편하고 쉽다. 노인들과 여성을 위한 운전문화라고 해도 과언이 아니다. 차선을 변경하려고 한국처럼 속도를 내어 옆에 있던 차를 추월하여 차선변경을 하면 미국인들은 불쾌하게 생각한다. 일반적으로 속도를 줄이고, 깜박이 넣고, 옆에 있던 차의 후미로 들어가면서 차선변경을 하는 것이 좋다. 이와 같이 할 경우, 그 차의 뒤에 따라오던 차도 금방 눈치를 채고 속도를 줄이면서 차선을 바꾸려는 차에게 차선을 양보해 준다.

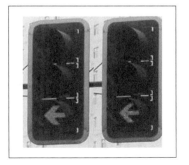

③ 교차로 진행 중 양보 : 4거리에서 교통신호 등이 없을 경우, 차들이 모이면

시계방향으로 또는 도착한 순서대로 차가 지나갈 때까지 차를 움직이
지 않는 것이 좋다. 도착한 순서대로 차례로 지나가길 기다렸다가 내 차
례가 오면 그때 출발하면 된다.

④ 날씨가 좀 흐리거나 이슬비가 내리면, 모두가 다 일반 라이트를 다 켜고
다닌다. 특히, 밤에 실수로라도 불을 끄고 다니면 경찰의 검문을 받는다.
범죄차량으로 오해받을 수 있다.

⑤ 만약 경찰이 다가오면 별도의 신호를 줄 때까지 고개를 돌리거나, 차를
움직이거나, 문을 열거나 하지 않는다.

⑥ 미국 고속도로의 이정표를 보면, 이번 정거장이라는 말은 안보이고 항
상 다음 출구(next exit)로 표현된다. 고속도로 표지판이 말하는 next는
다음이 아닌 이번(this)의 의미이다.

⑦ 미국 주차의 경우 한국과의 차이점은 무인 유료주차장이 좀 많다.

⑧ 주유소에서 주유하는 법 : 차 세우고 카드를 먼저 카운터에 맡겨둔 다음
필요한 만큼 넣고 다시 카운터에 가서 주유금액을 결제한다. 현금결제
를 하더라도 이 방식은 거의 같다. 카드가 담보역할을 한다. 주유는 항
상 가득 넣는 것이 좋다.

6) 미국의 화장실매너

① 미국은 공중 화장실이 한국과 많이 다르다. 일단 개인 공간의 활용도
측면에서는 한국 화장실만큼 밀폐된
공중화장실이 없다. 미국이나 이태리
화장실들은 거의 다 노출되어 있는 느
낌이 많이 든다. 일단, 다리는 무릎 바로
밑에까지 보이는 경우가 많고, 칸과 칸
사이에도 어느 정도 맘먹으면 다 보이

는 구조로 되어 있다. 강력범죄에 대응하기 위한 목적이다.

② 일반 건물의 경우나 금연건물이든 간에, 흡연자들이 화장실에서 담배를 몰래 피우는데, 미국에서는 경고를 무시하고 담배를 피우다가 바로 스프링클러를 통해 물벼락 맞거나 실제 경찰 또는 경비원이 달려온다.

09 세계 각국의 제스처와 그 의미

우리가 흔히 몸짓언어(body langage)라 부르는 제스처도 중요한 의사소통 방법 가운데 하나이다. 제스처는 우리가 외국에 나갔을 때 유용하게 사용할 수 있는 만국 공용어이지만 때로는 사고나 오해를 불러일으킬 수도 있다. 동일한 제스처라도 나라나 지역에 따라서는 정반대의 의미를 가질 수도 있기 때문이다. (83)

〈표 18〉 세계 각국의 신체부위별 제스처와 그 의미 (84)

신체 부위	제스처		나 라	의 미
눈	눈썹을 치켜올리면		통 가	예, 찬성
			페 루	돈을 내게 지불해 달라.
	눈꺼풀을 검지로 잡아 당기면		영 국	날 속일 수 없어.
			프랑스	네가 뭘 하려는지 다 알아.
			이탈리아	조심하고 정신집중해!
			유고슬라비아	슬픔, 실망
코	검지와 엄지로 둥근 원을 만들어 코끝에 갖다 대면		콜롬비아	지금 이야기하고 있는 사람은 동성연애자
	콧방울을 검지의 안쪽으로 살짝 두드리면		영 국	비밀
			이탈리아	친근한 사이에서 경고를 표시
	엄지손가락을 코끝에 갖다 대면		유 럽	남을 비웃을 때 사용. 양쪽 엄지손가락을 사용 시보다 심한 조롱의 뜻
	코를 벌름벌름 움직이면		푸에르토리코	무슨 일이 일어난 거야?
	코를 비틀면		프랑스	술 취함
	코를 파면		시리아	지옥에나 가라!

신체 부위	제스처		나 라	의 미
입	손가락 끝에 키스하면		라틴아메리카	멋지다는 감탄의 표현 (여성, 와인, 자동차, 축구시합 등 자유롭게 사용할 수 있다)
	플루트 부는 시늉을 하면		프랑스	당신이 너무 오래 이야기해서 난 지루해!
귀	검지로 바깥쪽을 향해 귓볼을 두드리면		이탈리아	곁에 있는 남자가 계집아이 같아!
	귀를 움켜쥐면		인 도	실수했을 때 사과 표시
			브라질	음식을 잘 먹었다.
	귓가에다 검지로 여러 번 원을 그리면		유 럽 라틴아메리카	돌았다. 제정신이 아니다.
			네덜란드	누군가에게 전화가 걸려왔어.
볼	검지를 볼에 대고 좌우로 비틀면		이탈리아	남을 칭찬한다는 뜻
			독 일	저건 미친 짓이야!
턱	턱을 쓰다듬으면		그리스 이탈리아 스페인	매력적
	턱을 손톱으로 퉁기면		이탈리아	흥미없어, 꺼져!
			브라질 파라과이	모르겠는데……

신체 부위	제스처		나 라	의 미
머리	검지 끝으로 머리를 톡톡 치면		아르헨티나, 페 루	지금은 생각 중! 생각 좀 해 봐.
			그 외	그는 돈 사람이야!
	손가락으로 옆머리를 나사 돌리듯 꼬면		독 일	미쳤어!
	검지와 새끼손가락으로 만든 뿔을 수직으로 세우면		이탈리아	남한테 아내를 새치기 당했다.
			브라질	행운
	검지와 중지로 V자 사인을 만들면		유 럽	승리(단, 손바닥을 자기 쪽으로 향하게 하여 사인하면 외설적인 표현이 되므로 주의)
	손바닥을 아래로 향하여 위·아래로 흔들면		중동지역 극동지역 포르투갈 스페인 라틴아메리카	이리와 봐. (단, 손가락을 사용하면 상대를 모욕하는 의미가 되므로 주의)
	엄지와 검지손가락으로 둥근 원을 만들면		세계 각국	OK 사인
			브라질, 독 일	조악하고 외설적
			프랑스	가치 없어!
	검지와 중지를 엇갈리면		유 럽	행운, 보호
			파라과이	무례한 행동

신체 부위	제스처		나 라	의 미
손	엄지와 새끼손가락을 세우면		하와이	침착해라. 기분 풀어!
			멕시코	(가슴 앞에서 이 제스처를 주먹이 앞을 향하도록 하면) 한 잔 할까?
			일 본	숫자 6
	양손의 검지 끝을 2, 3회 부딪히면		이집트	(부부가 동침 중) 같이 잘까?
	중지를 뻗쳐 세우면		세계 각국	매우 외설적 표현
	주먹 쥔 손을 다른 쪽 손바닥에 쳐서 소리내면		세계 각국	맞아 볼래? 이걸 그냥!
	손을 펼쳐 까딱이면		세계 각국	꺼져 버려! 저리 가!
	손바닥으로 다른 쪽 손등을 두어 번 털면		네딜란드	저 사람은 동성연애자야!
	손가락을 모두 모아 두드리면		이탈리아	(의문) 무엇이 잘 안 되나요?
	오른손을 가슴과 이마에 댄 후 손을 올리며 고개를 숙이면		중 동	평화가 당신과 함께 하기를!

신체 부위	제스처		나 라	의 미
손	한 손으로 다른 쪽 손등을 톱질하는 시늉을 하면		콜롬비아	이익을 절반씩 나누자.
	검지와 중지 사이로 손가락을 내밀면		유럽 지중해 몇몇 나라	경멸
			브라질 베네수엘라	행운
팔	팔짱을 끼면		핀란드	오만과 자존심
			피 지	경멸
	검지와 새끼손가락을 뿔처럼 만들어 팔을 앞으로 뻗치면		유 럽	악령에 대한 자기 방어
	검지와 중지를 붙여 팔꿈치를 툭툭 치면		네덜란드	그 사람을 믿을 수 없어!
			콜롬비아	당신은 까다로워.

10　나라별 교제 에티켓

① 일본인에게 선물할 때에는 흰 종이로 포장하지 않는다.

② 중국인에게는 괘종시계를 선물하지 않는다.

③ 멕시코와 브라질에서는 자줏빛 꽃은 죽음을 상징한다.

④ 일본에서 흰 꽃은 죽음을 상징한다.

⑤ 홍콩인에게는 같은 값이면 한 가지 선물보다는 두 가지를 선물하는 것이 좋다.

⑥ 유럽에서 짝수의 꽃은 불행을 가져온다.

⑦ 중동인에게 애완동물을 선물하지 않는다.

⑧ 일본인과 대만인은 등 뒤에서는 손뼉을 치지 않는다.

⑨ 프랑스인에게는 카네이션을 선물하지 않는다. 장례식에 많이 쓰이므로 불길하게 생각할 수 있다.

참고문헌

(1) 서비스월드(http://www.svc-world.com)

서비스매너연구소(http://www.manners.co.kr)

케임브리지 에티켓(http://www.cambridge.co.kr)

(2) 조선일보, 1999. 8. 20(이한우)

(3) 서비스매너연구소(http://www.manners.co.kr)

(4) 한국프로토콜(http://www.protocolschool.co.kr/board)

(5) 주간동아

(6), (12), (15), (18), (21), (23), (31), (36), (39), (42), (58) 서비스월드(http:// www. svc-world.com)

(7), (27), (28), (29) 예라고(http://www.yerago.co.kr)

(8) 서비스매너연구소(http://www.manners.co.kr)

예절문화교육원(http://www.kindness.co.kr/board AN : 562)

(9) 한국훈련개발원(http://www.eduman.com/way-board)

(10) 예라고(http://www.yerago.co.kr)

비즈니스맨을 위한 국제에티켓, 삼성인력개발원 국제경영연구소(http://www. shrdc.com/main.html)

(11), (44) 케임브리지(http://www.cambridge.co.kr/culture/gentleman)

(13), (14) 서비스매너연구소(http://www.manners.co.kr)

(16) 아시아나 서비스 컨설팅(http://www.asianaasc.flyasiana.com)

(17) 김득중, 『실천예절개론』, 교문사

(19) 비즈니스맨을 위한 국제에티켓, 삼성인력개발원 국제경영연구소(http://www. shrdc.com/main.html)

(20) http://114name.co.kr ; 서비스매너연구소(http://www.manners.co.kr)

(22) 비즈니스맨을 위한 국제에티켓, 삼성인력개발원 국제경영연구소(http://www.shrdc.com/main.html)

http://114name.co.kr

(24) 예라고(http://www.yerago.co.kr)

아시아나 서비스 컨설팅(http://www.asianaasc.flyasiana.com)

(25) 예절문화교육원(http://www.kindness.co.kr/board AN : 125)

서비스월드(http://ww.svc-world.com)

(26) http://www.hotelskorea.co.kr, 2000. 11. 10(손일락)

(30) LG 테이블매너(http://www.lg.co.kr/korean/culture/table/etiq/party/ contents15.html)

(32) 미래서비스아카데미(2006), 『서비스매너』, 새로미

(33) 한국프로토콜(http://www.protocolschool.co.kr)

(34) 예절문화교육원(http://www.kindness.co.kr/board AN : 604)

(35) 이석현 외(2009), 『조주학개론』, 백산출판사

조영대(2007), 『디지털시대의 고품위서비스실무』, 도서출판 갈채

조영대(2007), 『서비스학개론』, 세림출판

(36) 서비스월드(http://www.svc-world.com)

케임브리지(http://www.cambridge.co.kr)

(37), (38) 아시아나 서비스 컨설팅(http://www.asianaasc.flyasiana.com 2000. 8. 1)

(39) 조선일보, 2001. 1. 10(김용모)

(40), (41) 조선일보, 2000. 12. 8(신용한)

(42) 한국프로토콜(http://www.protocolschool.co.kr)

(43) 케임브리지(http://www.cambridge.co.kr)

(45) 한국프로토콜(http://www.protocolschool.co.kr)

(46) 코디컴(http://www.codicom.com)

(47) 예절문화교육원(http://www.kindness.co.kr/board AN : 466)

(48) 서성희·박혜정, 『매너는 인격이다』, 현실과미래

(49), (50) 아시아나 서비스컨설팅(http://www.asianaasc.flyasiana.com)

(51) 동남은행인사부(1990), 『동남인의 직장예절』, 삼립정판인쇄사

http://203.230.161.3/jinro/project/jinroguide/직장인에티켓.htm

케임브리지(http://www.cambridge.co.kr/culture/gentleman)

서비스매너연구소(http://www.manners.co.kr)

(52) OPE 교육지기(http://www.ope.co.kr)

(53) 한국장애인연합회

(54) 예절문화교육원(http://www.kindness.co.kr/board AN : 194)

(55) 아시아나 서비스컨설팅(http://www.asianaasc.flyasiana.com)

(56), (57) 서비스월드(http://www.svc-world.com)

아시아나 서비스컨설팅(http://www.asianaasc.flyasiana.com 2001. 1. 31)

(59) 한국생산성본부 역(1992), 『누구나 알아야 할 직장예절』, 일본사원교육연구회 편, 한국생산성본부

한국생산성본부 역(1993), 『여사원이 지켜야 할 에티켓』, 大久保麗子, 한국생산성본부

한국생산성본부 역(1991), 『접객매너 46포인트』, 苘木幸枝, 한국생산성본부

(60) 조선일보, 2002. 3. 27(노정한)

(61) 조선일보, 2002. 2. 1(장병선)

(62) 조선일보, 2002. 1. 20(조성우)

(63) 조선일보, 2001. 1. 5(김영진)

(64) 조선일보, 2001. 1. 3

(65) 조선일보, 1999. 11. 22(버나드 브렌더)

(66) 조선일보, 2002. 4. 17(국영애)

(67) 조선일보, 1999. 2. 22(전준수)

(68) 조선일보, 2000. 1. 10(순길정)

(69) 조선일보, 2001. 7. 9(송영만)

(70) 조선일보, 1999. 1. 27(강현숙)

(71) 조선일보, 2000. 11. 30(강위동)

(72) 조선일보, 2002. 5. 5(손명자)

(73) 조선일보, 2001. 6. 25(박세근)

(74) 조선일보, 2001. 1. 15(정영혜)

(75) 조선일보, 2002. 3. 12(심각현)

(76) 조선일보, 2001. 6. 11(김보리)

(77) 조선일보, 1999. 4. 16

(78) 조선일보, 2002. 3. 6(Jonathan Suh)

(79) 조선일보, 2002. 3. 14(최경숙)

(80) 아시아나 서비스컨설팅(http://www.asianaasc.flyasiana.com)

(81) 케임브리지(http://www.cambridge.co.kr/culture/gentleman)

(82) 예절문화교육원(http://www.kindness.co.kr/board AN : 161)

(83) 조영대·하영습·최승호(2003), 『사례분석을 통해 배워보는 글로벌에티켓
    과 매너』, 백산출판사

(84) 장세목·김상범·허윤정(2001), 『국제매너와 에티켓』, 경북외국어테크노대
    학출판부
    조영대·하영습·최승호(2003), 『사례분석을 통해 배워보는 글로벌에티켓
    과 매너』, 백산출판사

Profile

조영대

미국 Marshall Univ.에서 객원교수로 연구했으며, 경영학박사와 철학박사 학위를 취득
하였다.

KOLON그룹 산하의 (주)KOLON F&T에서 근무하였으며, 1984년 그룹 최우수사원상,
2002년, 2004년 포항시장 표창, 2009년 경상북도도지사 표창을 수상했다.

(주)두리비즈니스컨설팅에서 컨설턴트로, (주)대한비즈니스컨설팅에서는 자문위원과
호텔·외식산업&관광개발연구소장을 지냈다.

현재는 포항대학교 외식호텔조리산업계열 교수로 강의와 연구, 컨설팅을 수행하고 있
다. 한국호텔경영학회/한국인사관리학회/한국관광산업학회 이사와 한국이벤트학회 편
집위원장, 부회장, 사)대한관광경영학회 감사, 수석부회장, 회장을 역임하였으며, 현재
한국바&레스토랑마스터협회 회장, 한국커피학회 회장을 맡고 있다.

주요 저서로는, 적정수준의 갈등관리(이재규·조영대, 서울 : 한국능률협회, 1994), 경영
정보시스템과 조직행동(홍익출판사, 1996), 최신경영·관광관련 용어사전(조영대 외, 서
울 : 백산출판사, 1997), 서비스학개론(조영대, 서울 : 현학사, 2003), 관광과 서비스(조영
대 외, 서울 : 현학사, 2004), 고품위서비스실무(도서출판 갈채, 2007), 비즈니스컨설팅서
비스(남두도서, 2005), 글로벌에티켓과 매너의 실천매뉴얼(백산출판사, 2003), 명상치료
(세림출판, 2012), 커피바리스타 마스터(한올출판사, 2015) 등 11권의 저서와 60여 편의
논문을 발표하였다.

URL : www.tourebiz.com

글로벌에티켓과 매너

2010년 6월 22일 초 판 1쇄 발행
2015년 9월 10일 개정판 1쇄 발행

지은이 조영대
펴낸이 진욱상 · 진성원
펴낸곳 백산출판사
교 정 편집부
본문디자인 오양현
표지디자인 오정은

등 록 1974년 1월 9일 제1-72호
주 소 경기도 파주시 회동길 370(백산빌딩 3층)
전 화 02-914-1621(代)
팩 스 031-955-9911
이메일 editbsp@naver.com
홈페이지 www.ibaeksan.kr

ISBN 978-89-6183-328-8
값 19,000원